烟水配套工程规划设计教程

刘增进　张利红　苏新宏　主　编

U0268916

黄河水利出版社

·郑州·

内 容 提 要

本教程共分十三章,内容包括烟水配套工程设计概述、烟田灌溉与排水、烟水配套工程规划、小型拦河坝工程设计、塘坝与蓄水池工程设计、提灌站工程规划设计、机井工程设计、灌排工程规划设计、烟路工程设计、烟水配套工程概预算、烟水配套工程招标投标、烟水配套工程施工技术和烟水配套工程建后管护问题探讨等。

本书可供从事烟水配套工程规划设计的专业技术人员和管理人员使用及参考,并可作为相关专业工程技术人员的设计手册和培训教材。

图书在版编目(CIP)数据

烟水配套工程规划设计教程/刘增进,张利红,苏新宏
主编.—郑州:黄河水利出版社,2013.7
ISBN 978 - 7 - 5509 - 0504 - 7

Ⅰ.①烟⋯　Ⅱ.①刘⋯　②张⋯　③苏⋯　Ⅲ.①烟草 - 灌溉规划 - 教材　②烟草 - 灌溉 - 设计 - 教材
Ⅳ.①S572.071

中国版本图书馆 CIP 数据核字(2013)第 149827 号

组稿编辑:李洪良　电话:0371 - 66024331　E-mail:hongliang0013@163.com

出　版　社:黄河水利出版社
　　　　　地址:河南省郑州市顺河路黄委会综合楼 14 层　　邮政编码:450003
发行单位:黄河水利出版社
　　　　　发行部电话:0371 - 66026940、66020550、66028024、66022620(传真)
　　　　　E-mail:hhslcbs@126.com
承印单位:河南省瑞光印务股份有限公司
开本:787 mm×1 092 mm　1/16
印张:17.25
字数:420 千字　　　　　　　　　　　　　印数:1—1 000
版次:2013 年 7 月第 1 版　　　　　　　　印次:2013 年 7 月第 1 次印刷

定价:58.00 元

《烟水配套工程规划设计教程》
编审委员会

主　　编：刘增进　　张利红　　苏新宏

编　　者：牛立军　　柴红敏　　李道西　　王　静

　　　　　彭　悦　　康迎宾　　李富欣　　王鹏飞

　　　　　刘剑君

审定人员：（以姓氏笔画为序）

　　　　　丁本孝　　马长恩　　马西斌　　马京民

　　　　　王赐卫　　牛　晖　　李志辉　　张锦中

　　　　　庞天河　　屈晓然　　侯连珠　　聂四民

　　　　　薛立新　　冀德红

前　言

为使烟叶生产步入"稳定规模、优化结构、提高质量、提升水平"的良性发展道路,确保烟叶生产可持续发展,烟草行业从 2005 年正式启动烟叶生产基础设施项目建设,实施完成的烟水配套工程项目发挥了良好的效益。这是一项行业出资、部门配合、烟区受益的惠民工程。各地结合烟区实际,建成了一批具有区域特色的烟水配套工程项目,明显提高了烟区综合生产能力和抵御自然灾害的能力,改善了烟区生产生活条件,增加了烟农收入,把中央的支农惠农政策落到了实处。截至 2012 年年末,烟草行业累计投入 587 亿元,建成 342 万件工程项目,完成 270.7 万 hm^2 基本烟田综合配套,其中烟田水利设施 140 万件,机耕路 4 万km。"十二五"期间,行业将继续加大烟水配套工程的建设力度,随着项目建设数量和投入资金的增加,项目建设和管理的难度加大。为此,我们组织编写了《烟水配套工程规划设计教程》一书,以期对烟水配套工程项目建设管理有所帮助。

水利是农业的命脉,烟叶生产也是如此。目前,我国烟区旱涝不均、交通不便,烟水配套工程仍然是今后烟叶生产基础设施建设的重要内容。2011 年,中央一号文件直指水利建设,这对烟草行业的烟水配套工程建设规模和标准提出了更高要求。按照"因地制宜搞规划、依托水源建项目、实事求是选类型"的原则,不断创新工程设计建设理念,变"小集蓄"为"大集蓄"、"零星工程"为"系统工程",分散建设为整村连片推进,实现烟水配套工程向"科学规划、系统设计、整体推进、综合配套"的转变。遵照项目管理制度,通过工程项目的建设实施,实现"田成方、路相通、渠相连、管成网、旱能浇、涝能排"的现代烟草农业景象,带动烟区社会经济和生态环境全面发展。在项目实施过程中,规划设计是重要环节之一,直接关系到整个工程的功能和效益。

本书由华北水利水电大学刘增进、牛立军、柴红敏、李道西、王静、彭悦、康迎宾,河南省烟草公司张利红、苏新宏、李富欣、王鹏飞编写。编写分工如下:第一章由刘增进、张利红、苏新宏编写;第二章和第三章由柴红敏编写;第四章和第十章由彭悦编写;第五章、第七章和第九章由王静编写;第六章和第八章由李道西编写;第十一章由牛立军编写;第十二章由刘增进、康迎宾、柴红敏、王静、彭悦、刘剑君编写;第十三章由牛立军、李富欣、王鹏飞编写。全书由刘增进、张利红、苏新宏任主编,刘增进统稿。

本书在编写过程中,得到了河南省烟草公司的大力支持和帮助,在此表示衷心的感谢!书中引用了国内外同行专家的文献资料及研究成果,在此一并表示感谢。

由于作者水平所限,书中难免存在疏漏或错误之处,恳请广大读者批评指正。

作　者

2013 年 6 月

目　录

前　言

第一章　烟水配套工程设计概述 ………………………………………… (1)

　第一节　我国烟水配套工程 ……………………………………………… (1)

　第二节　烟水配套工程设计阶段划分 …………………………………… (5)

　第三节　烟水配套工程设计基础 ………………………………………… (9)

第二章　烟田灌溉与排水 ………………………………………………… (13)

　第一节　烟田需水量与需水规律 ……………………………………… (13)

　第二节　烟田灌溉技术指标 …………………………………………… (21)

　第三节　烟田灌溉 ……………………………………………………… (23)

　第四节　烟田排水 ……………………………………………………… (28)

第三章　烟水配套工程规划 ……………………………………………… (30)

　第一节　基本烟田布局 ………………………………………………… (30)

　第二节　烟水工程布局 ………………………………………………… (37)

　第三节　烟路工程布局 ………………………………………………… (44)

第四章　小型拦河坝工程设计 …………………………………………… (49)

　第一节　土石坝的剖面和设计要求 …………………………………… (49)

　第二节　土石坝的坝基处理 …………………………………………… (51)

　第三节　土石坝与坝基、岸坡及其他建筑物的连接 ………………… (56)

　第四节　土石坝的坝型选择 …………………………………………… (58)

　第五节　土石坝坝体排水与护坡 ……………………………………… (60)

　第六节　土石坝的渗流计算 …………………………………………… (61)

　第七节　土石坝的稳定分析 …………………………………………… (66)

第五章　塘坝与蓄水池工程设计 ………………………………………… (71)

　第一节　塘坝工程设计 ………………………………………………… (71)

　第二节　蓄水池设计 …………………………………………………… (77)

第六章　提灌站工程规划设计 …………………………………………… (83)

　第一节　提灌站工程规划 ……………………………………………… (83)

　第二节　水泵选型与配套 ……………………………………………… (86)

　第三节　泵房设计 ……………………………………………………… (92)

　第四节　进、出水建筑物设计 ………………………………………… (101)

　第五节　设备指标校核 ………………………………………………… (109)

　第六节　提灌站工程设计实例 ………………………………………… (113)

第七章　机井工程设计 …………………………………………………… (118)

　第一节　机　井 ………………………………………………………… (118)

第二节　井泵房设计 ……………………………………………………… (126)

第八章　灌排工程规划设计 …………………………………………… (132)

第一节　灌溉渠道工程规划设计 ………………………………………… (132)

第二节　管网工程规划设计 ……………………………………………… (145)

第三节　排洪渠工程规划设计 …………………………………………… (156)

第九章　烟路工程设计 ………………………………………………… (163)

第一节　机耕路设计 ……………………………………………………… (163)

第二节　小型桥涵设计 …………………………………………………… (174)

第十章　烟水配套工程概预算 ………………………………………… (178)

第一节　基本建设工程概预算概念 ……………………………………… (178)

第二节　水利工程费用 …………………………………………………… (181)

第三节　工程定额 ………………………………………………………… (183)

第四节　定额的编制方法及应用 ………………………………………… (186)

第五节　人工预算单价 …………………………………………………… (188)

第六节　材料预算单价 …………………………………………………… (190)

第十一章　烟水配套工程招标投标 …………………………………… (194)

第一节　概　述 …………………………………………………………… (194)

第二节　工程建设项目的从业资格制度及合同条件 …………………… (216)

第三节　工程招标案例分析 ……………………………………………… (226)

第十二章　烟水配套工程施工技术 …………………………………… (234)

第一节　土石方工程施工 ………………………………………………… (234)

第二节　钢筋混凝土工程 ………………………………………………… (239)

第三节　渠道和管道工程施工 …………………………………………… (247)

第十三章　烟水配套工程建后管护问题探讨 ………………………… (251)

第一节　概　述 …………………………………………………………… (251)

第二节　几种管护模式的探索 …………………………………………… (252)

第三节　管护制度建设应注意的问题 …………………………………… (257)

附　录 …………………………………………………………………… (259)

附录一 …………………………………………………………………… (259)

附录二 …………………………………………………………………… (262)

参考文献 ………………………………………………………………… (266)

第一章 烟水配套工程设计概述

第一节 我国烟水配套工程

一、烟水配套工程的内涵

烟水配套工程是指为烟田修建一套高效、便利的水利工程设施,使它具有一定的抗旱、排涝能力,确保烟田高产、稳产,建成高标准的基本烟田。

水利是农业的命脉,近年来我国频繁发生的严重水旱灾害造成重大经济损失,暴露出农田水利等基础设施十分薄弱,必须大力加强水利建设。2011年中央一号文件明确提出:把农田水利作为农村基础设施建设的重点任务。力争今后10年全社会水利年平均投入比2010年高出一倍,大力兴建中小型农田水利设施,重点向革命老区、民族地区、边疆地区、贫困地区倾斜。我国农田水利即将迎来10年黄金建设期。烟叶产区应抓住农田水利建设大好时机,积极开展以烟水配套工程为主的烟叶生产基础设施建设,努力改变烟区基础设施落后的被动局面。

我国是世界上第一大烤烟生产国,每年产量在22.5亿kg左右,约占世界总量的50%。随着《烟草控制框架公约》生效、农业大环境的变化、卷烟产品结构的调整、烟草行业体制改革的深化以及品牌扩张战略的实施,烟叶生产可持续发展面临着挑战,尤其是基础工作薄弱,烟田水利设施、调制设施、基层站点等基础设施建设亟待加强。2005~2012年,烟草行业认真贯彻落实党中央"以工促农、以城带乡"重大方针和建设社会主义新农村重大历史任务的要求,深入开展烟叶生产基础设施建设,投入资金587亿元,建设基础设施项目342万个,其中建设烟水配套项目140多万个。2005~2012年,河南省累计投入资金30亿元,建设烟叶生产基础设施项目13.7万个,其中建设烟水配套项目2.5万个,行业投入资金8.7亿元。烟叶生产基础设施建设工作的开展,有效提高了烟区综合生产能力和抵御自然灾害能力,改善了烟农的生产生活条件,巩固了烟叶生产的基础地位,对增加烟农收入、促进烟区经济社会发展和支持社会主义新农村建设发挥了积极作用。

烟水配套工程是一项涉及面广、政策性强、技术综合的系统工程,具有技术性、动态性、系统性和综合性等特点。技术性:表现在烟水配套工程区的选择、项目工程设计、工程实施、工程监理、竣工验收以及建成后的产权等各个环节。动态性:随着土地利用情况和社会经济状况的变化,烟水配套工程由局部到整体、由低级到高级、由简单到复杂的发展过程。系统性:主要体现在烟水配套工程研究对象以及烟水配套工程项目踏勘—可行性研究—规划设计—项目实施、监管和验收—项目运营等各个相互影响、相互制约的环节在工作程序上的系统性。综合性:烟水配套工程过程中需要综合运用多学科、多领域的知识,如基本烟田规划、农田水利、工程预算、工程建筑、计算机技术等。同时,烟水配套工程工作的顺利实施有赖于土地、农业、林业、水利、交通、环保、财政等各部门的综合协调、互相配合。因此,烟水配套工程也具有很强的综合性。

二、烟水配套工程建设的原则

（一）因地制宜的原则

烟水配套工程具有鲜明的地域性，地区不同，建设的重点、内容和方法也不相同。如山丘地区，重点应该是如何解决灌溉以及如何防止水土流失问题；低洼易涝区建设的重点则应放在如何解决排涝排渍问题上；平原地区建设重点除确保烟田基础设施的配套与完善外，有条件的地方应大力发展节水灌溉。

（二）经济、生态与社会效益相结合的原则

经济效益是烟水配套工程的基础，只有长期平均产出大于投入，烟水配套工程项目建设才可能顺利进行并良性发展下去，切实改善烟区生产生活条件，提高烟区抗御自然灾害能力；生态效益是烟水配套工程的保障，只有保护和改善生态环境，提高环境的容纳能力与自我调节能力，烟水配套工程的成果才可能得到长期巩固，烟水配套工程才具有持续的生命力；社会效益是烟水配套工程的支撑，在烟水配套工程建设前要广泛征求社会群众意见，引导群众参与，充分考虑和保障农民的切身利益。烟水配套工程建设应该立足长远，以追求生态、经济、社会三大效益的统一为原则，做到经济上有效、生态上平衡、社会上可接受，尽量发挥三大因素的最佳效益。

（三）系统原则

系统是由具有特定功能、相互间具有有机联系的许多要素所构成的一个有机整体，烟水配套工程的系统性特点决定了烟水配套工程必须本着系统原则，着眼全局，充分发挥系统各组成部分的功能，使烟水配套工程系统工作效益达到最优。

（四）整体性原则

烟水配套工程覆盖面广，涉及多个部门和企业，所需人力、物力巨大，仅凭个人、单位、地方政府的力量很难顺利完成。因此，烟水配套工程切不可各自为政，烟水配套工程应列入地市级以上水利建设规划，按照整体性原则，在烟叶主产区科学布点，合理分配建设资金，规范烟水配套工程的运作模式，烟水配套工程才能有计划、有步骤地开展下去，发挥烟水配套工程的最佳效益。

三、烟水配套工程项目划分

工程项目指由基本烟田水利设施建设工程项目组或其委托的代建管理机构组织建设的，能够发挥基本烟田灌溉和排洪（涝）效益的单位工程总和。烟水配套工程项目分为单位工程、单元工程、工序工程三级。

单位工程指具有单独的设计和批准文件，建成后能独立发挥生产能力或效益的配套齐全的工程项目。

单元工程指组成单位工程的、由几个工序施工完成的相对独立的最小综合体，是日常质量考核的基本单位。对工程安全、功能或效益起控制作用的单元工程为主要单元工程。

工序工程指组成单元工程的、由不同施工方法或施工工种完成的内容，是日常质量考核的最小单位。对工程安全、功能或效益起控制作用的工序工程为主要工序工程。

重要隐蔽与关键部位工程指主要建筑物的地基与开挖、防渗、加固处理、给排水以及对工程安全和效益有显著影响的部位。

（一）烟水配套工程项目划分原则

1. 单位工程

单位工程按组成独立发挥作用的工程项目所属的各个乡（镇）或项目区划分，可分为一个或若干个单位工程。

2. 单元工程

单元工程按工程类别进行划分，可划分为水池（窖）工程、塘坝工程、沟渠工程、管网工程、提灌站工程和机（水）井工程共6类单元工程，每类单元工程可划分为一个或若干个单元工程。

（1）水池（窖）工程。一个水池（窖）划分为一个单元工程。水池（窖）工程的附属设施划分在相应水池（窖）单元工程中。

（2）塘坝工程。一座山塘或堰坝（简称"塘坝"）划分为一个单元工程。

（3）沟渠工程。分为排洪渠和排灌渠两类，按规格和长度划分单元工程：①排洪渠，按1 km划分为一个单元工程；②排灌渠，分为主干渠和支渠，按1~3 km划分为一个单元工程；③不足上述长度的沟渠，也划分为一个单元工程；④沟渠工程中的附属设施划在各单元工程内；⑤隧洞、倒虹管及渡槽工程，按每条（个）划分为一个单元工程。

（4）管网工程。按主引水管、田间配水管进行划分。主引水管按设计管径及材料的不同，每1~5 km划分为一个单元工程；不足上述长度也划分为一个单元工程。田间配水管按一个调节水池（或从主引水管引水）的独立供水区域划分为一个单元工程。镇、支墩划归相应管网单元工程中。放水闸阀及放水桩头等附属设施，划归相应的田间配水管单元工程中。

（5）提灌站工程。一个提水站的泵房、水泵及机电设备安装、调节池、进（上）水管及附属设施等各划分为一个单元工程。

（6）机（水）井工程。每口管井、大口井、集水井、辐射井及机房等各划分为一个单元工程。

3. 工序工程

工序工程以组成单元工程的、相对独立的施工工艺或工种内容进行划分。

单元工程及工序工程项目应参照中华人民共和国烟草行业标准《基本烟田水利设施建设工程质量评定与验收规程》（YC/T 337—2010）附录A进行划分。

（二）烟水配套工程项目编码

烟水配套工程项目划分时应进行项目编码。水（调节）池代码为SC，水窖代码为SJ，塘坝代码为TB，沟渠代码为GQ，管网代码为GW，提灌站代码为TG，机井代码为JJ。

项目编码为16位，从左至右：第1、2位为年份代码；第3位为间隔符号"-"；4~9位为项目所在县级行政区划代码；第10、11位为项目类型代码；12~16位为相同类型项目的序号。行政区划代码应符合《中华人民共和国行政区划代码》（GB/T 2260—2007）的规定。

（三）烟水配套工程项目编码标识牌设置

项目完工后，须按编码规则设置编码标识牌。每个水池（窖）、塘坝、提灌站、机（水）井在工程的醒目位置设置一个编码标识牌；不同规格或不连贯的沟渠要分别编码，相同规格且连贯的沟渠为一个编码；超过1 km的沟渠，其编码标识牌需设置在渠首和渠尾；管网工程中相互连接成网的为一个编码，编码标识牌设置在主要水源处。

标识牌应符合以下要求：①标识牌的材质、规格应规范、统一；②标识牌上应有烟草标识和项目编码，字迹、图案清楚，具有不可移动性和永久性。

编码标识牌设立后,应进行项目的 GPS 定位,并符合以下要求:①每个编码标识牌都需进行 GPS 定位;②GPS 定位时应将定位仪放置于编码标识牌处,待数据稳定后读数;③GPS 信息统一采用 dd. dd. ddd 数据格式。

四、烟水配套工程的特点

烟水配套工程项目除具有一般工程的性质外,还具有以下特点。

(一)基础设施属性

烟水配套工程项目的主要目的是改善烟叶产区的生产条件,促进水地资源的高效利用和烟叶生产的持续发展。近些年来,不断加大对烟水配套工程的投入,以改善烟叶生产基础设施条件。因此,无论是从烟水配套工程项目的建设目的上还是从政策层面上分析,烟水配套工程项目都具有明显的基础设施属性。

(二)工程等级低

烟水配套工程项目等级相对较低。灌溉渠道最大流量仅 3 ~ 5 m³/s,调蓄水工程等级一般都在小(2)型水库以下(即 ≤ 10 万 m³)。

(三)权属主体多重性

虽然烟水配套工程项目规模小、等级低,但工程覆盖面涉及不同的乡(镇)、村、组等土地权属主体。这些工程建成后将移交给各乡(镇)、村、组或村民委员会管理使用,因此烟水配套工程项目在使用上有权属主体多重性,对工程的后期管护工作提出了较高的要求。

五、烟水配套工程建设程序

建设程序是建设项目从勘测规划,评估,决策,设计,施工到竣工验收,投入生产整个建设过程中,各项工作必须遵循先后次序的法则。水利工程建设程序一般分为项目建议书、可行性研究报告、初步设计、施工准备(包括招标设计)、建设实施(施工阶段)、生产准备、竣工验收、后评价等阶段,参见图 1-1。按水利部有关规定又将项目建议书、可行性研究报告、初步设计三个阶段作为建设前期。

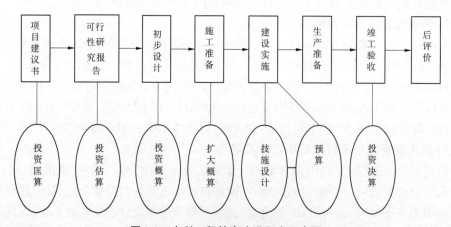

图 1-1 水利工程基本建设程序示意图

根据国家有关规定,由国家投资、中央和地方合资、企事业单位独资、合资以及以其他投资方式兴建的灌溉、防洪、除涝、供水、围垦等大中型(包括新建、续建、改建、加固、修复)工程建设项目应执行项目管理制度,小型水利工程建设项目可以参照执行。烟水配套工程项目一般为小型水利工程建设项目,可以参照水利工程相关规定实行项目管理,进行全过程的管理、监督和服务,在烟水配套工程项目建设中要执行项目法人责任制、招标投标制和建设监理制等一系列规章制度。

第二节　烟水配套工程设计阶段划分

一项水利工程,需要经过勘测、规划、设计与施工等几个阶段才能最后建成。在全面规划的基础上,根据社会需要,统一规划合理布局。某项水利工程一经决定开发,设计人员必须以高度的责任感和使命感,既要发扬创新精神,又要实事求是,按科学规律办事,精心做好设计。烟水配套工程项目一般为小型水利工程建设项目,可以参照水利工程进行设计阶段划分。

烟水配套工程规划设计的主要内容有以下几个方面:①基本烟田的规划布局;②水源工程的规划设计;③引水工程;④田间工程规划设计;⑤各级各类建筑物的规划设计;⑥单元工程设计;⑦投资概预算及筹资方案;⑧效益分析或经济评价;⑨环境影响评价;⑩项目建设组织管理及施工组织设计。

一、设计阶段的划分

工程项目设计阶段划分为:项目建议书、可行性研究报告、初步设计、招标设计和施工图5个阶段(对重要的或技术条件复杂的大型工程,还要在初步设计与施工图之间再增加一个技术设计阶段)。其工作顺序是:①项目建议书(这是设计前期工作的第一步);②项目建议书经审查批准后,由上级主管部门或业主委托(亦可通过招标方法确定)设计单位进行可行性研究,并编写可行性研究报告(这项工作是设计前期工作的重要组成部分);③依据批准的可行性研究报告进行初步设计;④初步设计经批准后,即可编制招标文件,组织招标、投标和评标;⑤确定施工单位、签订承包合同后,由施工单位负责进行施工图设计或由设计单位为施工单位提供施工图。

二、项目建议书阶段

项目建议书是国家基本建设程序中的一个重要阶段。项目建议书应根据国民经济和社会发展规划与地区经济发展规划的总要求,在经批准(审查)的江河流域(区域)综合利用规划或专项规划的基础上提出开发目标和任务,对项目的建设条件进行调查和必要的勘测工作,并在对资金筹措进行分析后,择优选定建设项目以及项目的建设规模、地点和建设时间,论证项目建设的必要性,初步分析项目建设的可行性和合理性,进行工程项目的投资匡算。项目建议书是提出建设某一具体项目的建议文件,是投资决策前对拟建项目的轮廓设想。烟水配套工程应根据当地基本烟田规划、基地单元建设情况,对项目申请人提出的项目进行实地勘测,初步分析项目建设的可行性和合理性及投资估算。

三、可行性研究报告阶段

可行性研究报告阶段的主要任务是论证拟建项目在技术上的可行性、经济上的合理性以及开发顺序上的迫切性。可行性研究报告包括:综合说明、项目区概况、项目建设的必要性和可行性、水资源评价及供需平衡分析、工程技术方案优选设计以及各单元工程设计、施工总体布置和总进度、工程总投资估算、效益分析和经济评价、环境影响评价、项目组织和管理以及建成后的管护措施等内容。可行性研究报告是确定项目建设原则、建设方案和编制设计文件的依据。

可行性研究的成果包括可行性研究报告、项目估算书和项目设计图册。可行性研究报告可参考附录二的格式编制。

四、初步设计阶段

初步设计是根据已批复的可行性研究报告提出的设计任务书所做出的具体实施方案,目的是阐明在指定的地点、时间和投资控制数额内,在技术上的可行性和经济上的合理性,并通过对项目所做出的基本技术经济规定,编制项目的投资总概算。因此,初步设计主要是解决项目建设的技术可行性和经济合理性问题,具有一定的规划性质,是建设项目的"纲要"设计。简单的讲,初步设计是工程设计的第一阶段,是编制拟建工程的方案图、说明书和总概算的工作。初步设计主要内容包括:工程的总体布局,灌排控制范围,沟渠路的初步定线、纵横断面设计,各项单元建筑物的位置、结构形式和尺寸拟定,土地平整、农田水利、田间道路、农田防护和水土保持等各项工程的施工组织设计、工程量计算和统计、设计总概算、建设工期等。经送审并批准的初步设计文件是施工准备工作的依据,既是施工图编制及主要材料设备订货的依据,又是基本建设拨款和对拨款使用进行监督的基本文件。

初步设计不得随意更改被批准的可行性研究报告所确定的建设规模、工程标准、建设范围、布局和设计方案、工程投资等控制指标。如果初步设计提出的总概算超过了可行性研究报告估算投资总额度的 10% 以上,或者其他主要指标需要变更,则应该说明原因和计算依据,并重新向原审批单位报批。

初步设计文件包括:初步设计报告、工程总体布置图、单元工程设计图册及概算书。

初步设计的深度要求:应当满足编制施工招标文件、主要设备材料订货和施工图设计文件的需要。

初步设计中应组织烟草水利、农业、林业、环保等专家进行咨询、论证,并听取当地群众意见。初步设计单位根据咨询论证意见,对初步设计文件进行补充、修改和完善。设计单位必须严格保证设计质量,承担初步设计的合同责任。初步设计文件经审查批准后,主要内容不得随意修改、变更,并作为工程项目建设实施的技术文件基础。建设单位对初步设计如有修改、变更,须经过初步设计单位同意和备案,并经过原审批单位复审同意。

五、招标设计阶段

招标文件由合同文件和工程文件两部分组成。合同文件包括投标者须知和合同条款、合同格式和投标书格式等,工程文件包括技术规范和图纸。要做到投标者能根据图纸、技术规范和工程量表确定投标报价。

六、施工图阶段

施工图设计是在初步设计的基础上,根据初步设计和工程施工的实际要求,结合工程实际情况,完整地表现各项实体工程的外形、内部空间分割、结构体系、构造状况以及与周围环境的配合情况等。在工艺方面,应具体确定各种设备的型号、规格及各种非标准设备的制造加工图。施工图设计应针对各项工程的具体施工工艺,绘制施工详图。施工图纸一般包括:施工总平面图,建筑物的平面、立面、剖面图,结构详图(包括配筋图),设备安装详图,各种材料、设备明细表,施工说明书等。根据施工图编制工程预算,作为工程承包或工程结算的依据。

施工图设计文件包括:所有工程的设计图纸(含图纸目录、说明和必要的设备、材料表)以及图纸总封面、工程预算书。

施工图设计的深度要求:应当满足设备材料采购、非标准设备制作和施工的需要,并注明建设工程合理使用年限。

施工图设计文件编制完成后,必须按规定进行审核和批准。施工图设计文件是已定方案的具体化,由设计单位完成。设计文件在交付施工单位时,必须经过建设单位技术负责人审查签字。根据现场需要,设计人员应到现场进行技术交底,并可以根据项目法人、施工单位及监理单位提出的合理化建议进行局部设计修改。

烟水配套工程施工图由业主委托的设计单位提供给施工单位。

上述各个设计阶段的具体内容和深度,可根据工程的具体情况进行适当的调整和增减。对建设规模较小、技术条件简单的项目,设计阶段可适当简化。

七、设计变更

(一)设计变更概念

设计变更是指在设计单位向施工单位进行设计交底会审中决定对原设计图纸进行较大修改,或在施工前及施工过程中发现原设计有差错或与实际情况不符,以及当施工条件变化、工程使用意图的变化、用料变化等原因造成不能按原图纸施工时对设计文件作出的修改。设计变更一般由施工承担单位提出,设计单位同意后再修改工程设计。监理工程师和设计单位也可根据现场情况对原设计不合理之处提出工程设计变更,经项目承担单位同意后再执行工程设计修改。施工单位也可根据现场条件提出合理化建议,请求项目业主单位进行工程设计变更。设计变更由原设计单位以设计变更通知单(又称工程修改核定单)的形式办理,是设计文件的组成部分,应存入技术档案,作为施工、竣工验收及工程结算的依据。

(二)设计变更的原因

在工程建设过程中,引起工程设计变更的主要原因有以下两方面:第一,设计深度不够。设计的深度往往不能完全满足实际招标投标的需要,更不能完全满足工程施工的需要。因此,在工程建设的过程中,常常会对原工程设计进行修改和细化,从而发生工程设计变更。第二,施工条件的变化。施工条件的变化有多方面,一是工程勘察深度不足,开挖后暴露的地质条件与工程设计提供的情况不符,或者实际现场条件与工程设计提供的资料不符;二是遭遇特大洪水、地震、灾害性的地质滑动等人们无法预测和抗拒的自然力作用;三是社会环境、经济环境的变化,如社会动乱、罢工、战争等;四是国家政策、法令、法律和地方政府的政策、规定的变化。这些施工条件的变化,都会引起工程的设计变更。

(三)设计变更处理原则

任何变更都会影响工程建设的正常进行,影响工程建设进度和费用支出。因此,实施过程中必须十分重视工程设计变更的控制,并坚持严格控制变更、协商一致、提前准备的原则。

1. 严格控制变更

科学、严谨的工程设计是减少工程设计变更的基础。此外,在正式开工前,各有关单位应就项目目标、约束条件、内外部环境、风险的分担和应对措施等问题,进行充分的磋商和确认,对工程设计中的疑点、模糊不清、不落实之处以及在执行中存在困难的解决办法等,向对方作具体的分析说明和必要的承诺。在施工过程中,各有关单位应尽力协调和沟通,及时注意可能引起变更的因素,尽量通过计划、施工力量和施工方案的调整等应变措施,最大限度地减少和控制工程设计变更。

2. 协商一致

对于必须发生的工程设计变更,在调查研究的基础上,各有关单位应本着互谅互让、顾全大局、求同存异的精神,对变更的必要性、内容、方式等,进行充分协商,尽可能取得一致意见,以谋求各方都能接受的变更方案。

3. 提前准备

应加强对设计变更的预测,提前做好变更设计和其他必要的工作,提前向有关各方沟通信息,及时作出变更决策,尽可能把变更控制在变更工程的案前工作完成之前,避免在变更设计的后续工作实施后再实施设计变更。

(四)设计变更审查

建设单位要管理好工程设计变更,一要有科学、翔实的变更申请资料;二要认真做好变更申请资料的审查工作,把好审查关。项目承担单位申报的变更申请资料应包括以下主要内容:变更的原因及依据,变更的内容及范围,变更引起的费用增加或减少,变更引起的工期提前或延长,为审查所必须提交的变更设计说明、设计图纸及其计算资料等。设计变更申请一般应在预计可能实施变更的时间之前提出,变更申请资料也应提前上报。

建设单位对设计变更申请资料进行审查时,应遵循以下基本原则:一是变更后不降低工程的质量标准,不影响工程完建后的运行与管理;二是变更在技术上必须可行、可靠;三是变更的费用和工期是经济合理的;四是变更尽可能避免对后续施工在工期和施工条件上产生不良影响。审查人员在工程设计变更审查中,应充分与项目承担单位、工程设计单位、施工单位以及监理工程师等进行协商,对变更工程的可行性和合理性作出准确判断。

(五)设计变更流程

1. 施工单位提出变更申请

(1)施工单位提出变更申请报总监理工程师;

(2)总监理工程师审核技术是否可行、审计工程师核算造价影响,报建设单位工程师;

(3)建设单位工程师报项目经理、总经理同意后,通知设计院工程师,设计院工程师认可变更方案,进行设计变更,出变更图纸或变更说明;

(4)变更图纸或变更说明由建设单位发监理公司,监理公司发施工单位。

2. 建设单位提出变更申请

(1)建设单位工程师组织总监理工程师、审计工程师论证变更是否技术可行、核算造价影响;

（2）建设单位工程师将论证结果报项目经理、总经理同意后,通知设计院工程师,设计院工程师认可变更方案,进行设计变更,出变更图纸或变更说明;

（3）变更图纸或变更说明由建设单位发监理公司,监理公司发施工单位。

3.设计院发出变更

（1）设计院发出设计变更;

（2）建设单位工程师组织总监理工程师、造价工程师论证变更影响;

（3）建设单位工程师将论证结果报项目经理、总经理同意后,变更图纸或变更说明由建设单位发监理公司,监理公司发施工单位。

第三节　烟水配套工程设计基础

一、设计规范体系

（一）标准的基本概念

标准就是衡量各种事物的客观准则,是指在一定范围内获得最佳秩序,对活动或其结果规定共同的和重复使用的规则、导则或特性的文件。该文件经协商一致制定,并经一个公认机构批准。标准的主要特性为:①具有法规性;②标准文件具有统一的格式;③标准是利益双方协商一致的结果。制定标准的过程隐含着有关方面的多种因素,因此标准反映的水平不一定是当地的最高水平。

（二）相关法律

1.《中华人民共和国水法》

《中华人民共和国水法》是为了合理开发、利用、节约和保护水资源,防治水害,实现水资源的可持续利用,适应国民经济和社会发展的需要而制定的法规。《中华人民共和国水法》已由中华人民共和国第九届全国人民代表大会常务委员会于 2002 年 8 月 29 日修订通过,自 2002 年 10 月 1 日起施行。

2.《中华人民共和国防洪法》

《中华人民共和国防洪法》是为了防治洪水,防御、减轻洪涝灾害,维护人民的生命和财产安全,保障社会主义现代化建设顺利进行而制定的法规。《中华人民共和国防洪法》已由中华人民共和国第八届全国人民代表大会常务委员会于 1997 年 8 月 29 日通过,自 1998 年 1 月 1 日起施行。

3.《中华人民共和国政府采购法》

《中华人民共和国政府采购法》是针对政府采购的专门性法规。《中华人民共和国政府采购法》由中华人民共和国第九届全国人民代表大会常务委员会于 2002 年 6 月 29 日通过,自 2003 年 1 月 1 日起开始施行。

4.《中华人民共和国招标投标法》

《中华人民共和国招标投标法》是国家用来规范招标投标活动、调整在招标投标过程中产生的各种关系的法律规范的总称。《中华人民共和国招标投标法》由中华人民共和国第九届全国人民代表大会常务委员会于 1999 年 8 月 30 日通过,自 2000 年 1 月 1 日起施行。

5.《中华人民共和国招标投标法实施条例》

《中华人民共和国招标投标法实施条例》经中华人民共和国国务院第 183 次常务会议通过,2011 年 12 月 20 日国务院令第 613 号公布,自 2012 年 2 月 1 日起施行。

（三）相关标准

我国的标准分为国家标准、行业标准、地方标准、企业标准。保障人体健康和人身、财产安全的标准和法律、行政法规规定执行的标准是强制性标准,其他标准是推荐性标准。

经过 50 余年的水利水电工程建设,水利水电勘测设计标准已基本形成了较完整的体系,2001 年水利部发布的《水利技术标准体系表》列出水利技术标准 615 项,这些标准覆盖了水利水电工程各专业主要技术内容,是勘测、设计、工程项目审查、咨询、评估、工程安全鉴定以及工程施工、验收、运行管理的基本依据。《水利技术标准体系表》中具体专业门类有:综合、水文、水资源、水环境、水利水电、防洪抗旱、供水节水、灌溉排水、水土保持、小水电及农村电气化、综合利用等。烟水配套工程规划设计可以参照执行,常用标准如下:

(1)《防洪标准》(GB 50201—94);

(2)《水利水电工程等级划分及洪水标准》(SL 252—2000);

(3)《灌溉与排水工程设计规范》(GB 50288—99);

(4)《农田低压管道输水灌溉工程技术规范》(GB/T 20203—2006);

(5)《泵站设计规范》(GB/T 50265—97);

(6)《机井技术规范》(SL 256—2000);

(7)《渠道防渗工程技术规范》(SL 18—2004);

(8)《公路桥涵设计通用规范》(JTG D60—2004);

(9)《水利建设项目经济评价规范》(SL 72—94);

(10)《供配电系统设计规范》(GB 50052—2009);

(11)《碾压式土石坝设计规范》(SL 274—2001);

(12)《浆砌石坝设计规范》(SL 25—2006);

(13)《碾压式土石坝设计规范》(DL/T 5395—2007);

(14)《水闸设计规范》(SL 265—2001);

(15)《水工混凝土结构设计规范》(SL 191—2008);

(16)《水工建筑物荷载设计规范》(DL 5077—1997);

(17)《水工建筑物抗震设计规范》(DL 5073—2000);

(18)《节水灌溉工程技术规范》(GB/T 50363—2006);

(19)《给水排水工程钢筋混凝土水池结构设计规程》(CECS 138—2002);

(20)《水工隧洞设计规范》(DL/T 5195—2004);

(21)《灌溉与排水渠系建筑物设计规范》(SL 482—2011);

(22)《水利水电工程测量规范(规划设计阶段)》(SL 197—97);

(23)《水利工程设计概(估)算编制规定》,水利部,2002;

(24)《基本烟田水利设施建设工程质量评定与验收规程》(YC/T 337—2010);

(25)《烟叶生产基础设施建设项目管理办法》,国家烟草专卖局,2007;

(26)《烟草行业水源工程援建项目及资金管理办法(试行)》,国家烟草专卖局,2012;

(27)《河南省烟叶生产基础设施建设项目质量标准》,河南烟草专卖局(公司),2006;

(28)《河南省烟田机耕路设计技术标准(试行)》,豫烟叶,2009；

(29)《河南省水泥混凝土路面机耕路建设工程标准及技工技术要点》,豫烟叶,2011。

二、基础资料

在制定区域规划和编制设计文件之前,需要进行必要的勘测、试验和社会调查。由于设计阶段不同,所需资料的广度和深度也各异,一般需要掌握的基本资料有:

(1)自然地理。包括工程所处的地理位置、行政区域、地形、地貌、土壤、水系、水资源开发利用现状及存在的问题等。

(2)地形图。规划设计应有实测的地形图,其比例视灌区大小、地形的复杂程度以及设计阶段要求的不同而定。在规划阶段,5 000 亩❶以上灌区要求 1/5 000 ~ 1/10 000 的地形图,5 000 亩以下灌区要求 1/2 000 ~ 1/5 000 地形图;对于小地块要求 1/500 ~ 1/1 000 的地形图,对于地势平坦的小面积灌区,至少应用平面位置图,包括田块高程,水源位置(水位、高程)等资料。详见《水利水电工程测量规范(规划设计阶段)》(SL 197—97)。

(3)地质。包括项目区的地层、岩性、地质构造、地震烈度、不良地质现象,水文地质情况,岩石(土)的物理力学性质,天然建筑材料的品种、分布、储量、开采条件,工程地质评价与结论。

(4)水文。包括水文站网布设、资料年限、径流、洪水、泥沙、水情以及人类活动对水文的影响等。

(5)气象。包括降水、蒸发、气温、风向、风速、冰霜、冰冻深度等气象要素的特点,站网布设和资料年限。

(6)社会经济。需要对社会经济现状及中长期发展规划进行全面了解,包括人口、土地、种植面积、工农业总产值、主要资源情况、动力、交通、投资环境等。

(7)水资源调查报告、土地利用总体规划以及用于作为设计依据的各种规程规范。

三、实地踏勘

开展实地踏勘是项目设计的必需前提。踏勘人员必须全面熟悉项目区域的地形地貌,了解项目区的基础设施使用情况、作物种植及生产效果、灌溉水源与排水方式、排水承泄区等。特别要对可研报告提出的工程布局方案进行实地模拟"放样"的可行性论证。

为了保证工程设计的合理性、可操作性,实地踏勘必须做到去现场、全覆盖、多交流。去现场就是设计人员深入到项目区域的田间地头;全覆盖就是设计人员必须踏遍项目区域的每一个角落;多交流就是要求设计人员根据项目的政策与技术要求、可研报告提出的工程布局方案等,与项目区的烟草、农业、水利、土地管理等部门的技术人员和村干部、农民深入交换意见,形成工程布局的初步设想。

需要特别指出的是,一个合理的项目布局方案的形成是设计人员与项目区技术人员和村干部、农民共同努力的结果。因此,在设计人员进行实地踏勘的过程中,项目区必须配备熟悉当地情况的农林水技术人员和村民代表共同进行实地踏勘和方案讨论。

---

❶ 1 亩 = 1/15 hm²。

四、设计工作步骤

(1)收集资料及信息。如水文、气象、地形、地质资料,地方经济社会资料,施工力量,资金渠道,国家及地方的有关政策及法规等。

(2)明确工程总体规划及单元工程的功能要求。这是设计工作的目标。

(3)提出方案。以初步选择的建筑物形式为基础,考虑与外部的联系和制约条件(如与其他建筑物的配合,与施工、管理、投资等的关系等),修正方案,使其可行。

(4)筛选可行的比较方案。

(5)对方案进行分析、比较、评价,选定设计方案。

(6)对建筑物进行优化定型及设计细部构造。

(7)对机电设备进行选型设计。

(8)初订建筑物的施工方案。

(9)对方案进行评价及验证。

(10)依据审查意见对设计作进一步的修改和完善。

至此,设计任务即告完成,根据工程的设计图纸即可组织施工。但是,对一个成功的设计而言,道路才走了一半。更重要的是,应当继续关注工程的施工、管理、运用及原型监测的情况;通过实践来检验设计工作的得失,及时总结经验,必要时加以纠正。如此不懈地努力才能高水平地建成水利工程。为了提高工程设计的质量,需要提倡动态的设计、反馈的设计方法。

五、设计机构

目前,我国没有正式建立烟水配套工程设计资格认证制度,对烟水配套工程设计机构的资质和监督管理尚缺少统一的要求。但是,根据烟水配套工程的实际特点和近些年来烟水配套工程的实际经验,一般应委托有一定资质的水利工程设计单位进行设计。要保障烟水配套工程设计的科学性、合理性,水利工程设计单位必须具备最基本的设计条件。

(一)具备法人地位

所有烟水配套工程设计机构应该是由工商部门注册或经有关部门批准成立的企事业法人单位,具有固定办公场所,具有一定的烟水配套工程设计成果和经验。

(二)具有从业资格

设计机构的从业人员应该通过水利部门组织的技术培训,取得农田水利工程或水利工程专业的设计资格证书。设计单位一般应具有农田水利工程或水利工程乙级以上资质。一个工程项目应由一个设计单位设计。

(三)专业配备合理

烟水配套工程涉及农田水利、道路、电力等工程,土地整理政策以及工程造价或概预算等。因此,任何一个专业设计机构必须配备合理的专业技术人员。

第二章 烟田灌溉与排水

第一节 烟田需水量与需水规律

一、土壤水分与烟叶生产的关系

土壤水分是烟草生长的基础,只有土壤水分适宜,烟株才能正常生长发育,从而获得最佳的产量和品质,土壤水分过多或过少都会影响烟株的生长发育和烟叶产量品质的形成。为了获得优质适产的烟叶,必须根据烟株的需水规律和土壤墒情合理灌水,并在降雨过多时能及时排水防涝,为烟草生长发育创造适宜的土壤生态条件。

(一)灌溉对烟叶生产的影响

1.灌溉对烟株生长发育的影响

水分是烟株生长发育重要的生态因子和烟株组成成分,烟草的生命活动只有在水分适宜的生态条件下才能顺利进行。在烟株的整个大田生长期,烟株体内的含水量高达80%以上。烟株不同组织和器官的含水量有一定差异,一般根尖、嫩芽、幼苗和旺长期的叶片含水量较高,可达88%~90%,甚至更高;茎和成熟叶片的含水量为80%~90%。在不同环境条件下烟株的含水量也会发生变化,如在干旱胁迫下叶片组织含水量显著下降,当叶片失水6%~8%即可发生萎蔫现象。因此,要维持烟株体内水分平衡,必须合理灌溉。

适宜的灌溉可以改善烟田土壤水分状况,促进烟株生长发育。研究表明,灌水烟株生长稳健,株高、茎粗和叶面积均增加,特别是烟株生长早期。灌水对消除肥害具有十分重要的作用,特别是在施肥量过大、烟株存在潜在肥害时。同时,灌水还可防止下部烟叶旱烘和成熟期烟叶贪青晚熟,改善烟叶的烘烤特性;还可减少烟草花叶病和根结线虫病的发生。

但烟田灌水不当也存在一些潜在的弊端,特别是灌水后立即遇到长时期降雨,会加重水分过量的危害,造成土壤表层团粒结构破坏,气体交换受阻,根系呼吸降低,烟株生长不良,叶片变薄,严重时造成水涝,土壤养分淋溶损失,导致烟草病害传播。

2.灌溉对烟叶产量和品质的影响

国内外许多研究结果表明,在烟叶的生长发育过程中,适时适量灌水可以促进烟草生长,提高烟叶的产量和品质。若灌水时期不当,或灌水量过大,则会降低烟叶的产量和品质,并会加重烟草病害的发生。

美国北卡罗来纳州农业研究站(1950~1957年)对烟叶进行灌水试验结果表明,灌水比不灌水烟叶产量提高15%,均价提高10%。适量灌水烟叶叶片较大、厚薄适中、颜色橘黄、油分足、弹性强、烟叶内各种化学成分含量适宜、比例协调、香气充足、吃味醇和、品质优良;如果灌水量过大,则烟叶叶片大而薄,颜色浅,油分少,弹性差,叶内含糖量高而蛋白质、烟碱等含氮化合物含量低,化学成分比例失调,香气不足,吃味平淡,内在品质变差;如果灌水不足,则烟株生长发育受阻、叶片小而厚、颜色深、叶内含氮化合物增多、含糖量减少、吃味辛辣、品质不良。因此,只有合理灌水才能达到增产、增质、增效益的目的。

可见,当气候干旱、土壤水分不足成为限制烟叶生产的主要因素时,烟田适时适量的灌水能显著提高烟叶的产量和品质;当烟草生育期内雨量充沛,而且雨量的分布也较为合理时,自然降雨已完全能够满足烟草生长的需要,烟田灌水不仅起不到增产增质的作用,反而会导致烟叶产量和品质下降。

(二)干旱胁迫对烟草的影响

1. 干旱胁迫对烟草生长发育的影响

烟株体内的水分状况受蒸腾作用和土壤含水量的制约。当烟田缺水,烟株根系吸水量小于蒸腾作用的消耗量时,就会引起植株体内水分亏缺,代谢活动受影响,生长受抑制。据中国农业科学院烟草研究所研究,在土壤缺水条件下,烟株生长缓慢,植株矮小,根系发育不良,叶片小而厚,叶数减少,烟叶成熟延迟(见表2-1和表2-2)。

表2-1 不同土壤湿度对烤烟生长的影响(山东益都县,1979)

土壤相对湿度(%)	株高(cm)	茎围(cm)	叶数(片)	移栽至现蕾时间(d)	烟叶成熟
50	105.9	6.44	37.8	100	较晚
65	120.3	7.12	39.0	100	中
80	146.3	7.76	41.4	90	较早

表2-2 不同土壤水分张力对烤烟生长的影响(山东益都县,1979)

土壤水分张力(kPa)	株高(cm)	茎围(cm)	叶数(片)	最大叶长(cm)×宽(cm)
1.96~2.45(高)	51.86	8.50	33.87	55.77×22.10
2.45~2.94(中)	41.33	8.47	29.20	52.87×20.97
3.92~4.41(低)	35.87	7.38	27.53	48.87×18.77

烟草在大田不同生育时期对干旱胁迫的反应是不同的。盆栽试验(王耀富等,1994)表明,在团棵期轻度土壤干旱(土壤相对含水量为60%左右),烟株根系体积增长迅速、干物质积累最大,根系活力强;土壤湿度大(土壤相对含水量为80%左右),限制根系发育,根系体积变小,干物质积累下降。根系总吸收面积和活跃吸收面积都减小,但根系活跃吸收面积百分数增大;土壤严重干旱(土壤相对含水量为40%左右),则严重影响根系发育和根系活力,根体积、根干重、根系总吸收面积、根系活跃吸收面积及活跃吸收面积百分数都显著下降。旺长期烟株根系发育对干旱的反应最为敏感,即使是轻度土壤干旱,根系体积、根干重以及根系活力都明显降低。成熟期土壤相对含水量为60%~80%,对根系生长和根系活力都无明显影响。从不同干旱程度对烟株根、茎、叶生长的影响情况来看,80%左右的土壤相对含水量对烟株茎、叶生长有利,但会影响根系的生长;60%左右的土壤相对含水量对烟株根系发育有利,可使茎、叶稳健生长,但在旺长期会影响烟株开枯开片;40%左右的土壤相对含水量对烟株根、茎、叶生长的不良影响都是十分显著的,但对茎、叶生长的影响相对较大。不同生育时期烟株生长对干旱胁迫的反应,以旺长期最为敏感,成熟期次之,团棵期干旱对烟株生长的影响相对较小。在烤烟的整个生育期内,团棵、旺长和成熟期分别保持60%、80%和60%左右的土壤相对含水量,对烟株根系的发育和根系活力的提高最为有利。

干旱胁迫对烟株生长发育影响的生理原因,在于烟株体内发生了一系列对烟叶品质不利的生理生化变化:

(1)干旱胁迫下烟株的水分代谢减弱,烟叶组织相对含水量和自由水含量下降,束缚水含量上升,叶水势降低,气孔扩散阻力增大,蒸腾强度减小,烟株根系对水分和矿质营养的吸收能力下降。

(2)细胞原生质膜结构受损伤,在干旱胁迫下细胞原生质胶体因失水而变性,原生质结构受到破坏,细胞膜的选择透性受到影响,导致细胞内电解质和有机物质的大量渗漏。

(3)叶片光合作用速率下降,干旱胁迫会导致烟叶中叶绿素降解,叶绿体光合活性降低,甚至叶绿体结构破坏,完全失去同化二氧化碳的能力,因此叶片的光合速率降低。

(4)有机物质分解加速,当烟株体内缺少水分时,水解酶活性加强,蛋白质和多糖趋向水解,前者水解成氨基酸,并产生酰胺等物质,由于蛋白质的强烈水解就抑制了烟株的生长,而多糖水解的结果,引起可溶性糖含量增多,呼吸增强,使叶片的光合作用受阻,严重影响干物质的积累。

(5)有机物质运输受阻,由于干旱胁迫下烟叶蒸腾强度减弱,使体内有机物质的运输受阻,尤其是叶片的光合产物不能顺利地运输到植株的各部分而重新分配。水分亏缺时叶片水势降低,将从烟株各部位夺取水分。特别是生长点幼叶渗透压较高,在干旱时会从下部老叶夺取水分和养分,引起底烘。

2. 干旱胁迫对烟叶产量和品质的影响

干旱胁迫对烟草生理生化特性和烟株生长发育的影响反映在烟叶的产量和品质上,表现为产量的下降和品质的降低。据汪耀富(1993)测定,在烤烟生长发育过程中,团棵、旺长、成熟任一时期土壤严重干旱(土壤相对含水量为40%左右),都会降低烟叶的产量和上中等烟比例,尤其以旺长期土壤干旱对烟叶产量的影响较大,成熟期干旱对烟叶上中等烟比例的影响较为显著。在烟草大田生育期中,干旱时间越长对烟叶产量和品质的影响越大。

烟叶的化学成分与土壤水分状况密切相关。土壤缺水,叶片变小增厚,组织紧密,叶脉粗大,单位叶面积重量增大,烟叶内含氮量和含氮化合物如蛋白质、烟碱等增高,糖类物质含量降低,烟味辛辣,吃味不良,品质下降。相反,在土壤湿度过高的条件下,烟叶组织过分疏松,叶片大而薄,颜色淡,油分少,弹性差,香气不足,吃味平淡。只有在适宜的土壤湿度条件下,才能获得外观品质、内在化学成分和香、吃味俱佳的烟叶。孙梅霞(2000)的试验结果表明,随土壤含水量增大,烟叶中总糖含量增加,总氮和烟碱含量降低(见表2-3)。

表2-3　土壤水分对烤烟化学成分的影响(孙梅霞,2000)　　　　　　(%)

部位	土壤相对含水量	总糖	烟碱	总氮
上部叶	<60	13.64	3.77	2.78
	60～70	18.46	3.23	2.20
	70～80	19.63	2.45	2.17
	>80	19.85	2.14	2.14
中部叶	<60	14.83	3.18	2.67
	60～70	19.01	2.95	2.10
	70～80	19.40	2.49	2.08
	>80	20.44	1.97	1.96

汪耀富(1993)在盆栽条件下研究了不同生育时期干旱对烟叶化学成分的影响(见表2-4),结果表明,在干旱胁迫下烟叶中还原糖含量降低,而总氮、烟碱含量升高,内在化学成分比例失调,而且干旱发生越晚对烟叶化学成分的影响越大。但在团棵期轻度干旱(土壤相对含水量为60%)烟株根系发育良好以及旺长期土壤水分充足(土壤相对含水量为80%)烟株充分开片的基础上,成熟期土壤轻度干旱烟叶化学成分比较协调(见表2-4)。

土壤干旱对烤烟香气物质含量也有十分显著的影响。干旱胁迫会使烟叶中降解类胡萝卜素类物质(如巨豆三烯酮等)和部分类西柏烷类化合物(如茄酮、β-大马烯酮等)含量下降,或仅以痕量存在,说明干旱胁迫对烟叶的香气品质有不良的影响(汪耀富,1993)。但成熟期轻度干旱(土壤相对含水量为60%)烟叶中大部分香气物质含量较高,证明此期轻度干旱可以提高烟叶的香、吃味品质。因此,在烟叶成熟期既要防止烟田干旱,又要避免大量多次灌水,以利烟叶优良品质的形成。

表2-4 不同生育期干旱对烟叶化学成分的影响(汪耀富,1993)

团棵期—旺长期—成熟期土壤相对含水量(%)	还原糖(%)	总氮(%)	烟碱(%)	还原糖/烟碱	总氮/烟碱
40—40—40	4.71	3.68	2.29	2.06	1.61
60—60—60	9.35	2.82	3.55	2.63	0.79
80—80—80	14.95	2.57	1.80	8.31	1.43
40—80—80	13.14	2.76	1.72	7.64	1.60
80—40—80	10.19	3.28	1.60	6.37	2.05
80—80—40	7.27	3.65	1.86	3.91	1.96
60—80—60	13.56	2.16	2.35	5.77	0.92
40—80—40	8.46	3.92	1.50	5.64	2.61
40—80—60	6.89	3.56	3.27	2.11	1.09
80—60—80	14.28	2.94	1.70	8.40	1.73

综上所述,在烟草大田生长阶段,团棵期应适当控制水分,促使烟株根系向纵深处发展;旺长期要有充足的水分供应,以满足烟株旺长对水分的需要;成熟期也应适当供水,调节烟叶香气物质的合成,使烟叶适时落黄成熟,防止因水分过多而造成返青晚熟或底烘。在整个烟草大田生育期内,土壤水分管理应掌握控—促—控的原则。

二、烟田需水量与需水规律

(一)烟田的耗水形式

烟田对水分的消耗包括棵间蒸发和蒸腾两个方面,前者指土壤水分通过植株间地表而蒸发散失,称为生态耗水。后者指水分通过烟株表面(主要是叶片)而散失,是烟株生长发育所必需的生理过程,称为生理耗水。这两种耗水形式虽然性质不同,但两者有着密切的联系。

1.棵间蒸发

在烟草大田生长的前期和后期,烟株叶片不能完全覆盖地面,土壤水分会通过棵间地表蒸发而大量消耗。在烟草生长的中期,烟株旺盛生长,田间叶面积指数超过1,棵间地表几乎完全被叶片所覆盖,土壤水分的地表蒸发量下降。一般认为地表蒸发属无效耗水,因此生产上应采取措施,尽可能减少土壤水分地表蒸发。

2. 蒸腾

烟株吸收的水分只有一小部分用于代谢,而绝大部分都通过叶面蒸腾散失到植株体外。蒸腾作用把植株吸收的水分又排出体外,看来似乎是有害的,其实不然,蒸腾作用在烟草生命活动中具有十分重要的作用:一是蒸腾作用是烟株被动吸水的主要动力,没有蒸腾作用的拉力,根部的被动吸水和烟株较高部位的水分将难以供应;二是由于矿质营养只有溶于水才能被烟株吸收并在体内运转,所以烟株在吸水的同时,也吸收了一部分矿物质;三是可以降低叶片温度。叶片在进行光合作用时吸收了大量的太阳能,其中真正用于光合作用的只有一小部分,大部分以热能的形式蒸腾散失,这些热能会使叶片温度升高。过高的温度对叶片生长是不利的,甚至还会灼伤叶片,而在蒸腾过程中,水变成水蒸气吸收热能,从而使叶片温度降低,避免被阳光灼伤。

烟叶是主要的蒸腾部位,水分经叶表面的蒸腾作用有两条途径:一是通过角质层的蒸腾,叫角质层蒸腾;二是通过气孔的蒸腾叫气孔蒸腾。角质层并非完全不透水,它并不能完全阻止蒸腾作用。烟株经角质层蒸腾的数量因植株的特性、发育条件、发育阶段等因素而异。成年叶片的角质层蒸腾作用很小,仅占总蒸腾量的 5% ~ 10% ,幼叶因角质层发育不完全或不发达,角质层蒸腾几乎占蒸腾量的 40% ~ 70% 。一般抗旱性强的品种角质层很发达,角质层蒸腾量很小,烟株体内的水分大部分是通过气孔蒸腾而散失到大气中,气孔蒸腾是烟草蒸腾作用的主要方式。

烟草株高叶大,蒸腾作用强烈。蒸腾作用的强弱常用蒸腾强度来表示。蒸腾强度指单位叶面积或干重在单位时间内由蒸腾作用所散失的水分质量,单位为 $g \cdot cm^{-2} \cdot s^{-1}$ 或 $g \cdot g^{-1} \cdot s^{-1}$ 。蒸腾强度越大,消耗的水量越多。烟草的蒸腾强度受烟株体内的生理特性、土壤水分状况、光照强度、温度、空气湿度、风速以及烟株生育期等因素影响。

(1)土壤水分状况。烟株体内的水分主要来自土壤,当土壤水分缺乏时,根系吸水困难,土壤水分的供应补偿不了烟株的蒸腾,造成烟株体内水分亏缺,轻则引起气孔关闭,重则植株萎蔫,导致蒸腾强度大大减弱。

(2)光照强度。是影响蒸腾作用的最主要的外界条件。光照一方面使大气温度和叶面温度升高,使水分的蒸腾强度提高,当叶温高于气温时蒸腾作用速度更快;另一方面,光照促使气孔开放,蒸腾作用加强。

(3)温度。对蒸腾作用的影响也很大。气温升高时烟株内水分子动能增强,叶片内外水蒸气压差增大,水分变成水蒸气从叶片散失的速度加快,因此蒸腾作用增强。

(4)空气湿度。与蒸腾强度密切相关。空气湿度小,叶内外蒸气压差加大,水分汽化散失的速度快;空气湿度高,则蒸腾失水慢,因此干燥天气叶片蒸腾强,湿润天气叶片蒸腾弱。

(5)风速。明显影响蒸腾作用的强弱,一般风速小,田间相对湿度大,蒸腾强度弱,反之则强。

(6)烟株生育期。在烟草大田生长期间,不同生育时期蒸腾强度是有差异的。随生育期进展,蒸腾强度提高,到旺长期达到高峰,以后逐渐降低。旺长期蒸腾强度大,与该时期叶片含水量和叶面积指数较大,尤其是自由水含量高有关。因此,旺长期要充分供应水分,否则会给烟叶产量、品质带来不利影响。

（7）不同时间、部位。一天内不同时间、不同部位的烟叶蒸腾强度也有不同的变化。据测定，成熟初期的烟叶，自早晨 5 时至下午 6 时，平均蒸腾强度以上部叶最大，达 189 g/（m² · h）；中部叶次之，为 178 g/（m² · h）；下部叶最小，只有 108 g/（m² · h）。在一天中蒸腾强度基本上依光照强度的变化而变化。上部叶蒸腾强度比下部叶大，这与其细胞小、单位面积上的气孔多及所处环境与下部叶不同等因素有关。

在烟草大田生育期中，地表蒸发和叶面蒸腾两种耗水形式并存，但在团棵期以前，田间耗水以地表蒸发为主，团棵期以后，随田间叶面积指数增大，烟田耗水转入以叶面蒸腾为主。旺长期蒸腾耗水占总耗水量的 60% ~ 70%。烟叶成熟采收以后，随田间叶面积指数减小，蒸腾耗水量逐渐减少，地表蒸发耗水量相应增加。

（二）烟田的耗水规律

1. 烟株需水量与烟田耗水量

1）烟株需水量

需水量又称蒸腾系数，是指每生产单位重量干物质由烟株蒸腾所消耗水分的数量。在温室栽培条件下，烟株每生产 1 g 干物质的蒸腾失水量为 167 g，而在大田栽培条件下每生产 1 g 干烟叶的蒸腾耗水量在 500 g 以上。烟株的需水量受内部条件和外界环境的制约，在土壤水分充足的条件下，蒸腾系数可达 1 000 以上。

2）烟田耗水量

烟田耗水量包括烟株蒸腾耗水与地表蒸发耗水，又称蒸散量。耗水量与土壤水分含量、烟株生长状况和气候条件密切相关。据汪耀富（1995）模拟干旱年份降雨（烟草生育期内降雨 300 mm 左右）进行池栽试验和在正常年份（烟草生育期内降雨 500 mm 左右）进行大田试验研究结果，烟田耗水量随灌水量的增加而增大，但耗水量多少与灌水量并非完全呈直线相关，当灌水量达到一定限度后，随灌水量增加，烟田耗水量虽有所增大，但增加幅度减小（见表 2-5）。烟田耗水量与烟叶产量有密切关系，随产量增加，耗水量增大，产量（Y）与耗水量（ET）之间的关系为 $ET = Y/(0.196 + 0.001\ 32Y)$，二者的相关系数（$r = 0.956\ 9^{**}$）达到极显著水平。

表 2-5 不同灌水条件下烟田的耗水量（汪耀富，1995）　　　　（单位：mm）

团棵期—旺长期—成熟期的灌水量（mm）	池栽试验（1991）	池栽试验（1992）	大田试验（1992）
0—0—0	330.0a	307.5a	451.5a
0—90—0	396.8b	378.8b	512.7b
0—90—45	458.8c	443.5c	569.5c
45—90—45	524.3d	506.9d	627.3d
90—90—90	568.6d	552.8d	—

注：同列中相同字母表示差异不显著；不同字母者表示在 $LSD_{0.05}$ 水平上差异显著。

饶梓云等（1993）对陕西旱地烟田耗水量测定结果表明，地膜覆盖烟田全生育期总耗水量为 325.9 mm，露地烟田则为 308.8 mm，盖膜烟田的耗水量大于不盖膜烟田。这是因为盖膜烟田烟株长势强，地表蒸发量虽然减小，但蒸腾耗水量大，因而烟田总耗水量增大。

2. 不同生育期烟田的需水规律

烟草一生中由于受外界条件和烟株本身生理、生态特性的影响，各生育时期的耗水量具有明显的差异。据汪耀富等(1995)灌水试验结果，不论在干旱还是湿润条件下，烟田的耗水量、耗水强度和耗水模数均为旺长期最大，成熟期次之，团棵期最小(见表2-6)。表明烟田耗水具有前期少、中期多、后期又少的规律性，旺长期是烟草的需水关键期。随灌水量增加，烟田耗水量、耗水强度增大，而耗水模数则保持相对稳定。大田各生育时期烟草的耗水模数分别为：团棵期 16% ~ 20%，旺长期 44% ~ 46%，成熟期 35% ~ 37%。饶梓云等(1993)指出，烟田耗水量在团棵期较低，团棵以后很快增大，到现蕾后达最大值，而后随叶面积减小而逐渐降低。盖膜烟田团棵期耗水强度 1.30 mm/d，旺长期为 3.37 mm/d，成熟期为 3.03 mm/d，采烤期为 2.03 mm/d。不盖膜烟田全生育期耗水强度略低于盖膜烟田(见表2-7)。

表 2-6 不同灌水条件下烟草的耗水规律(汪耀富等，1995)

灌水量 (mm)	团棵期			旺长期			成熟期		
	耗水量 (mm)	耗水模数 (%)	耗水强度 (mm/d)	耗水量 (mm)	耗水模数 (%)	耗水强度 (mm/d)	耗水量 (mm)	耗水模数 (%)	耗水强度 (mm/d)
池栽试验(1991)									
0—0—0	80.5a	24.4	1.78a	126.8a	38.4	3.62a	122.7a	37.2	1.89a
0—90—0	81.3ab	20.5	1.81ab	175.4b	44.2	5.01b	140.1ab	35.2	2.16ab
0—90—45	83.5ab	18.2	1.68ab	206.5bc	46.5	5.90bc	168.8bc	36.8	2.60abc
45—90—45	105.4ab	20.1	2.34ab	237.0c	45.2	6.77cd	181.9c	34.7	2.80bc
90—90—90	122.2b	21.5	2.72b	240.5c	42.3	6.87d	205.8c	36.2	3.17c
池栽试验(1992)									
0—0—0	73.2a	23.8	1.63a	121.5a	39.5	3.47a	112.9a	36.7	1.74a
0—90—0	74.5ab	19.7	1.66ab	172.0b	45.4	4.91b	132.2ab	34.9	2.30ab
0—90—45	76.4ab	17.2	1.70ab	203.1bc	45.8	5.80bc	164.1bc	37.0	2.52abc
45—90—45	98.8ab	19.5	2.20ab	228.6c	45.1	6.53cd	179.4c	35.4	2.76bc
90—90—90	116.1b	21.0	2.58b	235.5c	42.6	6.73d	201.2c	36.4	3.10c
大田试验(1992)									
0—0—0	92.6a	20.5	2.32a	203.2a	45.0	5.81a	155.8b	34.5	2.51a
0—90—0	91.5a	17.9	2.29a	237.8ab	46.3	6.80b	183.4ab	35.8	2.96ab
0—90—45	93.4a	16.4	2.34a	260.8b	45.8	7.45b	215.3bc	37.8	3.47b
45—90—45	128.8a	20.5	3.22a	269.1b	42.9	7.69b	229.4b	36.6	3.70b

注：1. 灌水量中数字分别为团棵期—旺长期—成熟期的灌水量。

2. 表中每一列数字后有不同字母者表示在 $LSD_{0.05}$ 水平上差异显著。

表 2-7　陕西旱地烟田耗水规律(饶梓云等,1993)

发育阶段	盖膜			不盖膜		
	降水量 (mm)	耗水量 (mm)	耗水强度 (mm/d)	降水量 (mm)	耗水量 (mm)	耗水强度 (mm/d)
移栽—团棵	41.7	39.0	1.30	92.5	71.5	1.65
团棵—现蕾	53.5	77.5	3.37	40.2	65.8	2.99
现蕾—成熟	72.2	93.9	3.03	34.8	81.1	2.80
成熟—采毕	115.5	115.5	2.03	115.5	90.4	1.97
全生育期	282.9	325.9	2.28	283.0	308.8	2.17

　　总之,据我国各地烟草灌水试验结果,一致认为,烟草自移栽到团棵,由于烟株营养体尚小,叶片蒸腾量不大,耗水形式以地表蒸发为主,耗水不多,需水量较小;团棵至现蕾烟株茎叶生长旺盛,根系进一步向纵深处发展,吸水能力强,蒸腾强度大,耗水形式以叶面蒸腾为主,耗水量最多,需水量最大。此期水分供应充足与否,对烟草的产量和品质影响极大,因此旺长期是烟草灌溉的关键时期,也是烟草需水的临界期;现蕾到采收结束为烟叶成熟期,随烟叶逐渐进入成熟期,田间叶面积系数逐渐减小,蒸腾作用也相应下降,耗水形式由旺长期叶面蒸腾为主逐渐转向以地表蒸发为主,耗水量又趋减少,需水量也降低。另外,烟田耗水量因土壤水分状况、土壤质地、气候条件和烟株自身的特性而变化。

(三)烟草的水分利用效率

　　烟草水分利用效率是指烟株消耗单位重量水分所生产的同化产物的量,它反映了烟草对水分的转化效率。在单叶水平上往往表示为光合速率与蒸腾速率的比值;在个体与群体水平上通常表示为烟株干物质产量与同期蒸散量之比。其中,以烟株蒸腾量为基础表示的水分利用效率称为蒸腾效率,它反映了烟草本身的特性;以烟株耗水量(即蒸散量)为基础表示的水分利用效率称为蒸散效率,比较接近烟田的实际情况。汪耀富(1995)采用池栽和大田试验研究结果表明,在干旱条件下(池栽试验)烟草的水分利用效率较高,随灌水量增加,水分利用效率下降(见表2-8)。说明当灌水超过一定限度后进一步增加灌溉量,会导致烟田无效耗水增多。烤烟产量(Y)与耗水系数(K)的关系为:$K=1/(0.196+0.00132Y)$,二者的相关系数达 0.9033[**],表明在较高产量水平下,烤烟的耗水系数较小,对水分的利用效率较高;产量较低时,耗水系数较大,对水分的利用效率较低。因此,在烤烟生产上应尽可能提高水分利用效率,减少无效耗水,以提高烟叶生产的经济效益。

　　据饶梓云等(1993)报道,地膜覆盖可以提高旱地烟田土壤水分利用效率,在地膜覆盖条件下烟草的水分利用效率可达 0.56 kg/mm,而不盖膜烟田水分利用效率只有 0.43 kg/mm。此外,合理调整移栽期,尽可能使烟草的需水规律与烟区的降雨规律相吻合;合理密植,烟田深耕都可以不同程度地提高烟草水分的利用效率,这些措施与地膜覆盖相结合效果更加明显(汪耀富等,1998)。刘贞琦等(1993)研究指出,在不同的土壤相对持水量情况下,烟株的水分利用效率(光合速率/蒸腾速率)不同,团棵期土壤相对持水量为60%~70%时水分利用效率最高;旺长期和成熟期土壤相对持水量为70%~80%时的水分利用效率最高。

表 2-8 不同灌水条件下烟草的水分利用效率(汪耀富,1995)

团棵期—旺长期—成熟期的灌水量(mm)	池栽试验(1991)	池栽试验(1992)	大田试验(1992)
0—0—0	0.43a	0.45a	0.37a
0—90—0	0.41b	0.43ab	0.34b
0—90—45	0.39ab	0.40ab	0.29ab
45—90—45	0.35bc	0.36bc	0.25c
90—90—90	0.31c	0.32c	—

注:表中每一列数字后有不同字母者表示在 $LSD_{0.05}$ 水平上差异显著。

在烟叶生产中,也可以用烟叶产量与烟田灌水量或自然降水量的比值表示水分利用效率,前者是灌溉水的利用效率,它对确定最佳灌水定额是必不可少的,在烟叶节水灌溉中有重要意义;后者是自然降水的利用效率,它是烟草旱作栽培中的重要水分指标。对烟田耗水规律、水分与烟叶产量、土壤水、灌溉水和自然降水之间的相互关系,以及烟田管理措施对它们的影响进行深入系统的研究,是进一步提高烟草水分利用效率的基础。

第二节 烟田灌溉技术指标

一、烟株的需水规律及适宜土壤水分

烟草是移栽作物,分为苗床期和大田期。需水规律主要指移栽后的各阶段需水分布规律。烟草大田期一般分四个生育阶段:还苗期、团棵期、旺长期、成熟期。

烟草根系较深,是一种喜水作物,植株含水量为 70% ~ 80%,叶片含水量为 80% ~93%。在生长期当叶片的含水量亏缺 60% ~80% 时,就发生萎蔫现象。烟草的需水量为 450 ~850 mm,相应烟叶产量 150 ~250 kg/亩,需水系数为 1 500 ~2 000。各阶段需水规律与烟草的物候期有关。

还苗期株体小,植株耗水较少,主要以地表蒸发为主。此时需水的大小与气候关系很大,一般日需水 3 ~4 mm/d。移栽成活后,烟草开始伸根发叶,进入团棵期,该期给水要适宜,过多不能蹲苗,缺水又会出现老化,要做到适时适量供水,日需水量为 3.5 ~4.0 mm/d。

旺长期是由团棵长叶到出现花蕾,烟草处在生长旺期,此时需水量较多,日需水量也达到高峰,平均为 5 ~6 mm/d,该期供水不足会严重影响产量。现蕾后,进入成熟期,即可采摘。该期日需水 4.5 mm/d 左右。

由于各地气候的差异,各阶段的需水强度除受产量影响外,同时也受气候变化的影响。烟草生长各阶段含水量是烤烟灌溉制度的重要因素之一,也是烟草常用的灌溉指标,对于确定烟草灌溉制度具有重要的指导意义。研究表明,烟草不同生育时期对土壤水分的需求是不同的,一般还苗期保证土壤含水量占土壤田间持水量的 70% ~80%,该期土壤水分供应不足,则会造成死苗或返苗缓慢,不能及时成活;团棵期 60% ~70% 田间持水量;团棵后土壤水分不宜过高,烟草要进行蹲苗,控制在 65% 田间持水量左右即可;旺长期 70% ~80% 田间持水量;现蕾开花后需水量大,土壤湿度控制在 80% ~85% 田间持水量为好;成熟期,开始采摘烟叶,土壤湿度是促控烟叶生长的主要条件,是灌溉管理的主要指标,为使烟叶正常落黄、不贪青,土壤水分可适当偏低,控制在 65% 田间持水量即可。孙梅霞等根据团棵期、旺长期、成熟期烤烟叶片气孔导度、光合速率和蒸腾速率与土壤含水量的关系,确定出不同生育期烤烟适宜的土壤水分指标为:团棵期 $61\% \sim 65\%$ 田间持水量 θ_f、旺长期($80\% \sim 81\%$)θ_f、成熟期($76\% \sim 80\%$)θ_f。土壤干旱指标为:团棵期($49\% \sim 51\%$)θ_f、旺长期($67\% \sim 70\%$)θ_f、成熟期($55\% \sim 60\%$)θ_f。当土壤水分含量低于干旱指标时即应灌水,否则就会对烟草的光合作用和蒸腾作用等生理过程产生影响。

二、烟田的灌溉制度

(一)灌溉制度的概念

烟田的灌溉制度是指自烟草移栽到采收结束整个生育期内的灌水次数、每次灌水日期、灌水定额以及灌溉定额。灌水定额是指一次灌水单位面积上的灌水量。农作物在整个生育期要进行多次灌水,全生育期各次灌水定额之和,叫灌溉定额。灌水定额及灌溉定额常以 m^3/hm^2 或 mm 表示,是灌区规划及灌溉管理的重要依据。

(二)灌溉制度的确定方法

灌溉制度随作物种类、品种、自然条件及农业技术措施的不同而变化。因此,在确定作物灌溉制度时,必须结合地区与农时的具体情况进行具体分析。在农田水利工程规划、设计或管理中,常采用以下三种方法来确定灌溉制度:

(1)根据群众丰产灌水经验,确定烟田灌溉制度。在长期生产实践中,根据烟草生长的特点,广大烟农已积累了适时适量地进行灌水和实现烟叶优质适产的经验。这些经验是制定灌溉制度的重要依据。灌溉制度调查应根据设计要求的水文年份,仔细调查这些年份不同生育期的烟草田间耗水强度(mm/d)及灌水次数、灌水时间间隔、灌水定额及灌溉定额,并由此确定这些年份的灌溉制度。

(2)根据灌溉试验资料确定灌溉制度。灌溉试验项目一般应包括作物需水量、灌溉制度、灌水技术等,这些资料可为制定灌溉制度提供重要的依据。

(3)按水量平衡原理分析制定灌溉制度。用水量平衡分析制定烟草的灌溉制度时,通常以烟株主要根系吸水层作为灌水时的土壤计划湿润层,并要求该土层内的储水量能保持在作物所要求的范围内。

在旱作物整个生育期中任何一个时段 t,土壤计划湿润层(H)内储水量的变化可用水量平衡方程表示为

$$W_t - W_0 = W_T + P_0 + K + M - ET \qquad (2\text{-}1)$$

式中　W_0、W_t——时段初和任一时间 t 时的土壤计划湿润层内的储水量,mm 或 m^3/hm^2;

　　　　W_T——由于计划湿润层增加而增加的水量,mm 或 m^3/hm^2;

　　　　P_0——土壤计划湿润层内保存的有效雨量,mm 或 m^3/hm^2;

　　　　K——时段 t 内地下水补给量,mm 或 m^3/hm^2,即 $K = kt$,k 为 t 时段内平均每昼夜地下水补给量;

　　　　M——时段 t 内的灌溉水量,mm 或 m^3/hm^2;

　　　　ET——时段 t 内的作物田间需水量,mm 或 m^3/hm^2,即 $ET = et$,e 为 t 时段内平均每昼夜的作物田间需水量。

根据烟草正常生长对农田水分状况的要求，任一时段内土壤计划湿润层内的储水量应不小于作物允许的最小储水量（W_{min}）和不大于作物允许的最大储水量（W_{max}）。当在某些时段内降雨很小或没有降雨时，土壤计划湿润层内的储水量由于作物消耗而降低至接近于作物允许的最小储水量，即需进行灌溉，以满足作物正常生长的要求。

按水量平衡方法估算灌溉制度，如果作物耗水量、灌水技术有比较充分的调查资料，计算结果能够比较接近实际情况。对于比较大的灌区，由于自然地理条件差别较大，应分区制定灌溉制度，并与前面调查和试验结果相互核对，以求比较切合实际。

（三）烟草灌溉制度及灌溉需水量

根据大田期烤烟的生长发育特点和需耗水规律，团棵期为烤烟根系生长的主要时期、旺长期是需水关键期、成熟期也应有必要的供水，整个生育期内的土壤水分管理应遵循"控—促—控"的原则。山东省昌潍地区夏烟中上等肥力烟田节水灌溉制度见表2-9及云南省烟草节水高效灌溉制度及产量水平见表2-10。

表2-9　山东省昌潍地区夏烟中上等肥力烟田节水灌溉制度

水文年份	有效降雨量（m³/亩）	总需水量（m³/亩）	灌溉定额（m³/亩）	灌水定额（m³/亩）	灌水时期	灌水次数
干旱年	145～245	300～400	155	10～40	移栽、还苗、团棵、现蕾、成熟	5～7
一般年	210～310	300～400	90	10～35	移栽、还苗、现蕾	4～5
湿润年	150～350	300～400	90	10～30	移栽、还苗、现蕾	3～4

表2-10　云南省烟草节水高效灌溉制度及产量水平

分区	水文年份	灌水定额（m³/亩）			灌溉定额（m³/亩）	产量水平（kg/亩）
		团棵期	旺长期	成熟期		
滇中区	一般年	22	48	30	100	190
滇东北区	一般年	21	46	29	95	175
滇西北区	一般年	20	43	27	90	185
滇西南区	一般年	19	41	26	85	170
滇东南区	一般年	20	43	27	90	187
干热河谷区	一般年	23	50	32	105	180

第三节　烟田灌溉

一、烟田灌溉的依据

（一）根据烟草的生育特点和需水规律适时灌溉

（1）还苗期（移栽—成活）。此期烟株营养体小，烟草叶面蒸腾量少，烟田耗水以地表蒸发为主,耗水量不大。但由于移栽时烟苗根系受损伤,吸收能力下降,而地上部分的蒸腾作用仍继续进行,烟株体内水分失去平衡,因此在还苗期要有充足的土壤水分供应,塌实土壤,增加底墒,促使烟苗早生根、早还苗,提高成活率。此外,还苗期灌水还是防止因施肥过多或施肥不匀对烟苗根系产生伤害的主要措施。还苗期土壤含水量应达最大田间持水量的70% ~80%。

(2)团棵期(还苗—团棵)。团棵期在根系迅速生长的同时,茎叶也逐渐增长,蒸腾作用逐渐增强,地表蒸发逐渐减弱,耗水形式逐渐由以地表蒸发为主转向以叶面蒸腾为主,耗水量逐渐增大。如果土壤水分不足(土壤相对含水量在40%以下),地上部分生长受阻,干物质积累小,根系不能充分伸展。如果供水过多(土壤相对含水量在80%以上),地上部虽然生长良好,干物质积累也多,但由于土壤通气条件变差,根系不能吸收更多的水分和养分,地上部制造的干物质多为自身所利用,运输到根系的很少,根系生长发育不良,造成地上部和地下部生长不协调,对中、后期生长发育不利。此期以保持土壤最大田间持水量的60%为宜。

(3)旺长期(团棵—现蕾)。旺长期是烟草生长最旺盛和干物质积累最多的时期,烟株茎秆迅速增高变粗,叶片迅速增厚扩大,根系向深宽度进一步发展,烟株生理活动旺盛,蒸腾量急增,耗水形式以叶面蒸腾为主,耗水量急剧增加。如果此期供水不足,烟株生长受阻,干物质积累量减少,叶片小,品质差,到后期即使有充足的水分供应,也难以挽回此期缺水所造成的损失。因此,旺长期必须加强灌溉,充分供水,保持土壤田间最大持水量的80%,以满足烟株对水分的需要,使烟株体内各种生理活动旺盛进行,促进烟株生长发育。

(4)成熟期(现蕾—采毕)。现蕾打顶之后,烟株叶片自下而上陆续成熟,烟株的生理活动主要是干物质的合成、转化和积累。随着采收次数的增加,田间总叶面积逐渐减少,蒸腾强度相应下降,烟田耗水形式由旺长期的以叶面蒸腾为主逐渐转向以地表蒸发为主,耗水量减少。为使形成优良品质的烟叶和利于烟叶成熟烘烤,此期应适当控制水分,保持土壤相对含水量以60% ~70%为宜。如果此期水分过多,易使烟叶贪青晚熟,品质下降;但也不能缺水,否则烟叶厚而粗糙,氮和烟碱含量高,糖含量低,品质不良。

总之,在烟草的生长发育过程中,根据大田期烟草的生长发育特点和需水规律,移栽时水分要充足,保持最大田间持水量的70% ~80%,促使烟苗还苗成活。团棵期要适当控制水分,保持最大田间持水量的60%左右,促使烟株根系向纵深处发展。旺长期要有充足的水分,保持最大田间持水量的80%左右,满足烟草旺盛生长对水分的需要。成熟期也应适当控制水分,保持最大田间持水量的60% ~70%,促使烟叶成熟和优良品质的形成,防止水分过多而造成返青或底烘。整个烟草生育期内的土壤水分管理应遵循"控—促—控"的原则。

河南烟区在秋耕、冬灌、早春抓好保墒和土壤底墒充足的基础上,提出大田烟草水分管理的原则是"还苗一次水,伸根靠底墒,旺长前期水跟上,成熟采收半旱墒",这很符合烟草需水规律。

(二)根据土壤水分状况进行灌水

根据土壤湿度灌水,是一个较为可靠、简单易行的方法。有人曾提出,表土6 cm以下干燥,早晨地面不回潮即应浇水。Hawks(1980)认为,烟草良好生长每周平均需2.5 cm左右的水量,而大多数壤砂土或砂壤土上,烟草根系区域的有效持水量都在2.0 ~3.0 cm(见

表2-11）。从烟根延伸区取得的土壤样品,若显示出暗灰色,无光泽,则需灌溉;也有人认为土壤湿度在田间最大持水量的60%以下就需灌溉。但根据土壤含水量灌水只是一个间接的方法,因为土壤湿度不可能完全反映烟株的生理状况,有时土壤并不十分干旱而烟草已生理缺水;有时土壤含水量还远远大于植物的萎蔫系数,但已低于需水临界期应具有的含水量。

表2-11　根系区域有效持水量(Hawks,1980)　　　　　　　　　　(单位:cm)

土壤	有效持水量	土壤	有效持水量
砂土	1.78 ~ 2.29	砂黏壤土	3.05 ~ 3.81
壤砂土	2.03 ~ 3.05	细砂壤土	3.30 ~ 4.31
砂壤土	2.79 ~ 3.55	黏土、黏壤土	4.06 ~ 6.35

孙梅霞等(2000)根据团棵期、旺长期、成熟期烤烟叶片气孔导度、光合速率和蒸腾速率与土壤湿度的关系,确定出不同生育期烤烟的适宜土壤水分指标和干旱指标(见表2-12),当土壤水分含量低于干旱指标时即应灌水。

表2-12　烤烟的土壤水分指标　　　　　　　　　　　　　　　　(%)

生育期	适宜水分指标	干旱指标
团棵期	61.5 ~ 62.7	48.0 ~ 51.5
旺长期	80.5 ~ 83.5	67.0 ~ 71.7
成熟期	73.5 ~ 80.0	55.7 ~ 60.0

注:表中水分指标为土壤含水量占田间最大持水量的百分数。

(三)根据烟株形态特征灌溉

烟株水分亏缺常从植株形态上反映出来,因此烟株的形态指标可作为是否灌水的依据。一般当烟株叶片白天萎蔫,傍晚还不能恢复,而到夜间才能恢复时,说明土壤水分已经不能满足烟株正常生长的需要,应当及时灌水。当次日早晨还不能恢复正常,则说明缺水严重,烟株生长已明显受到影响,必须立即灌水。相反,如果上午10时以前烟草叶片未显示任何萎蔫迹象,表明土壤水分充足,不需灌水。如果在中午时刻,叶片有短时间轻度萎蔫,而到下午5时前能恢复正常,这可能是由于炎热的夏季中午,叶片蒸腾作用特别强烈,根系吸收的水分满足不了蒸腾消耗的需要而造成的一种暂时性生理缺水,不一定是土壤缺水。当然根据烟草的形态指标灌水也是有缺陷的,因为当形态上表现萎蔫时,烟株的生理生化过程已受到影响,这时灌水已稍迟。

(四)根据烟株生理指标灌溉

根据烟株的水分生理、光合特性、冠层结构和干物质积累与土壤水分的关系确定烟草的关键需水期、土壤水分指标、节水灌溉制度和定额,以及适宜的调亏灌溉时期和指标,可以为烟草的合理灌溉提供较好的依据,因为它能更准确地反映烟株体内的水分状况和需水特点。生理指标中对水分反映最敏感的指标是叶片的水势(细胞吸水力),当烟株缺水时叶水势很快降低,但不同部位叶片、不同时间的水势常不相同。所以,应在上午9时左右测定一定部位叶片的水势,以确定烟株是否缺水。据中国农业科学院烟草研究所(1961)测定,在烟叶成熟阶段,叶片水势小于 -10×10^5 Pa 表明烟株缺水,就应灌溉;水势小于 $-14 \times 10^5 \sim$

-14.5×10^5 Pa表明烟株严重缺水,应立即灌溉;水势大于 -9×10^5 Pa说明组织水分充足,宜适当控制水分。此外,还可以用细胞汁液浓度、渗透压、气孔开张度和叶片脯氨酸含量等作为灌水的生理指标。

我国烟农有丰富的种烟经验,他们从常年的生产实践中总结出了"看天、看地、看烟"的三看灌水经验。"看天"指气候条件,依据当年的气候特点和当时的天气变化而定。气候干旱,有效降雨量小时,灌水效果显著,应加强灌溉;气候湿润,有效降雨量大时,灌水次数和灌水量要小,甚至不需要灌溉。在气温低的季节烟株生长缓慢,烟田耗水量较小,因此在烟草大田生长的前期灌水量不宜过大;相反,在气温高的季节烟株生长迅速,烟田耗水量大,因此在旺长期烟田灌水的次数和灌水量宜适当增加。"看地"就是指土壤条件,即视土壤墒情、土壤质地与结构、肥力和坡度等而定。如前所述,土壤含水量是决定是否灌水的重要依据。就土壤质地而言,一般砂性土壤保水力较差,渗透较快,容易受到干旱的威胁,应少量多次灌水;黏性土的保水力强,水分渗透较慢,灌水次数和灌水量宜少。"看烟"是指烟株的形态表现,要根据烟株的生长发育时期和当时烟株的形态特征来确定灌水时间和灌水数量。总之,烟田灌水要根据天、地、烟三方面的情况综合考虑,灵活掌握,以满足不同生育时期烟株对水分的需要。

为获得烟叶优质适产,按照烟草大田生育期,通常把灌水分为移栽水、还苗水、伸根水、旺长水和圆顶水。

(1)移栽水。除供给烟株充足的水分外,还可使土壤塌实,根土紧密接触。浇水的方法、数量因移栽方法不同而异。有先栽烟后浇水和先浇水后栽烟之分。移栽时穴浇水量宜大,以利还苗成活,消除因施窝肥而对根系可能产生的伤害。

(2)还苗水。目的在于促进烟苗迅速发根,提早成活,恢复正常的生命活动。在水源充足的地区,移栽后如天气干旱可浇水 $1 \sim 2$ 次。

(3)伸根水。除在追肥后或严重干旱的情况下可轻浇一次外,一般烟田土壤相对含水量在 $50\% \sim 60\%$ 时可以不浇水,以利蹲苗,促进烟株根系发育。

(4)旺长水。烟株旺长期需水量大,是烟草一生中需水最多的时期,旺长初期以水调肥,肥水促长,如果墒情不足要适量浇水,掌握"到头流尽不积水,不使烟垄水浸透";旺长中期浇大水,而且连续进行,保持地表不干,但要注意促中有控,防止个体与群体矛盾激化;旺长后期对水分可适当控制,保持土壤相对含水量 $70\% \sim 80\%$。

(5)圆顶水。烟叶成熟期需水不多,一般不需浇水。但在打顶后,如果土壤干旱,应适当浇水,可采用隔行灌溉,促进上部烟叶正常圆顶,并利于中下部烟叶成熟烘烤。

黄淮海烟区在烟叶生产上实行"团棵末期轻灌水,重浇旺长水,巧灌圆顶水",取得了十分显著的效果。

二、烟田灌溉方法

目前,烟田灌溉方法有穴灌、沟灌、滴灌、喷灌等。一般喷灌和滴灌的效果优于沟灌。滴灌在我国烟草生产上还处于试验示范阶段,喷灌也只有局部地区在应用。当前应用最多的是穴灌和沟灌,这也是我国烟草生产上传统的灌水方法。

(一)穴灌

在水源不足或运水不便的丘陵烟区移栽或移栽后遇到持续干旱时采用。将水运至烟田,顺烟株根系每株灌水1~2 kg,然后用干细土封盖以免水分散失。这种灌水方法用水量少,地温稳定,有利于烟株早期发根,尤其在地膜覆盖栽培条件下,这种方法更适宜。据周宽余等(1999)报道,在陕西旱区地膜覆盖栽培条件下穴灌1~3次,每次灌水量1.5 kg/株,可以显著促进烤烟生长,提高烟叶产量和品质(见表2-13),但雨水偏多时穴灌补水的效果不明显。

表2-13 穴灌对烟叶产量和品质的影响(周宽余等,1999)

年份类型	处理	产量 (kg/hm²)	产值 (元/hm²)	上等烟 (%)	还原糖 (%)	烟碱 (%)	总氮 (%)	钾 (%)	氯 (%)
正常年份	补水1次	3 021.7	9 760.8	26.2	24.67	1.94	1.38	1.82	0.16
	对照	2 562.9	8 074.9	22.6	28.78	1.65	1.30	1.73	0.37
多雨年份	补水1次	3 031.8	2 567.9	31.5	33.92	1.46	1.02	1.22	0.05
	对照	3 124.8	2 584.2	32.5	27.94	1.47	1.09	1.54	0.05
干旱年份	补水2~ 3次	3 222.2	11 741.1	11.9	21.11	3.20	1.73	0.74	0.11
	对照	2 118.8	5 556.4	3.6	19.79	3.82	1.83	0.70	0.10

(二)沟灌

沟灌是我国烟区最早的灌水方法。水分沿垄沟通过毛细管作用渗透两侧,仅沟底部分以重力作用浸润土壤,因此大部分土壤不板结,能保持良好的结构,使土壤中的水分、空气和养分协调,且比用水较大的漫灌经济。北方水源充足地区,移栽时也有采用此法灌溉的。

沟灌多采用单沟灌水,即一沟挨一沟顺次浇灌,使全田浸水均匀。在水源不足或土壤缺水不多时,也可采用隔沟灌水,这样进度快,地温变化较小。

沟灌时水沟的长度及沟中水量的大小应依地面坡度、土壤类型和耕作方法而定。沟灌时水量大小除旺长期要满沟灌水外,其他时期灌水时水量都要控制,做到均匀灌水,不能使局部积水或局部灌不到水,要使水分恰好流到垄沟的另一端为宜。此外,灌水时应不使烟株根系浸水时间过长,避免烟株倒伏,或因水流冲刷而使根系裸露。

一日内灌水的时间,应以早晨、傍晚和夜间为好。中午,尤其是炎热的中午不宜灌水,因为中午灌水,土温与水温相差太大,烟株生长会受到影响。如地温低,土温与水温相差不大时,可在中午前后灌水。有条件的地区可设置晒水池,以提高灌溉水温度,防止因灌水而导致地温大幅度波动。

(三)滴灌

滴灌是利用动力把水加压,使之从干管进入支管,支管上按照烟株株距插入毛管作为点水源,水滴连续不断地进入土壤,是烟田较好的节水灌溉方法。我国不少烟区正在进行滴灌的尝试,效果良好。据尚德强等(2001)报道,采用滴灌可节水1 200~1 350 m³/hm²,烟叶产值增加3 750~4 500 元/hm²。杨金楼等研究表明,滴灌比沟灌节水50%~82.5%,烟叶产量增加20%,产值提高30%~40%。但滴灌的成本较高,管道系统的铺设和安装费工费时。

(四)喷灌

喷灌是利用喷灌设备,使灌溉水在高压下从喷枪中喷出,形成人工模拟降雨均匀灌溉烟田的灌水方式。喷灌具有省工、节水、减轻土壤板结和烟草病虫害、防止烟叶日灼伤害、提高烟叶产量和品质等优点,是烟田较好的灌水方法。对于薄膜覆盖的烟田,以采用膜下滴灌为宜。

喷灌设备有固定式、半固定式和移动式三种类型,以移动式喷灌系统对烟区的水源利用较为便利,适宜于我国户均种烟面积较小的生产现状。喷灌的技术要点:一是喷灌强度(即单位时间内喷洒在单位面积上的水量,以 mm/min 或 mm/h 表示)应与土壤的透水性相适应,以灌溉水能及时渗入土壤、不产生径流、不破坏土壤团粒结构为宜。二是水滴大小要依烟草不同生育期和土壤质地而定,水滴过大易破坏土壤团粒结构,造成地表板结,或将土壤溅到叶面上影响光合作用,且易传播病害;水滴过小会在空中飘散,增加蒸发损失,浪费用水。三是喷灌必须均匀一致,喷灌的均匀度与喷头结构、工作压力、喷头组合形式、间距、转速、竖管的倾斜度、风向、风力等因素有关。四是喷灌不宜在炎热的中午或大风天气进行,一般夜晚喷灌效果优于白天。

第四节　烟田排水

适宜的土壤水分是烟草正常生长的必要条件之一。烟田水分长期不足,会使土壤中空气、养分、温热状况变差,影响烟草的正常生长,甚至造成烟草蔫萎而死亡。烟田水分长期过多或地面长期积水,同样也会使土壤中的空气、养分、温热状况恶化,造成烟草生长不良,甚至窒息死亡。土壤水分过多、地下水位及地下水矿化度过高、排水不良等因素,常常引起土壤的沼泽化和盐碱化。因此,要使烟草具有良好的生长环境,获得较好的收成,不仅要重视解决灌溉防旱问题,而且要重视解决排水除涝防渍的问题,做到灌排并重。

烟田排水的任务是排除烟田中多余的水分(包括地面以上及根系层中的),保证烟草生长中必需的供氧条件,保证耕作的及时进行,控制地下水埋深不使烟田遭受盐渍威胁,实行有控制的排水,以保持烟田良好的水分供应条件且不产生化肥和养分的流失,保护生态环境不受破坏。一个科学的烟田排水系统除消除因水分过多而造成烟草生长的危害外,还担负着节约资源和保护环境的使命。

一、淹水对烟草的危害

水分过多对植物的影响,不在于水分本身,因为植物完全生活在水溶液中也能正常生长,这在许多水培试验中均已证明。但是在烟草田间生长过程中,淹水胁迫产生的次生代谢产物严重影响烟株的生长发育及烟叶的产量和品质,长时间淹水可造成烟株死亡。

(一)氧气不足抑制烟草生长

水淹的土壤中空气不足,烟草根系缺乏生命活动所必需的氧气,呼吸受到抑制,因而不能正常生长,淹水时间过长,根会因缺氧而死亡。

(二)嫌气细菌活跃

土壤中缺乏氧气而引起嫌气性细菌的活动,于是在土壤中积累了大量的有机酸和无机盐,增大了土壤溶液酸度,从而影响植物对矿质养分的吸收,同时还会产生一些有毒的还原产物,如硫化氢、氨等,直接毒害根部,使根系腐烂死亡。

（三）淹水影响烟草的生长发育

水分过多抑制分生组织细胞分裂，减少蛋白质合成，干扰烟株的正常代谢过程，影响烟株生长，使烟株根、茎、叶等植物学性状和生物学产量均降低。

（四）淹水降低烟叶的产量和品质

淹水对烟叶产量和品质的影响很显著。从化学成分上看，淹水后还原糖、烟碱含量大幅度下降。在淹水条件下烟叶中总氮含量显著增加，可溶性糖和钾含量显著降低，其中淹水深度对烟叶化学成分的影响最大，其次为淹水时间，而且在烟草的不同生育时期淹水，烟叶化学成分对淹水的反应是不同的，以旺长期淹水对烟叶化学成分的影响最大。

二、烟田排水措施

由于烟草是十分怕淹的作物，在生产上应特别注意防止水淹，遇到淹水情况应立即排水。我国南方烟区在烟草生长前中期经常阴雨连绵，北方烟区在烟草生长中后期雨水集中，降水强度大，常常造成烟田渍水，对烟株生长极为不利。雨量过多还会抬高地下水位，阻碍烟草根系的发展，影响其吸收能力。因此，在多雨季节，我国南、北方烟区均需注意烟田防涝排水工作。充分做好排水设施，使积水能及时排除，降低地下水位，减少耕作层过多的水分，改善土壤通气条件，促进有机物分解，调节土壤温度和营养状况，为烟草创造良好的生长条件。

（一）平地烟田排水

北方平原区烟田在整地时要切实做好平整土地工作，合理设置排水系统，挖好排水沟，烟垄培好土。北方丘岗坡地，要在烟田上方挖截水沟或筑田埂，防止雨水顺坡而下，冲刷烟田，冲毁烟株。黏土坡地即使有小平地，也会因雨多而造成水分饱和，影响烟株生长，因此也应在雨前及早培垄开沟预防。

降雨量较多的南方烟区要努力建造烟田排水系统辅以烟田灌溉设施，做到围沟、腰沟、垄沟"三沟配套"，确保旱能灌、涝能排。南方烟田要采用高垄种植，烟田开设腰沟及通向池塘的大、小干沟。在多雨季节要注意清沟，防止淤塞，雨后田间积水时应立即排除，降低地下水位。

（二）坡地烟田排水

坡地烟田排水要注意水土流失问题。如坡度大，可使垄向或沟向与坡垂直；如坡度小，其角度可变小，应视具体情况而定。北方丘岗坡地，要在烟田上方挖截水沟或筑田埂，防止雨水顺坡而下，冲刷烟田，冲毁烟株。黏土坡地即使有小块平地，也会因雨多而造成水分饱和，淹坏烟株，因此也应在雨前及早培垄开沟预防。

第三章 烟水配套工程规划

第一节 基本烟田布局

一、基本烟田规划

基本烟田是指按照市场对烟叶的需求量和国家下达的指令性收购计划,依据土地利用总体规划,按照两年或两年以上轮作要求,统筹安排的宜烟耕地。通过建立基本烟田保护制度,保持植烟土地面积总量的稳定,改善烟田生态环境。目前,全国有基本烟田约 363.3 万 hm^2。

2002 年初,当时的长沙卷烟厂和浏阳烟草公司站在原料基地长久、持续、健康、稳定发展的高度,坚持走用地与养地结合,防止耕地质量退化,研究提出了基本烟田保护的概念和构想。浏阳市人民政府于 2003 年 10 月规划了基本烟田面积,并下发了浏政发〔2003〕37 号《浏阳市人民政府关于基本烟田保护的决定》文件。同时,运用地方人民代表大会的权力,以《村规民约》的形式,规定保护区内实行休耕与轮作制,以协议的形式公示树碑到村,保护种植基地在烤烟休种期间不被其他产业挤换,必须严格按照烟草部门所指定的种植作物予以安排。

(一)《中国烟叶生产可持续发展规划纲要(2006~2010 年)》

《中国烟叶生产可持续发展规划纲要(2006~2010 年)》指出,考虑轮作要求,遵循"生态优先、相对集中"的原则,在生态环境优越、水土资源丰富、社会经济适宜的烟区,选择土壤营养协调的宜烟田块,依照法定程序、行政程序、契约合同或村民自治等形式,确定基本烟田保护区,遵循"全面规划、合理利用、用养结合、严格保护"的方针,建立基本烟田保护制度。利用信息技术、遥感技术等现代化手段,规范基本烟田管理,建立基本烟田数据档案。

(二)《烟草行业中长期科技发展规划纲要(2006~2020 年)》

《烟草行业中长期科技发展规划纲要(2006~2020 年)》中 9 个重大专项中第 4 项为"基本烟田治理工程"。《烟草行业中长期科技发展规划纲要(2006~2020 年)》指出,开展基本烟田规划与治理是加强基本农田保护,搞好农田管理,提高农业综合生产能力的客观要求。加强基本烟田规划,建立基本烟田保护制度,完善基本烟田设施,改善烟叶生产条件,集约利用土地资源,统筹烟叶生产和其他作物的协调发展,可有效增强烟叶综合生产能力,优化土地利用结构,提高土地资源利用率,促进农民增收。通过专项实施,到 2010 年,实现60% 基本烟田的肥力、健康和环境质量能够满足"优质、稳产、生态、安全"的生产目标;到2020 年,实现 90% 以上基本烟田的肥力、健康和环境质量能够满足"优质、稳产、生态和安全"的生产目标。

二、基本烟田评价指标体系

基本烟田的生态条件首先要适宜烟草生长,其次应满足生产优质烟叶的要求。

(一)生态条件应符合烟草种植区划指标的要求

(1)光照条件。季节日照时数应在 500~700 h 或更多,日照百分率大于40%。

(2)温度条件。从品质观点来看,对气温条件的要求是前期较低,中期较高,成熟期不低于 20 ℃为宜。为了获得优质烟叶,其成熟期温度必须在 20 ℃以上,一般持续 30 d 左右较为有利。烟草在大田生长期最适温度为 22~28 ℃,最低温度 10~13 ℃,最高温度 35 ℃,高于 35 ℃时生长虽不会完全停止,但受到抑制。

(3)水分条件。生育期内降雨量约 500 mm,雨量分布基本符合烟株生长发育需要,水效率应达 0.4 kg/mm 以上。

(4)土壤条件。pH 值在 5.5~7.0,土壤 C/N 比协调,有机质丰富,耕层深厚,质地疏松,团粒结构好;矿质营养协调,丰产性能好。

(二)基本烟田应建立以烟为主的耕作制度

避免种植与烟草有同源病害的作物,烟草属于茄科,辣椒、马铃薯等作物与之有同源病害,烟区不应种植这些作物;葫芦科作物易感黄瓜花叶病,应与烟草安排较长的种植距离;前茬作物氮素残留量不能过高;轮作周期内应包括用养结合的作物种类,建立用养结合的种植制度,轮作周期间隔时间 2 年以上,以利于缓解消除病害的需要和作物间营养调节的需要。

三、基本烟田建设原则

(一)坚持统筹规划原则

合理布局的原则是在立足现有烟区、烟农和生产规模的基础上,既要考虑现有土地的承载能力,又要着眼农业、农村经济发展的变化;既要保证现有规模稳定,又要着眼长远发展。重点规划建设自然条件较好、烟叶品质优、风格特点突出、烟农种烟积极性高、能够实施适度规模、连片轮作种植和有发展潜力的区域,以确保基本烟田稳定、基础设施效能长期发挥。

(二)坚持用养结合原则

基本烟田要坚持用养结合,建立以烟为主的耕作制度,合理轮作,落实土壤改良措施;规范农药、化肥、农膜等农资的使用,防止对土壤环境的污染、加强土壤环境监测和评价,定期开展土壤普查。

(三)坚持严格保护原则

基本烟田以烟为主,妥善处理好烟粮、烟林及其他作物与烟争地的矛盾,确保基本烟田不被挤占,确保基本烟田及配套设施不被破坏,实现烟叶生产与其他农作物生产的协调发展。

(四)坚持适度整理原则

根据"先易后难,量力而行,分期开发治理"的原则,多方筹集资金,建立土地开发整理专项资金,不断加强土地开发整理的力度,采用坡改梯等方法进行土地综合治理,创造适宜小型机械作业的生产条件。

(五)坚持工商研联动原则

按照国家局提出"原料供应基地化、生产方式现代化、烟叶品质特色化"的要求建设基本烟田,工商研紧密合作,开展基本烟田的规划、建设和开发等工作。

(六)坚持高效利用原则

在强化土地所有权、稳定土地承包权、搞活土地使用权、明确土地发包权的基础上,通过自愿置换、土地入股、有偿流转等途径,逐步实现基本烟田向职业烟农流转集中,逐步提高烟叶生产的集约化和专业化水平,切实提高产出效益。

(七)坚持尊重农民意愿、服务烟农的原则

实行区域化布局、规模化生产;在稳定家庭联产承包责任制度下,切实尊重和保障烟农的主体地位和生产经营自主权,引导烟农连片种植、精细管理,提高质量,增加效益。

四、基本烟田建设的主要内容

(一)培肥地力,用养结合

《中国烟叶生产可持续发展规划纲要(2006~2010年)》指出,加大基本烟田土壤改良力度,重点解决部分烟田结构不良、酸碱不当、营养失调、病源量多等问题;通过合理轮作、秸秆还田、绿肥掩青,等高种植、规范农用化学品使用等措施,保护和培肥地力,提高烟田综合生产能力。

土壤改良主要包括土壤结构改良、土壤酸碱度改良、土壤科学耕作和治理土壤污染。土壤质量是"土壤保证生物生产的土壤肥力质量、保护生态安全和持续利用的土壤环境质量以及土壤中与人畜健康密切有关的功能元素和有机无机毒害物质含量多寡的土壤健康质量的综合量度"。土壤改良主要有以下几个措施。

1. 施用有机肥

饼肥类有机肥料的优点是 C/N 比低、易于分解,当季利用率几乎与无机化肥相当,并且饼肥在分解过程中产生的一些中间产物对于改善烟叶品质,提高香、气、质等有较大作用,所以烟叶生产中饼肥应用较多;缺点是饼肥中有机物质分解快、残留少,对提高土壤肥力作用很小。使用有机肥能增加土壤持水力,改善土壤结构。

2. 秸秆还田

秸秆还田是指在植烟当季向土壤中直接施用秸秆等有机物。秸秆还田能够增加土壤有机质和营养,改善土壤理化性状,减少土壤流失,秸秆腐解所产生的有机酸类化感物质可以溶解和转移土壤中的矿质养分,提供其生物有效性。当前烟区主要采取的是稻草回田、玉米秸秆还田和小麦秸秆还田等。

一般情况下,直接使用的秸秆等有机物当季并不能为作物提供多少养分,主要作用是能保持土壤含有足够的有机质和改良土壤结构,为植物提供碳源,为土壤微生物提供养料。生产实践表明,施用秸秆对改良土壤结构效果显著,施用禾本科秸秆能改善土壤通透性,可以调控烤烟氮素营养,使烤烟硝态氮前高后低,进而改善烟叶质量。

3. 保护性耕作

保护性耕作包括一切能减少进地次数、增加地表残茬的耕作制度,包括从单次圆盘耙耕、深松、垄播直至免耕范围内的各种耕作制度。保护性耕作的主要类型有深松土、残茬覆盖和免耕等。其优点有提高作物产量,减少土壤水蚀、风蚀,改善入渗,提高水分利用效率。因作物能种在坡度更大的地面上,所以可增加作物安全种植的土地面积;改善播种和收获期;降低机械和燃料成本。

4. 施用微生物肥料

微生物肥料是指以微生物生命活动导致农作物得到特定的肥料效应的制品。其特点是生产成本低、耗能小、无污染。微生物肥料的核心是微生物。微生物肥料生理生态效应是改良土壤、增进土壤肥力。硅酸盐菌肥料可分解土壤中云母、长石等含钾铝硅酸盐及灰石，释放 P、K 等对植物有效的矿质养分，并有助培肥地力。有效微生物群（EM）可加速土壤有机物分解转化，提高土壤速效养分含量，明显改善土壤性能。微生物肥料的微生物类群不同，所产生的作用会有差异。

5. 种植绿肥，翻压还田

种植绿肥用在可以充分利用冬季休闲的烟田，同时也有利于将烟草种植与牧业发展相结合，从而提高单位土地面积的经济效益。绿肥生长过程中通过根系穿插、根系分泌物和细胞脱落等可以增加微生物活性，起到调整土壤养分平衡、消除土壤不良成分和降低土壤容重等改良土壤的效果。

目前，我国在烟叶生产上种植较多的绿肥种类有云英、苕子、黑麦草、大麦、燕麦、油菜等。不同的地区因气候条件和土壤状况不一致，在种植绿肥时要因地制宜，选择适宜的种类，确保绿肥翻压时有足够的生物量，满足改良土壤的需要。由于绿肥的翻压可带入土壤一定的养分，尤其是 N 素，为防止烟草施用 N 素过多，应在总施 N 量中扣除由绿肥带入的部分有效 N 素（忽略带入的 P、K）。扣除方法如下：扣除 N 素量 = 翻压绿肥重（干）× 绿肥含 N 量（干）× 当季绿肥 N 素利用率。

6. 其他措施

1）石灰与白云石粉配合施用改良土壤 pH 值

石灰施用量根据烟田土壤酸碱度而定，一般施用量为 $900 \sim 2\,250$ kg/hm²，白云石粉施用量为 1 500 kg/hm²，采用撒施的办法，在耕地前撒施 50%，耕地后整畦前再撒施 50%。石灰用量一般一次不超过 3 000 kg/hm²，用量过多会影响烟株对钾、镁的吸收，而且会引起烟株缺硼；同时，石灰过量使土壤有机质矿化作用加强，土壤后期供氮能力提高，影响烟叶成熟落黄。施用石灰调节土壤酸碱度具有一定后效，通常是隔年施用。另外，可采用白云石粉（主要成分是碳酸钙镁（$CaMg(CO_3)_2$））调节土壤酸碱度。

2）土壤结构改良剂

土壤结构改良剂是根据土壤团粒结构形成的原理，利用植物残体、泥炭、褐煤等为原料，从中抽取腐殖酸、纤维素、木质素、多糖羧酸类等物质，作为团聚土粒的胶结剂，或模拟天然团粒胶结剂的分子结构和性质合成的高分子聚合物。近年来，土壤改良剂在烟草上逐渐开始应用，以腐殖酸类物质较为广泛。

腐殖酸类肥料是以腐殖酸含量较多的泥炭、褐煤风化煤等为主要原料，加入一定量的氮、磷、钾和某些微量元素所制成的肥料。它是一类多功能有机无机肥料，含有大量有机质，既有农家肥料的功能，又含有速效养分，兼有化肥的某些特性。腐殖酸与固磷物质如钙、镁、铁、铝形成络合物后，可以不同程度地活化磷素。此外，腐殖酸与土壤中锰、钼、锌、铜等金属离子形成络离子，能被植物吸收，从而活化了微量元素。同时，腐殖酸类肥料还具有促进植物呼吸、促进微量元素吸收、改良土壤、对化肥增效、刺激作物生长、增强作物抗旱能力等作用。

（二）建立以烟为主的耕作制度，促进烟叶生产持续稳定发展

《中国烟叶生产可持续发展规划纲要（2006～2010 年）》指出，基本烟田保护区要建立以烟为主的耕作制度，突出烟草在整个轮作制度中的主体地位，根据当地光、热、水资源、作物的生育期、轮作制度中养分的平衡协调供应等因素，科学安排茬口、轮作作物和耕种方式到"十一五"末轮作烟田面积要达到种烟总面积的 50% 以上，初步解决轮作问题。

合理轮作既可以为烟草和其他作物的生长创造良好土壤环境条件，又可以减少烟田病虫害，提高烟叶产量和品质，是一项用地与养地相结合，使粮烟不断增产的有效措施，对烟田丰产性能的可持续性具有重要意义。

连作是指在同一块土地连年栽种同一种作物，是相对于轮作而言的。作物有耐连作、耐一定时期连作和不耐连作3种类型。烟草是不耐连作的作物，首先表现在连作时病害严重发生，再次是由于连作时间过长引起土壤养分严重失调而降低烟叶产量和品质。

轮作是指在同一地块上一定年限内有计划、有顺序地轮换种植不同类型的作物。在一年多熟条件下轮作由不同复种方式所组成，称为复种轮作。轮作是作物种植制度中的一项重要内容，是土地用养结合，增加烟叶和作物产量，提高烟叶品质的有效措施。

1. 以烟为主耕作制度的制定原则

为烟草选择一个好前作。在烟草轮作周期中前作的选择是烟叶生产成败的关键，通常选择烟草前作主要从以下两个方面来考虑：一是前作收获后土壤中氮素的残留量不能过多，否则烟草施肥时氮素用量不易准确控制，直接影响烟叶的产量和品质，因此烟草不宜置于施用氮肥较多的作物或豆科作物之后。二是前作与烟草不能有同源病虫害，否则会加重烟草的病害，因此茄科作物（如马铃薯、蕃茄、辣椒、茄子等）及葫芦科作物（如南瓜、西瓜等）都不能作为烟草的前作。不适宜作烟草前作的作物，在3~5年的一个轮作周期中也不宜种植，避免造成病害发生；而在一个轮作周期中更注重的是其他搭配作物应对改良土壤有较好的作用。优化布局、相对集中种植是近年来烟叶生产的指导原则，以村民小组为单位统一安排烟田布局和轮作制度，给发展烟叶生产提供了很多方便。

2. 以烟为主耕作制度的理论探讨

耕作制度的范围很广泛，包括轮作制度、种植制度、施肥制度等，在以烟为主的农事活动中，每一方面都是十分重要的。总的原则要体现以烟为主，用养结合，改良土壤，避开同源病害，净化土壤。

在一个轮作周期中坚持秸秆还田和种植绿肥，建立烟田土壤的自肥机制，符合腐食食物链增加土壤腐殖质的原理，逐步形成生产优质烟叶的环境条件。土壤腐殖质含量的增加可以大大提高土壤的生物活性，促进矿质营养的均衡释放，提高土壤对烟株所需营养的均衡供应能力，对烟叶增质的效果较为明显。

多种作物轮换种植，会促成作物间营养元素的互补。多种作物秸秆直接回田或堆沤还田，既能有效促进烟田土壤肥力逐步提高，降低成本增加效益，又能节约运输和劳力，这是烤烟种植技术中的又一项新的农业措施，对增进烟叶品质有良好作用。稻草直接还田主要改善土壤理化性质，固定和保存氮素养分以及促进土壤中难溶性养分的溶解。禾本科作物秸秆含有大量碳素物质，腐殖化系数较高，有利于土壤有机质积累和土壤耕性及结构的改善。秸秆钾素含量高，用秸秆还田改良土壤对保持土壤钾素平衡有重要作用。大豆根瘤菌改善土壤生物环境，豆科绿肥也有相似作用，轮作周期中加种这些作物，其根茬对土壤营养的互补作用，也是土壤营养调节理论的一部分。建立以烟为主的耕作制度是要形成一种理念，即在烟区所有的轮作方式都是为了生产优质烟叶的。

我国大部分烟区都形成了与当地情况相适应的轮作制度。在北方的一年一熟、两年三熟、三年五熟和一年两熟地区有与之相适应的轮作制度；南方的一年两熟、一年三熟和水稻为主要作物的地区也有适应该地区的轮作制度。但轮作制度的总体原则是以烟草为中心的,根据烟草病虫害在土壤中的生存年限规律,在保证烟叶优质稳产的前体下定期轮作,用地与养地相结合实现粮烟双丰收,从有限的资源中获得最大的经济效益。

（三）设施灌溉与节水灌溉相结合,提高水分利用效率

《中国烟叶生产可持续发展规划纲要(2006～2010年)》指出,基本烟田要按照区域水资源状况、烟草需水规律以及相关技术标准,以建设小水窖、小水池、小水坝、机(水)井以及配套沟渠、管网为重点,加快基本烟田水利设施建设,全面实现水利设施配套。

北方烟区在烤烟生长前期干旱严重,植株生长缓慢;后期雨水偏多,土壤中肥料得到重新利用,叶片成熟推迟,难以落黄。南方烟区虽然雨量充沛,但往往集中在烟草生育前期和中期,常造成烟田渍水,影响烟草根系发育;生育后期阶段性干旱时常发生,导致上位叶不能正常落黄,严重影响上位叶的质量和可用性,不利于优质烟叶的生产。同时,南方各烟区降雨量在季节和年季间变异也较大,在烟草生长期间时常发生不同程度的干旱,造成烟叶产量和质量很不稳定。因此,基本烟田的水利设施建设应结合当地实际情况,灌溉设施和排水设施有所侧重建设,同时研究与推广烟田节水灌溉技术。

（四）以烟株营养需求为核心,以营养平衡为原则,提高养分利用效率

烟草施肥量受当地气候条件、种植密度、烟草品种、需肥特性、土壤肥力、前茬作物、肥料品种及利用效率和肥料施用方法等诸多因素的影响。确定施肥策略,要对上述诸多依据因素进行综合分析,全面考虑,制订切合实际的施肥方案。

基本烟田的作物全周期养分管理中要突出烟草的主体地位,规范肥料种类,禁用含氯肥料;肥料用量要适当,禁止过量施肥,限制种植氮肥残留量高的作物;坚持养分平衡,开展测土配方施肥;补充有机肥,用养结合,提高地力。

烟株营养策略为:营养元素合理搭配,缺什么元素补什么元素,需要多少补多少;氮肥适量供应,氮素前提,钾素后移;铵态氮与硝态氮结合,基肥与追肥结合,有机营养与无机营养结合,增产提质与培肥改土相结合;水肥耦合,提高养分利用效率。

五、基本烟田的筛选与建立

（一）基本烟田的筛选条件

筛选基本烟田时根据生态优先、相对集中的原则,选择水土资源丰富、生态环境优越、社会经济条件适宜的乡(镇)作为宜烟区域,具备较充足的劳动力和较丰富的燃料资源,烟叶生产的基础较好,烟农素质较高,种烟愿望较强等外部条件。具体筛选条件如表3-1所示。

表3-1　基本烟田筛选条件

筛选条件	标准
生态适宜性	属于最适宜区或适宜区,气候条件满足烟叶生长需要
土壤适宜性	土壤质地为砂土、砂壤土或壤土,结构疏松,pH值为5.5～7.5,肥力中等
田面坡度	田面坡度小于15°
种植集中度	集中种植面积大于50亩
生态环境	周边生态环境很好或较好
社会经济条件	烟农相对稳定,种烟基础好,积极性高,生产水平较高,种烟相对效益较好

注:以上筛选条件供各产区参考。

(二)基本烟田建立

根据基本烟田筛选条件,采用底图作业结合外野踏勘的方法,将基本烟田落实到田块,建立基本烟田档案。作业底图为1:1万(如无可采用1:2.5万)的标准分幅土地利用现状图。采用两种方法完成基本烟田规划工作。

1.图上作业方法

以乡(镇)为单位,由县烟草部门会同当地烟站、农业和国土部门人员,在底图上选出烟叶种植区域,通过实地踏勘确定基本烟田地块和保护区范围,在地图上对每一片基本烟(农)田用红色线条勾画基本烟田保护区(图斑)边界,用不同标记或不同颜色区分奇偶数年种烟的地块,如单数年种烟地块用黄色标注,双数年用绿色标注。

基本烟田保护区由若干基本烟田保护片(块)组成,保护片(块)可跨道路、沟渠(为农业生产服务设施)等。存在下列情况的,要划分为不同的保护片(块):

(1)跨越行政界的连片烟田,要按行政界划分为不同的保护片(块)。

(2)跨越土地利用权属界的连片烟田,要按土地利用权属界划分为不同的保护片(块)。

(3)同一保护区内如果存在不同的土地利用类型,如水田和旱地,要划分为不同的保护片(块),并在属性表中专门说明。

(4)被宽度50 m以上道路分隔的烟田,要划分为不同的保护片(块)。

(5)被在土地利用图上有明显标志的河流等线状地物分隔的烟田,要划分为不同的保护片(块)。

(6)保护片(块)要尽量集中,面积一般在50亩以上可以划为一个保护片(块)。同一保护片(块)内一般不含其他类型用地。如果含有其他作物,要求烟草净种植面积不少于85%,并统计实际基本烟田面积。同一保护片(块)内不能同时种植与烟草有同源病害的作物。

2.数据库作业法

已经建立土地利用数据库的产区,可以通过对土地利用数据库的属性操作,形成基本烟田分布图。

(三)基本烟田基础设施标注

基本烟田地图上要明确标注已有的水源(河流、水库、坝塘、湖泊)、已建水利设施(小水窖、小水池、塘坝、沟渠、管网等)、村镇、道路、调制设施和基层站点。已建或将建的水池、小水窖、调制设施和基层站点等点状地物通过GPS定位后上图。

(四)基本烟田及烟田基础设施编码

1.基本烟田编码

基本烟田保护区、保护片(块)(图斑)采用由县代码、乡(镇)编码、村编码和顺序编码四部分构成的统一编码。不同部分之间通过"-"连接,在一个行政村内统一按顺序编号。编码结构为"县代码-乡代码-行政村代码-地块代码"。如,532224-01-03-002为一完整基本烟田保护片(块)编码,各构成部分分别为:

(1)532224为县级行政区代码。编码6位,由《中华人民共和国行政区域代码》(GB/T 2260—2002)查取。

(2)01为乡(镇)代码。编码2位,在县级行政区的范围内,由产区县根据当地情况自行编订。

（3）03 为图斑所属行政村代码。编码 2 位,具体编排由所属乡(镇)按顺序编号。

（4）002 为保护片(块)代码。编码 3 位,按行政村顺序编排。

2. 基础设施编码

项目编码为混合编码,共 16 位。规则为:从左到右第 1、2 位是年份代码(只标注后两位),第 3 位是间隔符号,第 4～9 位是县行政区划代码,第 10、11 位是项目类型代码,第 12～16 位是项目序号。项目序号表示项目数量,从 00001 开始编排。项目类型代码:SJ 代表水窖、SC 代表水池、TB 代表塘坝、JJ 代表水井、GQ 代表沟渠、GW 代表管网、TG 代表提灌站、DL 代表田间道路。

（五）基本烟田及基础设施档案

规划好的基本烟田和烟田基础设施要建立相应的档案。档案采用电子表格(Excel)建立,不同档案具体包含内容如下:

（1）基本烟田档案。地块名称、编码、总面积、烟草种植面积、利用类型(水田、旱地)、轮作方式、地块边界描述(东南西北四个方向主要边界位置),地块内含农户姓名及种植面积。

（2）水利等设施档案。

①水池、水窖、水井:编号、业主姓名、建设规格、容量(水井出水量)、工程造价、施工单位、开工时间、竣工时间、受益面积、具体地址、所属基本烟田编码、GPS 信息、数码图片(1 024×768 像素)等。

②沟渠、管网:编号、产权所有者、建设规格、工程造价、施工单位、开工时间、竣工时间、受益面积、具体地址、所属基本烟田编码、起始点、终点和沿线主要转折点 GPS 信息、水源类型(水库、塘坝、湖泊、水井等)数码图片(1 024×768 像素)等。

（3）调制设施档案:编号、业主姓名、类型、规格、工程造价、开工时间、竣工时间、具体地址、所属基本烟田编码、GPS 信息、数码图片(1 024×768 像素)等。

（4）基层站点档案:编号、类型、占地面积、建造时间、具体地址、下属所有基本烟田编码、GPS 信息、数码图片(1 024×768 像素)等。

第二节　烟水工程布局

一、烟水配套工程规划设计指导思想、原则、标准

烟水配套工程建设,首先一定要明确指导思想、原则和标准,这样才能目标明确,方向正确,思想统一,步调一致。避免因人而异,因时而变。

烟水配套工程规划设计的指导思想:以基本烟田水利化为目标,在计划、设计、建设、验收、资金管理、工程管护等方面采取有力措施,保证在规划期内,完成基本烟田的烟水配套工程建设任务。建设原则是:因地制宜、实事求是、突出重点、分步实施、规范运作、建管并重,确保工程效益。根据各地的水利工程现状和自然条件,合理选择烟水配套工程类型、规模和供水方式,对原来已有水利工程的灌区,重点是田间工程,即支、斗、农渠的续建配套与节水改造;对有水资源但没有水利设施的灌区,根据水资源状况,因地制宜地建引水工程或提水工程,或引蓄结合;对季节性水资源的旱片,采取拦截降雨产生的地表径流或季节性泉水,修建蓄水池集蓄,用于烟田非充分式的灌溉。

优先解决发展潜力大、集中连片、水资源保证率高的烟田水利工程。工程建设标准：原有水利工程续建配套和节水改造，取水量按原工程设计不变；新建烟田引、提水工程，水源有保证的，设计取水量按耗水量大的作物的需水量，水源不能满足耗水量大的作物需要的，按烟叶旺长期需水量设计，水流不能满足的，按烟叶团棵期需水量设计；新建引蓄结合工程，引蓄水量按烟叶团棵期用水量计；雨（泉）水集蓄工程，按照灌片面积的一半计算需水量。

二、烟水配套工程项目区选择条件和建设内容

（一）烟水配套工程项目区选择条件
(1)在基本烟区总体规划范围内，按流域或灌区规划设计项目区，制订年度实施计划。
(2)水资源有保证，水量供需平衡，灌排骨干工程基本具备。
(3)通过综合治理后，制约连作的主要障碍因素得到基本根除。
(4)项目必须相对集中，连片整村推进。
(5)乡村组干部和广大烟农群众积极性高，要求迫切，自愿投资投劳投物。
(6)项目区增产增收潜力大，综合效益明显。

（二）烟水配套工程项目建设内容
烟水配套工程包括：沟渠、水池、水窖、小塘坝、机（水）井、提灌站、管网及附属设施建设。烟水配套工程规划设计优先安排排灌项目，重点解决排涝除渍和灌溉问题。

三、烟水配套工程规划布局

（一）按照流域或灌区进行总体规划布局
以县为单位，对大中型水库灌区或以江河为主的流域范围内的基本烟田进行总体规划，编制规划报告，分年度实施。工程总体规划布局突出项目区的特点，统筹兼顾生产生活需要，进行多个方案比较，优化组合，确定工程总体规划布局。工程总体规划布局时，对规划区内进行水量供需平衡计算分析，依据项目区水土资源及农作物结构状况确定灌溉保证率，如水稻区不低于85%、旱作区不低于75%的基数计算现状年，设计年水量供需平衡方案。

（二）根据地形地貌进行农田工程规划布局
1.工程规划布局的基本要求
(1)统一规划，统筹安排。按照项目区地形地貌的灌排范围最大控制量来布置田间渠道，灌渠尽量控制最大的自流灌溉面积，排水沟应布置在低处，以自然河沟为基础先布置排水沟渠，再以排水系统为基础布置灌溉渠道。工程规划布局时，尽量利用原有的水利建筑物，节省工程量，沟渠应有适宜的长度和间距，保证烟田灌溉进水量和排泄出水量，尽量少挤占耕地，提高耕地的利用率。
(2)工程管理方便。在工程规划布局时要考虑行政区划，同时考虑机耕方便，建筑物尽量联合修建，形成枢纽，保证灌溉配水方便，排水畅通迅速，有利于提高灌排效益及便于管理。
(3)充分利用各种水资源。合理利用江、河、库、塘、井等各种水资源，提高有效灌溉保证率。
(4)节水灌溉，提高灌水利用效率。渠线尽可能短，灌溉硬化渠内三面防渗，确保水利

用系数不低于0.9。

2.各类地形渠系布局的要点

烟稻连作区,渠系既要保证种水稻时灌溉用水,又要保证种烟时排洪除渍。因此,渠系布局时要求田间渠底、渠堤高程必须与田面高程及耕作层厚度衔接好,一般要求灌渠衬砌顶面高程与田埂持平即可,排洪渠渠底高程要低于耕作层30 cm以上,以便田间耕作与管理。

(1)平原渠系工程布局。在平坦的项目区内,农田工程以排水沟渠为中心布置渠系网络,灌排分家,提高排灌效果。根据高程,渠系与道路布置取同一走向,使渠系排列整齐规范。同时,尽量避免灌渠与排水沟渠交叉,尽可能取直,可减少土方的工程量,避免深挖高填,方便烟田排灌、耕作和管理。

(2)丘岗山区渠系工程布局。丘岗区地形地貌比较破碎,河、溪、沟、谷、岗、冲纵横交错,农田较为分散,灌溉水源不足或分配不均,易旱易涝。因此,首先充分利用水库、山塘、河坝水资源,有利于拦蓄雨水及地表径流。灌溉干支渠一般沿田埌山边环山布置,田间工程的规划布局应依据地形特点,因地制宜地按岗、岸、冲、垄、畈等田埌地形规划布局排灌渠系。一是三面环山的田埌渠系视山冲田间宽度布局。山冲宽度在100 m以下的田埌,一般只布置环山灌排渠,适当布局丘块间的横向支渠;山冲宽度在100~200 m间的田埌,除布置环山渠外,顺田埌走向在中间布局1条以排为主的主渠,并适当布局横支渠,渠系布局成近似"用"字形渠网;山冲宽度超过200 m的田埌,除布置环山渠外,在田埌中心布局2条以上主排洪渠,并适当布局支渠,渠系布局成近似"井"字形渠网。二是山丘田埌布局。一般项目区(片)面积均在200 hm^{2}以上,主渠布置成"川"字形渠网,在靠山丘的烟田边缘布局环山灌排渠,并在田埌横向布局适当的支渠。烟田渠系间的距离,纵渠间距以100 m为宜,横渠间距视烟田丘块大小而定,一般为100~150 m。总体要求排灌结合布局渠系,灌溉为主的渠道要最大量控制受益面积;排洪为主的渠道要尽可能将田间渍水排尽为宜。

(三)渠系附属建筑物规划设置

烟水配套渠系附属建筑物是指与渠道配套的水闸、涵洞、桥梁(便桥)、渡槽、倒虹吸、跌水、陡坡消力池、田间水(肥)池等建筑物。附属建筑物规划设置要设计到单项渠道建设内容中,做到配套齐全。

1.渠系附属建筑物的布置原则及要点

(1)按渠系使用需要的原则。如渠道切断了道路,就必须在切断处设置涵洞或桥梁,渠道内水位高度不够,则需建节制闸抬高水位,以便烟田灌溉等。

(2)合理采用结合枢纽布置的形式。为了节省投资和管理方便,可将闸与桥、分水闸与节制闸、消力池与蓄水池等附属建筑物结合修建。

(3)规划定型设计和装配式建筑物。渠系附属建筑物种类及数量较多,对同一类型建筑物(如闸门、涵管、人行桥板、进出水口阀等),可以定型设计和装配式结构制造,有利于简化设计,规范标准和提高工程施工进度。

(4)充分利用当地原材料修建。如山丘区要建渡槽、农用桥可采用砌石建筑;在平岗地区则宜用钢筋混凝土排架渡槽。

(5)科学选择最优方案。如渠道跨越河流时,可采用渡槽或倒虹吸管等多种工程方案时,应进行投资量比较,综合分析实用效果,选择确定最优方案。

2. 渠系附属建筑物的类型与布置

（1）控制建筑物布置。用于水利控制流量和水位的控制建筑物布置:进水闸布置在渠首端,分水闸布置在各支渠、斗渠和农渠渠首;上级渠水位不能保证下级渠正常引水时,在上下级渠结合部的上级渠内布置节制闸抬高水位,保证下级渠引水灌溉;实行轮灌时,在轮灌分界处设置节制闸,控制各分组渠的水流量。

（2）交叉建筑物布置。渠道与河流、道路交叉时,应布置交叉建筑物,如渡槽、倒虹吸、涵洞;渠道与公路交叉时,在涵洞前后分别设置沉沙池,渠道底坡比≥1/500时,应在涵洞上游设置消力池。

（3）泄水建筑物布置。用于排除渠道入洪水或余水,要适当布置泄水建筑物:如退水闸布置在支渠末端,以便排泄渠中洪余水;泄水闸与节制闸可结合修建。保护重要建筑物和险工渠段时,可在上述物段上游处设置泄水闸或溢洪道口,确保安全。

（4）衔接建筑物的布置。渠道经过陡坎或坡面时,需设计衔接建筑物配套:如跌水、渠道上下游水位突然出现0.5 m以上落差时,需建跌水消力池;陡坡、上下游在较长渠道中产生较大落差时,在陡坡段尾修建陡坡消力池。

（5）简易人行桥布置。渠道上口宽≥50 cm,按渠道长度每50~100 m设置一处人行桥板,桥板宽度为0.5 m,横过渠道的主要人行桥,其宽度≥1 m。

（6）水池布置。田间水池布置根据实际需要,应在渠道内修建水池,也可以结合修建消力池兼用;渠系经过村庄时,为方便群众生产生活,应修建取水台阶,其宽度视使用人口量而确定,自然村人口100人以下,建一处2 m宽的取水台阶,人口200人以下,建两处(规格同上)为宜。

四、灌溉水源与取水方式

灌溉水源是指天然水资源中可用于灌溉的水体,主要有河川径流、当地地面径流、地下径流。目前大量利用的是河川及当地地面径流,地下径流也被广泛开采应用。为了扩大灌溉面积和提高农田灌溉的保证程度,必须充分利用各种灌溉水源,将地面水、地下水、灌溉回归水等综合开发和利用,为农业的高产稳产及持续发展提供切实可靠的保证。

（一）灌溉对水源的要求

开发烟区,首先必须选择水源。在选择水源时,除考虑水源的位置应尽可能靠近烟区、附近的地形和地质条件便于引水外,还应对水源的水质、水位和水量等提出一定的要求。

1. 灌溉对水质的要求

所谓水质,主要指水的化学、物理性状,水中含有物的成分及其含量。其主要包括含沙量、含盐量及水温等。灌溉水源的水质应符合作物生长和发育的要求,还要兼顾人畜饮用以及鱼类生长的要求等。

1）灌溉水的泥沙

灌溉对水中泥沙的要求主要指泥沙的数量和组成。悬浮在水中的泥沙,粒径大于0.1~0.15 mm,不仅不含有任何养分,而且极易沉淀淤积在渠道中,故一般不允许引进渠道和送入田间。粒径小于0.005~0.001 mm的泥沙,常具有一定的肥分,是很好的肥源,应适量输入田间。但若引入田间过多,大量淤积在田面上,可能会减弱土壤的透水性与通气状况。粒径为0.1~0.005 mm的泥沙,可少量输入田间,因其粒径较大,可借以减轻土壤的黏性,改良土壤结构,但肥分价值不高。允许引入灌溉渠道的河水,其含沙量应不大于渠道的输沙能力,以免渠道淤积。为减少泥沙入渠,可通过选择合理的引水口,设置沉沙池以及加大渠道比降等措施。尚可在汛期引洪淤灌,将肥沃的浑水引入沙地、碱地、低洼地,改造低产田。

2)灌溉水的盐类

灌溉对水中盐类的要求主要是从含盐量和有害盐类的含量两方面来考虑的。灌溉水中可溶性盐类(包括离子、分子和各种化合物)的总含量(亦称矿化度)如小于 2 g/L,一般对作物无害;若矿化度为 2~5 g/L,就必须分析化验所含盐分的种类及其含量;矿化度为 5~6 g/L 的水,一般不宜灌溉。允许矿化度的高低与土壤状况(肥力、土壤性质)、盐类成分和农业技术及灌水方法等有关。土壤透水性和排水条件良好,肥力高以及农业技术先进,采用滴灌技术时允许矿化度可略高;否则应降低。

灌溉水中不仅无害盐类的含量不应超过允许浓度,更不可含有对作物有害的盐类,地下水中存在有以下 12 种盐类,依其对作物和土壤的危害程度划分,横线以下为有害盐类,以上为无害盐类:

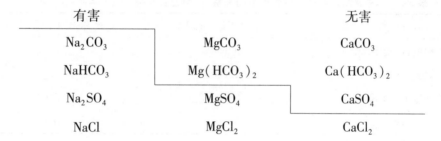

盐分中以钠盐危害最大,因此灌溉水中钠盐含量不能超过一定数量,一般要求:$Na_2CO_3 < 1$ g/L,$NaCl < 2$ g/L,$Na_2SO_4 < 3$ g/L。

3)灌溉水中的有害物质含量

利用城镇生活污水和工业废水或污染的水源进行灌溉,其水质除应满足上述要求外,由于污水中含有某些无机物,如重金属汞、铬、铅、镉和非金属砷以及氯和氟等元素都是有毒的,这些有毒的物质,有的可以直接使灌溉过的作物、饮用过的牲畜或生活在其中的鱼类中毒;有的可在生物体摄取这种水分后,经过食物链的生物放大作用,逐渐在较高级生物体内成千百倍地富集起来,造成慢性累积中毒,因此灌溉用水,特别对工业废水中的有毒物质的含量需要严格地限制。

生活污水中含有各种有机化合物,有些是无毒的,如碳水化合物、蛋白质、脂肪等;有些是有毒的,如酚、醛等。这些有机化合物在微生物的作用下最终分解成简单的无机物质即二氧化碳和水等,这就是水中的生物化学过程。在这一过程中需要消耗大量的氧,其数量称为生物化学需氧量(BOD)。但在正常的气压和温度之下,水中溶解氧(DO)的含量是一定的,水中有机化合物过多,势必造成缺氧,以致脱氧,用于灌溉就会对作物生长以致鱼类的正常生活产生不良影响。因此,适宜的灌溉水质对有机物的含量有一定限制。另外,污水中所含的大量病原菌及寄生虫卵未经消除和消毒以前,不得直接灌入农田,对于含有霍乱、伤寒、痢疾、炭疽等流行性传染病菌类的污水,则必须禁止直接灌溉农田。如要利用,必须设立沉淀池或氧化池,经过沉淀、氧化和消毒等净化处理后,才能用于灌溉。

灌溉回归水在流返河沟的过程中淋溶了一定数量的可溶性盐类、化肥和农药,使水的矿化度提高,水质污染。因此,利用回归水应严格监测水质,水质好的可以直接利用,水质差的掺混好水使用或通过净化处理后再使用。我国国家技术监督局、国家环境保护局1992年1月发布的国家标准《农田灌溉水质标准》(GB 5084—92)规定了灌溉用水的水质要求。

4)烟田灌溉对水质的要求

烟草灌溉对水质的要求比较严格,因为灌溉用水的水质影响烟叶的内在质量。根据试验,在海湖泛区,用于烟草灌溉的水中含有的盐类少于200 mg/L是可用的,在200 mg/L以上时不宜多用,特别是灌溉水中氯离子含量不能过多,因为灌溉水中氯离子浓度越大、灌水量越多,烟叶中含氯量越高,燃烧性越差(见表3-2和表3-3)。因此,灌溉时要选用含氯量低的水,一般水中氯离子含量以不大于0.001 6%为宜。铁、铝氧化物含量较高的水也不能用于烟田灌溉,否则烤后烟叶有可能出现金属沉淀物。此外,烟田灌溉用水还应避免烟草病原物污染,防止通过灌溉传播烟草病虫害。如果不能确定水源的可用性,灌溉前应进行水质分析。

表3-2　水中含氯量与烟叶中含氯量的关系(河南省农业科学院烟草研究所,1981)

水样来源	水中含氯量(mg/L)	烟叶含氯量(%)
临颍屯台(地下水)	52.50	2.79
临颍大田(地下水)	12.40	0.56
临颍城关(地下水)	73.40	2.62
邓县(湍河水)	10.60	0.56

表3-3　灌水对烟叶含氯量和燃烧性的影响(Murty,1964)

灌水次数	烟叶含氯量(%)	燃烧时间(s)
不灌水	0.65	6.0
灌1次水	1.08	4.9
灌2次水	2.50	1.7
灌3次水	3.08	0.8

5)灌溉水的温度

水温对农作物的影响颇大,水温偏低,对作物的生长起抑制作用;水温高,会降低水中溶解氧的含量并提高水中有毒物质的毒性,妨碍或破坏作物的正常生长,再高还会烫伤作物。因此,灌溉水要有适宜的水温。泉水、井水及水库底层水,水温往往偏低,应采取适当措施,如引用温度较高的水库表层水或实行迂回灌溉,延长输水路程或设置晒水池等以提高水温。

2. 灌溉对水源水位及水量的要求

灌溉对水源在水位方面的要求,应该保证灌溉所需要的控制高程;在水量方面,应满足灌区不同时期的用水需求。灌溉水源(无论是河流、湖泊、当地地面径流或地下水)未经调蓄之前,都是受自然条件(降雨、蒸发、渗漏等)的综合影响而随时变化的,不但各年的流量过程不同,就是同一年内不同时期的流量过程也不同;而灌溉用水则有它自己的规律,所以未经调蓄的水源与灌溉用水常发生不协调的矛盾,即作物需水较多时,水源来水可能不足或灌溉需较高的水位,而水源水位却较低,这就使水源不能满足灌溉要求。因此,人们经常采取一些措施,如修建必要的壅水坝、水库等,以抬高水源的水位和调蓄水量;或修建抽水站,将所需的灌溉水量,提高到灌溉要求的控制高程;有时也可以调整灌溉制度,采用节水灌溉技术,以变动灌溉对水源水量提出的要求,使之与水源状况相适应。

(二)灌溉取水方式

灌溉水源不同,相应的取水方式也不同。山区丘陵地区常利用当地地面径流灌溉,可修建塘坝与水库;我国各地都有丰富的地下水资源,可打井取水灌溉。利用河川径流灌溉的取水方式,依河川来水和灌溉用水的平衡关系以及灌区的具体情况,可有不同的结构和形式,一般最常用的有无坝取水、有坝取水、抽水取水和水库取水等 4 大类。

五、烟水配套工程水资源供需平衡分析

水资源供需平衡分析是指在一定范围内(行政、经济区域或流域)不同时期的可供水量和需水量的供求关系分析,其目的是确定合理的设计保证率,采取相应的灌溉方式和灌溉技术,以充分开发合理利用水资源。水资源分析包括可供水量分析和需水量分析两个方面。可供水量分析包括各种水源及其可供水量分析;需水量分析包括土地利用结构、种植结构、灌溉制度分析等。在进行工程设计时,必须先确定设计典型年,而设计典型年又是根据灌溉设计标准确定的。

水资源供需平衡分析必须根据一定的雨情、水情来进行分析计算,主要有系列法和典型年法(或称代表年法)两种。系列法是按雨情、水情的历史系列资料进行逐年的供需平衡分析计算;典型年法仅根据雨情、水情具有代表性的几个不同年份进行分析计算,而不必逐年计算。不管采用何种分析方法,所采用的基础数据(如水文系列资料、水文地质的有关参数等)的质量是至关重要的,其将直接影响到供需分析成果的合理性和实用性。这里将主要介绍典型年法。

1.典型年法的含义

典型年法(又称代表年法)是指对某一范围的水资源供需关系,只进行典型年份平衡分析计算的方法。其优点是可以克服资料不全(如系列资料难以取得时)及计算工作量大的问题。

根据需要来选择不同频率的若干典型年。我国规范规定,特别丰水年频率为 5%,丰水年频率为 25%,平水年频率为 50%,一般枯水年频率为 75%,特别枯水年频率为 90%(或 95%)。在进行区域水资源供需平衡分析时,北方干旱和半干旱地区一般要对 50% 和 75% 两种代表年的水供需进行分析;在南方湿润地区,一般要对 50%、75% 和 90%(或 95%)三种代表年的水供需进行分析。

2.计算步骤

(1)计算分区和计算时段。包括区域划分和计算时段的划分等内容。

(2)典型年和水平年的确定。包括不同频率典型年的确定、典型年来水量的分配和水平年选取等内容。

(3)可供水量和需水量的分析计算。包括可供水量、需水量等内容。

可供水量是指不同水平年、不同保证率或不同频率条件下通过工程设施可提供的符合

一定标准的水量,包括区域内的地表水、地下水、外流域的调水、污水处理回用和海水利用等来水量。

需水量可分为河道内用水和河道外用水两大类。河道内用水,包括水力发电、航运、放木、冲淤、环境、旅游等。河道内用水一般并不耗水,但要求有一定的流量、水量和水位,其需水量应按一水多用原则进行组合计算。河道外用水,包括城市用水和农业用水。城市用水又分工业用水、生活用水和环境用水。

(4)供需平衡分析和成果综合。包括水资源的供需平衡分析的分类、计算单元的现状供需分析、整个区域的水资源供需分析和不同发展阶段(水平年)的供需分析等内容。

(5)水资源供需平衡分析结论。

六、灌溉设计标准

烟水工程灌溉设计标准是反映烟区的效益达到某一水平的一个重要技术指标,一般以灌溉设计保证率表示。

灌溉设计保证率是指烟区灌溉用水量在多年期间能够得到充分满足的概率,一般用设计灌溉用水量全部获得满足的年数占计算总年数的百分率表示,即

$$灌溉设计保证率 = \frac{设计灌溉用水量全部获得满足的年数}{计算总年数} \times 100\%$$

灌溉设计保证率通常用符号 P 表示。例如,保证率 $P=75\%$,表示在 100 年中可能有 75 年满足设计灌溉用水要求,它综合反映了水源供水和灌区用水两方面的情况。

灌溉设计保证率的选定,将影响工程建筑物的规模(如坝高、库容、渠系建筑物的尺寸、抽水站装机容量等)或灌溉面积的大小。所以,灌溉设计保证率取太高或过低都是不经济的,应根据水源条件,按不同的灌溉面积和工程技术方案,计算与各种灌溉保证率相应的灌溉工程净效益,如无其他约束条件,应选定一个经济效益最优的保证率作为设计标准。

确定经济合理的灌溉设计保证率是相当复杂的工作,而且工作量也大。目前,一般按《灌溉与排水工程设计规范》(GB 50288—99)的规定并结合当地具体情况选取灌溉设计保证率。

第三节 烟路工程布局

烟路建设不仅与烟农利益息息相关,有利于推进现代烟草农业的机械化、自动化,更有利于现代化新农村的建设,改善农村交通状况,打开农民致富之路。

一、道路功能与分类

道路是供车辆和行人等通行的工程设施。目前,烟区建设的道路工程等级主要属于乡村道路,即指修建在田间、农场,主要供行人及各种农业运输工具通行的道路。由于机耕路主要为农业生产服务,一般不列入国家公路等级标准。机耕路按主要功能和使用特点可以分为田间道和生产路。

机耕路是指为方便中小型耕作机械通行、烟农田间作业修建的道路。

机耕路分为主干路和分支路两类。主干路是指与乡村道路或其他公路连接,用于中小

型农业机械通向规模以上基本烟田的道路。分支路是指连接主干路,用于烟叶生产、运输、烟田管理及农机具出入烟田的道路。

机耕路路面分砂石路面、硬化路面和其他类型路面。

二、道路工程布局原则

(一)因地制宜,讲求实效

由于道路选线受到地形地势、地质、水文等自然条件与土地用途、耕作方式等社会经济条件的影响,不同地区道路系统布局选线的要求也不一样。例如:在平原微丘地区,地形平缓,坡度变化不大,道路设计要力求短而直,应特别注意地面的排水设计,以保证路基的稳定性。在重丘山区,短距离内高程变化大,应充分利用地形展线,形成沿河线、越岭线、山脊线、山谷线,以减少工程量、降低费用,其重点是合理确定走向。在人多地少的南方地区,机械化程度较低,土地利用集约度高,应尽量减少占地面积,与渠道、防护林结合布局。在人少地广的北方地区,道路规划设计应充分考虑机械化作业的要求,纵坡不宜过大,道路宽度要合理,路基要达到一定的稳固性。

(二)有利生产,节约成本

道路工程的布局应力求使居民点、生产经营中心与各轮作区、轮作田区或田块之间保持便捷的交通联系,要求线路尽可能笔直且保持往返路程最短。道路面积与路网密度达到合理的水平,确保人力、畜力或者农机具能够方便地到达每一个耕作田块,促进田间生产作业效率与质量的提高。同时,道路系统的配置应该以节约建设与占地成本为目标,在确定合理道路面积与密度情况下尽量少占耕地,尽量避免或者减少道路跨越沟渠等,以最大限度地减少桥、涵、闸等交叉工程的投资。

(三)综合兼顾

在烟区内,干道、支道、田间道、生产路相互作用,相互依赖,构成烟区的道路系统,同时这个系统又隶属于由道路、田块、防护林、灌排系统等构成的烟区土地利用系统。在进行道路规划布局时,要结合当地的地貌特征、人文特征,使项目区内的各级道路构成一个层次分明、功能有别、运行高效的道路系统,以减少迂回运输、对流运输、过远运输等不合理运输。农村道路是为农业生产服务的,要从项目区农业大系统的高度来进行布局,田间道、生产路要服从田块布局要求,与渠道、排水沟、防护林结合布局,不能为了片面追求道路的短与直而破坏田块的规整。

(四)远近结合

由于道路系统是与人们生产生活息息相关的重要设施,随着社会经济的发展,人们对道路的需求也越来越高,等级档次也呈不断提升态势,因此根据需要,道路系统的布局、设计应该留有余地,即为今后的发展留有空间。如随着城市化的加快,农业人口也会相应减少,农业机械化集约经营是大势所趋,这样,在当前还使用人力、畜力的地区在进行道路规划时,就应该考虑这一长远需要,布置骨干道路时尽可能宽一些,标准尽可能高一些。

三、骨干道路布局

干道、支道是烟区的主要运输线路,是村庄对外联系的血脉,负担着项目区内外大量的运输任务,对项目区的整体布局及今后的发展有着重要影响,对其他基本建设项目的布局也起着牵制作用。在许多情况下,国有公路可以作为农村干道、支道使用。一般来说,农村干道、支道相当于国家四级公路。干道、支道的布局应结合村(镇)规划综合考虑。一般地,烟路配套项目不考虑干道、支道规划,但作为道路系统的重要组成部分,特别是大范围的,以田、水、路、林、村综合规划区,应对干道、支道作统一布局。

(一)平原微丘区选线

平原微丘地区人口稠密。有较多的城镇、居民点、广阔的农田和耕地以及纵横交错的灌溉渠、铁路、公路、管道等。交通量一般比较大,对道路的技术标准要求较高。弯道半径应不小于 20 m,但在一般情况下最好采用较大半径,以利于车辆快速行驶。平原微丘区的线路,当通过农田时,必须慎重考虑线路对国民经济的作用,对支农运输的效果,以及当地地形条件。工程数量等方面综合分析比较,使线路既不片面求直以致占用大片农田,也不要片面强调不占某块农田,使线路弯弯曲曲,造成行车条件恶化,应充分利用渠堤、沟岸,以减少占地。通过低洼及排水不良地段时要保证填方高度最小,但需要有离地下水位 1 m 以上的距离。

(二)重丘陵山区选线

重丘陵山区的地形复杂,其特点是在短距离内山坡陡,溪流湍急,多数溪流的流量小但是落差大,冲刷力强,沟谷又很曲折。这就形成山区道路转急弯,上下坡陡,转折起伏频繁,险路多,行车危险的特点。因此,山区道路要有足够的稳定性,道路的纵断面、横断面、平面配合要适当,弯道半径不小于 20 m,对翻山越岭回头弯道半径可采用 12 m。纵坡应小于8%,个别大坡地段以不超过 11% 为宜,但海拔 2 000 m 以上或长期有冰雪的地方,其纵坡应限制在 6% 以内,以保证汽车的安全行使。

1. 沿河线

沿河线是指线路沿着河边或者某一河谷布设。它是重丘山区线路方案中最常遇到的一种。河谷的纵坡除最上游某些较短地段可能较陡外,一般不会超出山区道路所允许的纵坡。调查沿河线路布置方案时,首先要同其他大方案对比,其次考虑这个方案本身线路走哪一岸。一般情况下,线路应选在有适宜的较宽的台地,要求没有严重的地质不良现象,如滑坍、落石、雪崩等。如果两岸地形区别不大,河流湍急,而河面又较宽,则选择工程量较小的一岸走。如果两岸台地交错出现,河面又不甚宽,且建桥容易,可建桥跨河,利用两岸有利地形。同时还应兼顾两岸支流,两岸的居民点,结合地形、地质因素布设线路。

2. 越岭线

越岭线是从山岭的一侧爬上山顶穿过垭口下到另一侧的翻山线路。由于山岭具有一定的高度,要以技术标准所规定的纵坡笔直翻过山岭是不可能的,所以越岭线的调查除注意它同其他方案的对比外,要重点研究从山岭的什么部位通过,如何使线路按规定的坡度上山和下山的问题。线路通过山岭位置的高低和偏离线路总方向的大小,会影响上下山线路的长短和工程量,跨岭位置偏离总方向远,且比较高,上下山的线路就会长;偏离总方向较小,位置低,上下山的线路就会短一些。解决通过山岭的基本方法有两种:

一是选择一个接近线路总方向的垭口通过,因为垭口是山脊的缺口,位置比较低。在选择垭口时,要考虑它位置的高低、偏离线路总方向的大小,还要注意垭口两侧的地形和地质对上下山线路的影响。当山坡比较顺直、无切割地形阻碍、地质较好时,可将线路顺着山坡,以小于 5% 的缓坡均匀上达垭口。当山坡地形切割严重时,应保持原来平缓坡度继续延伸,直到离垭口的距离正好能使线路上垭口的纵坡平均为 5% 即开始上坡。当山坡过陡、地质不好时,可考虑利用地形采用回头展线的方式上山,选择较平缓山坡,设置回头弯,来回盘绕展长距离,使线路以合乎规定的纵坡上达垭口。

另一种是选择一个地质比较好、地势合适的山腹打隧道穿过。当线路要穿过又高又窄的山脊或所要经过的垭口,一年中大部分时间被积雪阻塞或垭口存在严重的地质不良情况时一般采用打隧道的方式。在一般情况下,隧道位置越低,线路越短,对行车有利,但位置低、隧道长,会增加工程量和延长工期。在确定隧道的位置时,要综合考虑各方面的因素,既要考虑工农业发展的需要和运输的方便,又要考虑目前的实际条件及地质情况。

四、田间道和生产路布局

田间道和生产路属于烟叶生产基础设施项目,同农业生产作业过程直接相联系,具有货运量大、运输距离短、季节性强、费工多等特点,其布局要有利于田间生产和劳动管理,既要考虑人畜作业的要求。又要为机械化作业创造条件,应与田、林、沟、渠结合布局。其最大纵坡宜取 6% ~ 8% 。最小纵坡在多雨区取 0.4% ~ 0.5% ,一般取 0.3% ~ 0.4% 。

(一) 田间道

田间道是由居民点通往田间作业的主要道路。除用于运输外,还起田间作业供应线的作用,应能通行农业机械,一般设置路宽为 3 ~ 4 m,南方丘陵区通常采用小型农机,在此基础上,可酌情减少,北方可适当增加宽度。田间道又可分为主要田间道和横向田间道。

主要田间道是由农村居民点到各耕作田区的道路。它服务于"一个或几个耕作田区,如有可能应尽量结合干道、支道布置,在其旁设偏道或直接利用干道、支道;如需另行配置,应尽量设计成直线,并考虑使其能为大多数田区服务。当同其他田间道相交时,应采用正交,以方便畜力车转弯。

横向田间道亦可称为下地拖拉机道,供拖拉机等农机直接下地作业之用,一般应沿田块的短边布设。在旱作地区,横向田间道也可布设在作业区的中间,沿田块的长边布设,使拖拉机两边均可进入工作小区以减少空行。在有渠系的地区,要结合渠系布置。一般有以下几种方案。

1. 横向田间道布置在斗沟靠农田一侧

这种布置形式可利用挖排水斗沟的土方填筑路基,节省土方量,并且拖拉机组可以直接下地作业,道路以后也有拓展的余地。但是斗渠和斗沟之间应种植数行树木。此外,横向田间道要穿越农沟,须在农沟与斗沟连接处埋设涵管或修建桥梁、涵洞等建筑物。埋设涵管时,如果孔径不足,势必影响排水,在雨季田块易积水受淹。在这种情况下,道路位置较低,为避免被淹,必须在路旁修筑良好的截水路沟。如果居民点靠斗沟一侧,可采用这种形式。

2. 横向田间道布置在斗渠与斗沟之间

这种布置形式便于渠沟的维修管理,但今后拓展有困难。拖拉机组进入田间必须跨越排水斗沟,需要修建桥梁。在降水较多的地区,排水斗沟断面较大,如采用这种形式基建投资大。在降雨量较小的北方地区,可以采用这种形式。

3. 横向田间道布置在靠近斗渠的一侧

如果居民点靠近斗渠,采用上述布局形式会增加拖拉机组下地的空行行程,增加生产费用。一般结合斗渠布置,这样机组下地作业方便,但需修建涵管等建筑物,加大基建费用。同时还要在渠路之间植树两三行或开挖路沟,以便截排渠边渗水,保证路面干燥。

(二)生产路

生产路的布局应根据生产与田间管理工作的实际需要情况确定。生产路一般设在田块的长边,其主要作用是为下地生产与田间管理工作服务。

1.旱地生产路布局

平原区旱地田块宽度一般为 400～600 m,宽的可达 1 000 m。在这种情况下,每个田块可设一条生产路。如果田块宽度较小,为 200～300 m,可考虑每两个田块设一条生产路,以节约用地。生产路一般设置路宽 2.5 m 以内,平原区可适当加宽。生产路要与林带结合。充分利用林缘土地。其应设在向阳易于晒暖的方向,即在林带的南向、西南向和东南向。这样就能使道路上的雪迅速融化。使路面迅速干燥。当道路和林带南北向配置时,任意一面受阳光程度大体相同,道路应配置在林带迎风的一面,使路面易于干燥。

2.灌溉区生产路规划

(1)生产路设置在农沟的外侧与田块直接相连。在这种情况下,农民下地生产与田间管理工作和运输都有很大的方便。一般适用于生长季节较长、田间管理工作较多,尤其以种植经济作物为主的地区。

(2)生产路设置在农渠与农沟之间。这样可以节省土地,因为农沟与农渠之间有一定间距。田块与农沟直接相连有利于排除地下水与地表径流,同时可以实现两面管理,各管理田块的一半,缩短了运输活动距离。一般适用于生产季节短,一年只有一季作物,以经营谷类为主的地区。

(3)梯田的田间道与生产路。梯田是山区、丘陵区的一种主要的水土保持措施,梯田田间道路的布局应按照具体地形,采用通梁联峁、沿沟走边的方法布设。田间道多设置在沟边、沟底或山峁的脊梁上,宽 2 m,转弯半径不小于 8 m。为防止流水汇集冲毁田坎,沟边的路应修成里低外高的路面,并每隔一段筑一小土埂,将流水引入梯田。生产路也应考虑到通行小型农机具的要求,宽 1.5 m 左右。路面纵坡一般不大于 11°。纵坡为 11°～16°时,连续坡长不应超过 10～20 m,转弯角度不能小于 110°。如山底坡缓,路呈斜线形;如山高坡陡,路可呈"S"形、"之"字形或者螺旋形迂回上山。

第四章　小型拦河坝工程设计

蓄水枢纽是以挡水建筑物——拦河坝为主体的水利枢纽。拦河坝的作用是拦截河道水流,以积蓄来水、抬高上游水位,形成有一定库容的水库,以满足防洪、灌溉、发电等要求。小型拦河坝工程中除拦河坝以外,还包括泄水建筑物和取水建筑物,如溢洪道、隧洞、涵管等。

拦河坝是蓄水枢纽中的主要建筑物。按照筑坝材料与坝型的不同,可将坝分为:用当地土、石料修建的土石坝;用浆砌石、混凝土修建的重力坝和拱坝;用浆砌石、混凝土以及钢筋混凝土修建的大头坝和轻型支墩坝等。全国已建成的大、中、小型水库中,土石坝是采用最多的坝型,其次是浆砌石或混凝土重力坝和拱坝,其他坝型采用得较少。国外土石坝的数量及其在各种坝型中的比例也是最多的,并且还在不断增长,中小型拦河坝主要以土石坝为主。本章主要讲述土石坝的基础知识。

第一节　土石坝的剖面和设计要求

土石坝的基本剖面根据坝高、坝的等级、坝型、筑坝材料、坝基情况、施工以及运行条件等,参照现行工程的实践经验初步拟定,然后通过渗流和稳定分析,最终确定合理的剖面形状。土石坝剖面的基本尺寸主要包括:坝顶高程、坝顶宽度、坝坡、坝顶构造、坝体坝基防渗排水、坝面(坡)排水及反滤层等。

一、坝顶高程

坝顶高程由水库静水位与坝顶超高之和决定,应按照以下条件进行计算,计算结果取最大值:

(1)设计洪水位与正常运行条件的坝顶超高之和;

(2)正常蓄水位与正常运行条件的坝顶超高之和;

(3)校核洪水位与非常运行条件的坝顶超高之和;

(4)正常蓄水位与非常运行条件的坝顶超高之和,再加上地震安全加高。

坝顶超高 d 根据图 4-1 按式(4-1)计算:

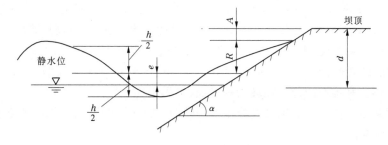

h—坝前水深;α—上游面坡角

图 4-1　坝顶超高计算图

$$d = R + e + A \tag{4-1}$$

式中　d——坝顶超高,m;

R——波浪在坝坡上的设计爬高,m;

e——风浪引起的坝前水位壅高,m;

A——安全加高,m,根据坝的级别按表 4-1 选用。

表 4-1　安全加高 A　　　　　　　　　　　　(单位:m)

坝的级别	1	2	3	4
正常运行条件	1.50	1.00	0.70	0.50
山区、丘陵区	0.70	0.50	0.40	0.30
平原、滨海区	1.00	0.70	0.50	0.30

应该指出的是,坝顶高程是坝顶沉降稳定后的数值,竣工时的坝顶高程还应有足够的预留沉陷值。对施工质量良好的土石坝,坝顶沉陷值约为坝高的 1% 。

二、坝顶宽度

坝顶宽度根据施工、运行、构造、抗震、防汛抢险等因素确定,且与坝高有密切关系。对高坝可取 10～15 m,对中低坝可取 5～10 m。同时,坝顶宽度必须充分考虑心墙或斜墙顶部及反滤层、保护层的构造需要。若坝顶设置公路或铁路,坝顶宽度应按有关规定确定。

三、坝坡

坝坡坡度取决于坝型、坝高、坝体及坝基性质以及坝的施工和运用条件。一般可参照已建土石坝,用工程类比法初步拟定坝坡,经稳定分析后,确定合理的坝体断面。因此,根据实际情况,依照以下方面的规律综合进行选择。

(1)上游坝坡常缓于下游坝坡。上游坝坡长期处于饱和状态,水库水位也可能快速下降,为了保持坝坡稳定,一般应比下游坝坡缓,但堆石料上、下游坝坡坡率的差别比砂土料坝小。

(2)上游坝坡斜墙坝较心墙坝缓,而下游坝坡心墙坝较斜墙坝缓。土质防渗体斜墙坝上游坝坡的稳定受斜墙土料特性控制,所以斜墙的上游坝坡一般较心墙坝缓;而心墙坝,特别是厚心墙坝的下游坝坡,因其稳定性受心墙土料特性的影响,一般较斜墙坝缓。

(3)坝坡的上部较陡、下部较缓。黏性土料的稳定坝坡为一曲面,上部坝坡较陡、下部较缓,所以常沿高度进行分段,一般每段 10～30 m,自上而下逐渐放缓,相邻坡率差值取 0.25 或 0.5。砂土和堆石的稳定坝坡为一平面,可采用均一坡比。

(4)当坝基或坝体土料沿坝轴线分布不一致时,应分段采用不同坡比,在各段间设过渡区,以减缓坝坡变化。

(5)由粉土、砂、轻壤土修建的均质坝,透水性较大,为了保持渗流稳定,一般要适当放缓下游坝坡。

初选土石坝的坝坡,可参照已有的工程实践经验进行,见表4-2。

见表4-2。

表 4-2　坝坡经验值

类型			上游坝坡	下游坝坡
土坝 (坝高) (m)		<10	1:2.00~1:2.50	1:1.50~1:2.00
		10~20	1:2.25~1:2.75	1:2.00~1:2.50
		20~30	1:2.50~1:3.00	1:2.50~1:2.75
		>30	1:3.00~1:3.50	1:2.50~1:3.00
分区坝	心墙坝	堆石(坝壳)	1:1.70~1:2.70	1:1.50~1:2.50
		土料(坝壳)	1:2.50~1:3.50	1:2.00~1:3.00
	斜墙坝		石质比心墙坝缓0.2,土质缓0.5	取值比心墙坝可适当偏陡
人工材料面板坝			1:1.40~1:1.70	1:1.30~1:1.40(堆石) 1:1.50~1:1.60(卵石)
沥青混凝土面板坝			不陡于1:1.7	

对于土质防渗体分区坝和均质坝,上游坝坡除观测需要外,已趋向于不设马道或少设马道,非土质防渗材料面板坝则上游坝坡不设马道。根据施工等需要,下游坝坡可设置斜马道,斜马道之间的实际坝坡可局部变陡,平均坝坡不应陡于设计坝坡。若坝顶设置公路或铁路,其坝顶宽度应按有关规定确定。

四、土石坝设计的基本要求

(1)具有足够的断面维持坝坡的稳定,这是大坝安全的基本保证。国内外土石坝的失事约有1/4是由滑坡造成的,足见保持坝坡稳定的重要性。施工期、稳定渗流期、水库水位降落期以及地震时作用在坝坡上的荷载和土石料的抗剪强度指标都将发生变化,应分别进行核算,以保持坝坡和坝基的稳定。

(2)设置良好的防渗和排水设施,以控制渗流饱水土体重量减轻,浸水土体强度降低,渗流可能导致管涌、流土。

(3)选择与现场适应的良好土石种类及配置和坝型结构。

(4)泄洪建筑物具有足够的泄洪能力。

(5)采取使大坝运用可靠和耐久的构造措施,如上游坝面具有坚固的护坡,防止下游面雨水冲刷,防止心墙裂缝等措施。

第二节　土石坝的坝基处理

土石坝对地基要求较低,几乎在各种地基上均可修建。土石坝底面积大,坝基应力较小,坝身具有一定适应变形的能力,坝身断面分区和材料的选择又具有灵活性。因此,土石坝对地基的要求比混凝土坝低,可不必挖除地表面透水土壤和砂砾石等,但地基的性质对土石坝的构造和尺寸仍有很大影响。据国外资料统计,土石坝失事约有40%是由于地基问题引起的,可见地基处理的重要性。坝基处理技术近年来已经取得了很大的进展,从国内外坝工建设的成就来看,很多地质条件不良的坝基,经过适当处理以后都成功地修建了高土石坝。例如,加拿大在深过 120 m 的覆盖层上采用混凝土防渗墙,修建了高 107 m 的马尼克 3 号坝;埃及在厚 225 m 的河床冲击层上,采用水泥黏土灌浆帷幕,修建了高 111 m 的阿斯旺坝;我国在深厚覆盖层上的防渗技术也已进入国际先进行列,世界上现有防渗墙深度超过 40 m 的 36 座土石坝中,我国有 17 座,其中小浪底坝防渗墙深度达 80 m。坝基处理包括河床和两岸岸坡的处理。土石坝坝基处理的任务是:①控制渗流,使地基以致坝身不产生渗透变形,并把渗流量控制在允许的范围内;②保持静力和动力稳定,避免坝体及坝基发生整体或局部有害变形;③控制变形、限制沉降量与不均匀沉降,以限制坝体裂缝的发生。

岩基处理技术可参见混凝土坝的有关内容,但处理要求则应考虑土石坝的特点,主要是防渗。当岩石地基有较大的透水性,通过地基渗漏量过大,影响水库的正常蓄水和坝体及坝基稳定,要进行防渗处理。对浅层强透水层,可采用开挖截水槽回填黏土或建造混凝土截水墙进行处理;对处于地表或浅层的溶洞,可挖除洞内的破碎岩石和充填物,并用混凝土阻塞;对处于防渗线上的深层又不宜开挖的溶洞,可采用灌浆的方法处理;对岩石节理裂隙发育的基岩应进行帷幕灌浆,灌浆后应达到的指标可用基岩单位吸水率来表示。

一、砂砾石坝基处理

砂砾石地基的承载力一般能满足要求,砂砾石坝基的坝基处理主要是解决渗流问题。处理的目的是减少坝基的渗流量并保证坝基和坝体的抗渗稳定。处理的方法是"上防下排",即在上游侧设垂直的黏土截水墙、混凝土防渗墙或帷幕灌浆截断渗流或设水平方向的防渗铺盖延长渗径降低渗透坡降,减少渗流量,控制渗透稳定;在下游侧设水平排水层、排水沟、减压井、透水盖重等滤土、排水、降压、增加坝坡及渗透稳定性。所有这些措施既可以单独使用,也可以联合使用。

各种垂直防渗设施能够截断坝基渗流,可靠而有效地解决地基渗流问题,在技术条件允许并且经济合理的情况下应优先采用。垂直防渗设施的形式可参照以下原则选用:①砂砾石层深度在 10~15 m 以内,或不超过 20 m 时,宜明挖截水槽回填黏土,对临时性工程则可采用泥浆槽防渗墙;②砂砾石层更深,上述设施难以选用时,可采用灌浆帷幕,或在深层采用灌浆帷幕,上层采用明挖,回填黏土截水槽或混凝土防渗墙。不论采用何种形式,均应将全部透水层截断。悬挂式的竖直防渗设施,防渗效果较差,不宜采用。沿着坝轴线的砂砾石层性质和厚度变化时,可分段采用不同措施,但要做好各段间的连接。

(一)黏性土截水槽

截水槽是均质坝体、斜墙或心墙向透水地基中的延伸部分(见图 4-2)。它是最简单和最有效的一种坝基防渗措施。其做法是:在坝轴线处或靠近上游的透水坝基上,平行于坝轴线开挖直达不透水层的梯形断面,底宽由回填土的允许渗透坡降(一般砂壤土为 3,壤土为 3~5,黏土为 5~10)和施工条件(不小于 3.0 m)确定,边坡应根据开挖后坝基的稳定性确定,一般不陡于 1:1~1:1.5,回填与坝体防渗材料相同的材料(两侧可设过渡层或反滤层),分层压实,与坝体防渗体连成整体,适用深度小于 15 m 的砂砾层,太深则开挖困难。均质土坝截水槽的位置常设在距上游坝脚 1/3~1/2 坝底宽度的距离内。

截水槽底部与不透水层的接触面是防渗的薄弱环节。若不透水层为岩基,则为了防止因槽底的接触面发生集中渗流而造成冲刷破坏,可在岩基建混凝土或钢筋混凝土齿墙。若

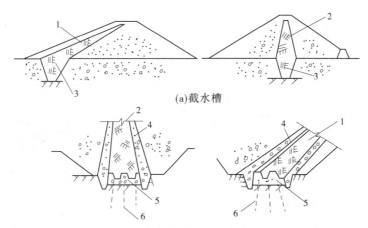

(a)截水槽

(b)截水槽(或心墙、斜墙)与基岩的连接

1—黏土斜墙;2—黏土心墙;3—截水槽;4—过渡层;5—垫层;6—固结灌浆

图 4-2 透水地基截水槽

岩石破碎,应在齿墙下进行帷幕灌浆。对中小型工程,也可在截水槽底基岩上挖一条齿槽,以加长接触面的渗径,加强截水槽与基岩的连接。若不透水层为土层,则将截水槽底部嵌入不透水层 0.5~1.0 m。截水槽与岩石接触面常做成齿墙,齿墙应嵌入基岩内,上部尺寸应根据沿渗径的接触允许渗透坡降(壤土为 3,黏土为 5 左右)而定。沿齿墙壁长度方向每隔 10~15 m 设缝,缝内设止水,齿墙侧面坡度不陡于 1:0.1,以利于和回填土的结合。截水槽回填时,应在齿墙壁表面和齿槽岩面抹黏土浆。

(二)混凝土防渗墙

深厚砂砾石地基采用混凝土防渗墙是比较有效和经济的防渗措施。砂砾石层深度在 80 m 以内时采用该方法。具体做法是用钻机或其他设备在土层中凿圆孔或槽孔,再在孔中浇混凝土,最后连成一片即形成一道整体的混凝土防渗墙。墙底嵌入弱风化基岩,深度应不小于 0.5~1.0 m,对风化较深和断层破碎带可根据情况加深,顶端插入防渗体,插入深度应为坝高的 1/10,高坝可适当降低,低坝应不低于 2 m。防渗墙厚度根据防渗和强度要求确定。按施工条件可在 0.6~1.3 m 选用(一般为 0.8 m)。采用冲击钻造孔,1.3 m 直径的钻具重量已达极限。如不能满足设计要求则应采用两道墙,厚度也不宜小于 0.6 m,因厚度减小时钻孔数量随之增大,减少的混凝土量已不能抵偿钻孔量增大的代价,在经济上不合理。根据已建工程经验,容许渗流比降 80~100 可作为墙厚控制的底限。对于混凝土来说,增大墙厚,降低渗流比降,对于延长墙的使用寿命是有好处的。修建混凝土防渗墙需要一定的机械设备,但并无特殊要求,关键是在施工过程中要保持钻孔稳定,不致坍塌,常采用膨润土或优质黏土制成的泥浆进行固壁,这种泥浆还可以起到悬浮和挟带岩屑以及冷却和润滑钻头的作用。

从 20 世纪 60 年代起,混凝土防渗墙得到广泛的应用。我国已建混凝土防渗墙 60 余座,积累了不少施工经验,并发展了反循环回转新型冲击钻机、液压抓斗挖槽等技术,在砂卵石层中纯钻工效较高,进入国际先进行列。黄河小浪底工程采用深度 70 m 的双排防渗墙,单排墙厚 1.2 m。

混凝土防渗墙对各种地层适应性强,造价较低,所以在砂砾石层地基防渗处理中日益得到广泛的应用。

混凝土防渗墙与斜墙连接如图4-3所示。

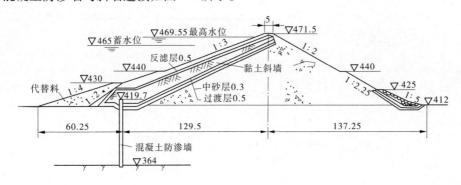

图 4-3　混凝土防渗墙与斜墙连接　（单位:m）

(三)灌浆帷幕

当砂砾石层很厚时,上述两种处理方法都较为困难或不够经济,可采用灌浆帷幕防渗或在深层采用在灌浆帷幕上层明挖回填黏土截水槽或做混凝土防渗墙。

灌浆帷幕的施工方法是,先用旋转式钻机造孔,同时用泥浆固壁,钻完孔后在孔中注入填料,插入带孔的钢管,待填料凝固后,在带孔的钢管中置入双塞灌浆器,用一定压力将水泥浆或水泥黏土浆压入透水层的孔隙中。压浆可自下而上分段进行,分段长度可根据透水层性质采用 0.33 ~ 0.5 m 不等。待浆液凝固后,就形成了防渗帷幕。其缺点是:工艺较复杂,费用偏高,地表需加压重,否则灌浆质量达不到要求,更主要的问题是对地层的适应性差,即这种方法是否宜于采用取决于地层的可灌性。地层土料的颗粒级配、渗流系数、地下水流速等都会影响到浆液渗入和凝结的难易,控制着灌浆效果的好坏和费用的高低。《碾压式土石坝设计规范》(SL 274—2001)建议采用可灌比值 M 来评价砂砾石坝基的可灌性。

$$M = D_{15}/d_{85} \tag{4-2}$$

式中　D_{15}——受灌地层土料的特征粒径,mm;

　　　d_{85}——灌浆材料的控制粒径,mm。

根据反滤原理,一般认为:$M < 5$,不可灌;$M = 5 \sim 10$,可灌性差;$M > 10$,可灌水泥黏土浆;$M > 15$,可灌水泥浆。当粒状材料浆液可灌性差时,可考虑采用化学浆液。化学浆液对所有砂层和砂砾石层都是可灌的。

灌浆帷幕的厚度:

$$T = H/J \tag{4-3}$$

式中　H——最大设计水头,m;

　　　J——帷幕的允许渗透比降,对一般的水泥黏土浆,可采用 3 ~ 4。

灌浆帷幕厚度较大,因此需几排钻孔,孔距和排距由现场试验确定,通常为 3 ~ 5 m,边排孔稍密、中排孔稍稀。灌浆时,先灌边排孔,后灌中排孔,浆液由稀到浓,灌浆压力自下而上逐渐减小,由 2 500 ~ 4 000 kPa 减小到 200 ~ 500 kPa。灌浆帷幕伸入砂砾石层透水层内层至少 1.0 m。灌浆后将表层胶结不好的砂砾石挖除,做黏土截水墙或混凝土防渗墙。

灌浆帷幕的优点是灌浆深度大,当覆盖层有大孤石时,可不受限制。这种方法的主要问题是对地基的适应性较差,有的地基如粉砂、细砂地基,不易灌进,而透水性太大的地基又往往耗浆量太多。所以使用这种方法时,必须对覆盖层的性质进行深入勘测和分析,并进行必要的现场试验。20 世纪 80 年代后,我国发展了高压定向喷射灌浆技术,其原理是将 30 ~ 50 MPa 的高压水和 0.7 ~ 0.8 MPa 的压缩空气输到喷嘴,喷嘴直径 2 ~ 3 mm,造成流速为 100 ~ 200 m/s 的射流,切割地层形成缝槽,同时用 1.0 MPa 左右的压力把水泥浆由另一钢管输送到另一喷嘴以充填上述缝槽并渗入缝壁砂砾石地层中,凝结后形成防渗板墙。施工时,在事先形成的泥浆护壁钻孔中,将高压喷头自下而上逐渐提升即可形成全孔高的防渗板墙。这种喷射板墙的抗压强度为 6.0 ~ 20.0 MPa,容许渗透坡降突破规范限制,达到 80 ~ 100,施工效率高,有一定发展前途。

(四)防渗铺盖

防渗铺盖是一种由黏性土做成的水平防渗设施,是斜墙、心墙或均质坝体向上游延伸的部分,一般应和下游排水联合作用。当采用垂直防渗有困难或不经济时,可考虑采用铺盖防渗。防渗铺盖构造简单,造价一般不高,但它不能完全截断渗流,只是通过延长渗径的办法,降低渗透坡降,减小渗透流量,所以对解决渗流控制问题有一定的局限性,其布置如图 4-4 所示。

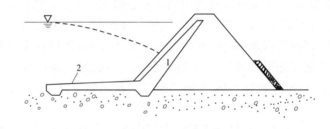

1—斜墙;2—铺盖

图 4-4　水平铺盖

防渗铺盖厚度不小于 0.5 ~ 1.0 m,与斜墙连接处常达 3 ~ 5 m。渗透系数应小于坝基渗透系数的 1/100,铺盖表面应设保护层,以防蓄水前黏土发生干裂及运用期间波浪作用和水流冲刷的破坏,铺盖与砂砾石地基之间应根据需要设置反滤层或垫层。我国采用铺盖防渗有成功的实例,但在运用中也确有一些发生程度不同的裂缝、塌坑、漏水等现象,影响了防渗效果,如果地基是渗透性很大的砾石层或渗透稳定性很差的粉细砂,不宜采用铺盖;对高、中坝及复杂地层和防渗要求较高的工程,应慎重选用。

(五)下游排水减压设施

设置排水的目的是防排结合,控制渗流。坝基中的渗流有可能引起坝下地层的渗透变形或沼泽化,或使坝体的浸润线过高时,宜设坝基排水设施,即在坝下游设置穿过相对不透水层并深入透水层一定深度的排水减压装置,以导出渗水,降低渗透压力,确保土石坝及其下游地区的安全。常用的排水减压设施有排水沟和排水减压井。

基本措施如下:

(1)透水性均匀的单层结构坝基以及上层渗透系数大于下层的双层结构坝基,可采用水平排水垫层,也可在坝脚结合贴坡排水体做反滤排水沟。

(2)双层结构透水坝基,当表层为不太厚的弱透水层,且其下的透水层较浅,渗透性较均匀时,宜将坝底表层挖穿做反滤排水暗沟,并与坝底的水平排水垫层相连,将水导出;此外,也可在下游坝脚做反滤排水沟。

（3）当表层弱透水层太厚，透水层成层性较显著时，宜采用减压井深入强透水层。

二、细砂和软黏土坝基处理

（一）细砂和软黏土坝基处理

饱和的均匀细砂地基在动力作用下，特别是在地震作用下易于液化，应采取工程措施加以处理。当厚度不大时，可考虑将其挖除。当厚度较大时，可首先考虑采取人工加密措施，使之达到与设计地震烈度相适应的密实状态，然后采取加盖重、加强排水等附加防护设施。

在易液化土层的人工加密措施中，对浅层土可以进行表面振动加密，对深层土则以振冲、强夯等方法较为经济和有效。振冲法是依靠振动和水冲使砂土加密，并可在振冲孔中填入粗粒料形成砂石桩；强夯法是利用 8～25 t 的重锤反复多次夯击地面，夯击产生的应力和振动通过波的传播影响到地层深处，可使不同深度的地层得到不同程度的加固。

（二）软黏土坝基

软黏土不宜做坝基，经论证可修建低均质坝和心墙坝。土层较薄时，一般全部挖除。当土层较厚、较广、难以挖除时，可采用排水砂井、加荷预压、振冲置换等方法。

软黏土天然含水量高，容重小，抗剪强度低，承载力小，对坝体稳定不利。若埋藏较浅，分布范围不大，应全部挖除后回填好土；若埋藏较深、分布较广、难以挖除时，可以通过振冲置换、排水固结或其他化学、物理方法，以提高地基的抗剪强度，改善土的变形特性。

第三节　土石坝与坝基、岸坡及其他建筑物的连接

土石坝与坝基、岸坡及混凝土建筑物的连接处是土石坝处理的关键部位，主要是因为接触面都是防渗的薄弱部位，必须妥善处理，使其结合紧密，避免产生集中渗流；保证坝体与河床及岸坡结合面的质量；不使其形成影响坝体稳定的软弱层面；不致因岸坡形状或坡度不当引起坝体不均匀沉降而产生裂缝。

一、坝体与坝基及岸坡的连接

坝体与土质地基及岸坡的连接必须做到以下几点：

（1）在坝断面范围内必须清除地基、岸坡上的草皮、树根、含有植物的表土、蛮石、垃圾及其他废料，并将清理后的地基表面土层压实。

（2）坝体断面范围内的低强度、高压缩性软土及地震时易液化的土层应清除或予以处理。

（3）土质防渗体应坐落在相对不透水土基上，或经过防渗处理的坝基上。

（4）坝基覆盖层与下游坝壳粗粒料（如堆石等）接触处，应符合反滤要求。心墙和斜墙在与两端岸坡连接处应扩大其断面，以加强连接处防渗的可靠性，扩大断面与正常断面之间应以渐变的形式过渡，并且岸坡应大致平顺，不应成台阶状、反坡或突然变坡，岸坡上缓下陡时，变坡角应小于 20°，岸坡不宜陡于 1∶1.5。

坝体与土质地基及岸坡的连接如图 4-5 所示。

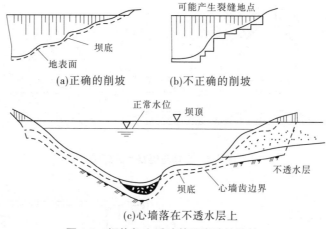

图 4-5 坝体与土质地基及岸坡的连接

二、坝体与混凝土建筑物的连接

(1)坝断面范围内的岩石坝基与岸坡,应清除表面松动石块、凹处积土和突出的岩石。

(2)土质防渗体和反滤层宜与坚硬、不冲蚀和可灌浆的岩石连接,若风化层较深,则高坝宜开挖到弱风化层上部,中、低坝可开挖到强风化层下部,在开挖的基础上对基岩再进行灌浆等处理。在开挖完毕后,宜用水枪冲洗干净,对断层、张开节理裂隙应逐条开挖清理,并用混凝土或砂浆封堵,坝基岩面上宜设混凝土盖板、喷混凝土或喷水泥砂浆。

(3)对失水时很快风化变质的软岩石(如页岩、泥岩等),开挖时应预留保护层,待开始回填时,随挖除随回填,或在开挖后用喷砂浆或混凝土保护。

(4)土质防渗体与岩石或混凝土建筑物相接处,如防渗土料为细粒黏性土,则在邻近接触面 0.5~1.0 m 范围内,应控制在高于最优含水量不大于 3% 的情况下填筑,在填土前用黏土浆抹面。如防渗土料为砾石土,邻近接触面应采用纯黏性土或砾石含量少的黏性土,在略高于最优含水量下填筑,使其结合良好并适应不均匀沉陷。

岩石岸坡一般不陡于 1:0.5,陡于此坡度应有专门论证,并采取必要措施,如做好结合面处的湿黏土回填,加强结合面下游的反滤层等。岩石岸坡的其他要求与土质岸坡相同。

在高坝防渗体底部混凝土盖板以下的基岩中,宜进行浅层铺盖式灌浆,以改善接触条件,在与防渗体接触的覆盖层中,也宜进行浅层铺盖式灌浆。

三、坝体与混凝土建筑物的连接

土坝与混凝土建筑物连接可采用侧墙式(重力墩式或翼墙式)、插入式或经过论证的其他形式。侧墙式连接如图 4-6 所示,土坝防渗体与侧墙结合面的坡度,当连接段坝高大于 20 m 时,不陡于 1:0.5~1:0.7;低于 20 m 时,不陡于 1:0.25~1:0.5。土坝连接段的防渗体宜适当加大断面,必要时可加设一至数道刺墙插入坝体,以防在集中结合面产生集中渗流。采用插入式连接时,如图 4-7 所示,为土坝与混凝土溢流坝的连接,应修建一定长度的非溢流坝插入土坝内,此时土坝上游护坡应考虑泄流影响,靠近连接的土坝下游应采用块石护坡,以防泄流淘刷。

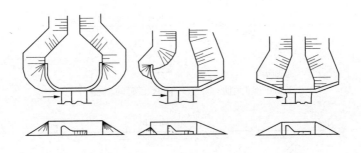

图 4-6　土坝与混凝土的连接

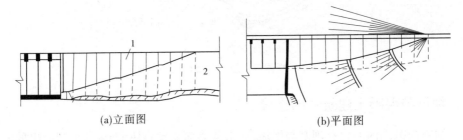

(a)立面图　　　　　　　　　　　　(b)平面图

1—刺墙;2—土坝

图 4-7　土坝与溢流坝的连接

第四节　土石坝的坝型选择

坝型选择是土石坝设计中需要首先解决的一个重要问题,因为它关系到整个枢纽的工程量、投资和工期。坝高、筑坝材料、地形、地质、气候、施工和运行条件等都是影响坝型选择的重要因素。

均质坝、土质防渗体的心墙和斜墙坝,可以适应任意的地形、地质条件,对筑坝土料的要求也逐渐放宽。这种类型的坝可以采用先进的施工机械建造,在条件不具备时,也可以采用比较简单的施工机械建筑,因此在我国大量中小型工程中是比较常用的坝型。

一、均质土坝

坝体绝大部分采用同一种筑坝材料筑成的土坝。通常用弱透水土料,如黏土、壤土和砾石土等修筑均质土坝;当受到料源限制时,偶尔也采用砂壤土和砂等透水性大的材料修筑,但仅适用于对渗漏量基本可以不控制的滞洪水库,而且上下游坝坡比较缓,以满足坝坡稳定要求。均质土坝适用于当地只有一种筑坝材料的情况。其优点是坝体材料单一,施工工序简单,干扰少;坝体防渗部分厚大,渗透比降比较小,有利于渗流稳定和减少通过坝体的渗流量,此外,坝体和坝基、岸坡及混凝土建筑物的接触渗径比较长,可简化防渗处理。均质土坝的缺点是由于土料抗剪强度比用在其他坝型坝壳的石料、砂砾和砂等材料的抗剪强度小,故其上下游坝坡比其他坝型缓,填筑工程量比较大。坝体施工受严寒及降雨影响,有效工日会减少,工期延长,故在寒冷及多雨地区的使用受到限制。由于这种坝型全断面基本上都用弱透水材料筑成,排水性能差,施工期因填土自重而产生的孔隙水压不易消散,对坝坡稳定不利。

位于相对不透水基上的均质土坝,如不设置坝内排水,坝体浸润线会上抬很高,需要较缓的下游坝坡才能保证边坡稳定,而且对渗水出逸的下游坡面还必须用透水料保护。此外,当库水位降落时,在上游坝坡范围内浸润线以下的坝体饱和水排向库内,渗水方向对上游坡稳定不利,需要比较缓的上游坡,以维持边坡稳定。因此,不透水基上均质土坝常需设置坝体内排水。

均质土坝主要用于中低坝,高坝用得不多。

二、土质心墙坝

土质防渗体位于坝体中间,上下游坝壳基本由一种透水料填成(见图4-8)。如心墙略偏向上游,称为土质斜心墙坝(见图4-9)。这种坝型适用于当地有防渗土料,又有足够数量的单一透水料,而且透水料场沿上下游分布,其蕴藏量大抵相当,便于分别从上下游上料,填筑透水料坝壳,使施工方便。

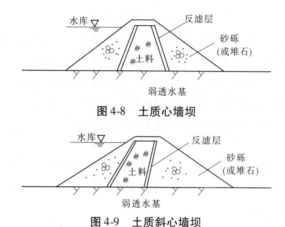

图 4-8　土质心墙坝

图 4-9　土质斜心墙坝

土质心墙坝的优点是:

(1)心墙位于坝体中间而不倚靠在透水坝壳上,其自重通过本身传到基础,不受坝壳沉降影响,依靠心墙填土自重,使得沿心墙与地基接触面产生较大的接触应力,有利于心墙与地基结合,提高沿接触面的渗透稳定性;

(2)当库水位下降时,上游透水坝壳中的水分迅速排泄,有利于上游坝坡稳定,使上游坝坡比均质土坝或斜墙坝陡;

(3)下游坝壳浸润线也比较低,下游坡也可设计得比较陡;

(4)在防渗效果相同的情况下,土料用量比斜墙坝少,施工受气候影响相对小些;

(5)位于坝轴线上的心墙与岸坡及混凝土建筑物连接比较方便。

土质心墙坝的缺点是:

(1)心墙土料与坝壳透水料平齐,在气候对土料施工不利的情况下不能像斜墙坝那样先填坝壳争取工期;

(2)心墙位于坝体中间检修不便;

(3)在多泥沙河道上,土质心墙不能直接与水库淤土连接,无法利用水库淤土,作为透水坝基的防渗铺盖。虽然也可以在上游坝壳底部设土质铺盖,以解决土质心墙与水库淤土的连接问题,但土质铺盖抗剪强度比坝壳透水料低,成为上游坝壳抗滑的软弱部位,使上游坝坡需设计得缓些。

三、土质斜墙坝

土质斜墙坝防渗体靠上游,下游透水坝壳基本由一种透水材料筑成,见图4-10。它适用于当地有丰富的土料和透水料,尤其是当不透水料场主要位于上游时,采用这种坝型便于土料上坝,施工方便。

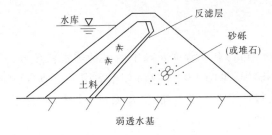

图4-10　土质斜墙坝

在雨季或者冬季填筑土料有困难时采用土质斜墙坝,可以先填下游坝壳透水料,争取工期;土质斜墙容易检修;基础处理干扰比较小;下游坝壳浸润线比较低,对下游坡稳定有利;在多泥沙河道上斜墙便于与水库淤土连接,形成天然铺盖,用于坝基防渗。

这种坝型的缺点是:土质斜墙靠在透水坝壳上,如坝壳沉降较多,将使斜墙开裂;与岸坡及混凝土建筑物连接不如心墙坝方便,斜墙与地基接触应力比心墙小,同地基结合不如心墙坝。

坝型的选择主要应根据坝址区地形地质条件、筑坝材料情况,如质量、蕴藏量、开采条件、上坝路线、运距,以及气候、坝高和利用基坑开挖料的可能性等进行综合考虑,因地制宜,通过技术经济比较,择优选定。

第五节　土石坝坝体排水与护坡

坝体设置排水设施是为了降低坝体浸润线,减小坝体孔隙水压力,增加坝坡稳定;控制渗流,防止渗透破坏;保护坝坡土,防止冻胀破坏。坝体排水应满足以下要求:有足够排水能力,以保证自由向下游排出全部渗水,按反滤原则设计,保证渗透稳定。

坝体排水形式一般有棱体排水、贴坡排水。坝体排水形式的确定取决于坝型、坝体及坝基材料性质、坝基工程地质及水文地质条件、下游尾水位、施工情况及排水设备材料、坝址区气象条件等,通过技术经济比较选定。

一、棱体排水

棱体排水(图4-11)适用于下游有水的各种坝型及坝基。顶部高出尾水位,至少超过波浪在坡面的爬高,同时对1、2级坝不小于1.0 m,对于3~5级坝不小于0.5 m。顶部高程还应保证浸润线距坝面至少超过当地冻结深度。顶宽由施

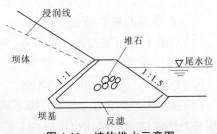

图4-11　棱体排水示意图

工及观测要求定,并不小于 1 m。其内坡 1∶1,外坡 1∶1.5 或更缓。

棱体排水能降低坝体浸润线,防止尾水风浪冲刷,增加下游坡稳定,但需较多石方,造价较高,棱体排水施工与坝体填筑有干扰。

二、贴坡排水

贴坡排水由下游坝脚起沿下游坝坡铺筑(见图 4-12)。贴坡排水由块石(厚度不小于0.4 m)及反滤层(每层厚不小于0.2 m)所组成。其块石用量比棱体排水少,可先填坝体,后筑贴坡排水,施工干扰少。但不能降低坝体浸润线,对下游坝坡稳定不能提供明显帮助。贴坡排水的主要作用是保护浸润线以下坝体材料不被渗水带出沿坡面流失,防止浸润线以下坝体在靠近坝面处冻结,影响排水。如有尾水位,贴坡排水还可防止风浪冲刷坝坡。

贴坡排水适用于坝体浸润线不高、当地缺石料的情况。下游坝壳无论是土料或砂砾料,坝基无论是透水或不透水都可用贴坡排水,其顶部应高于浸润线逸出点,使浸润线在当地冻结深度以下,且不小于下值:1、2 级坝 2 m,3 ~ 5级坝 1.5 m。贴坡排水底部应设排水沟或排水体,其深度应使下游水面结冻后,仍能保持足够排水断面。如下游有水,贴坡排水的设置应满足防浪护坡要求。

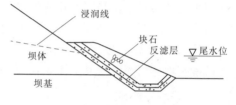

图 4-12　贴坡排水示意图

第六节　土石坝的渗流计算

一、渗流分析的目的

(1)确定坝体浸润线和下游逸出点的位置,绘制坝体及坝基内的等势线分布图或流网图,同时为坝体稳定及水上、水下土料分区设置提供依据。

(2)确定坝体与坝基的渗流量,以便估计水库渗漏损失和确定坝体排水设施。

(3)确定坝坡出逸段和下游地基表面的出逸坡降,以及不同土层之间的渗透坡降,以判断该处的渗透稳定性。

(4)确定库水位降落时上游坝坡的浸润线的位置和孔隙水压力,供上游坝坡稳定分析之用。

(5)确定坝肩的等势线、渗流量和渗透比降。

二、渗流分析的方法

分析土石坝渗流通常是把一个实际比较复杂的空间问题近似转化为平面问题。当作为平面问题进行渗流计算时,沿坝轴线在地质、地形变化显著处,将土石坝分成若干段。分别选取代表断面进行计算分析。土石坝渗流计算方法主要有解析法、手绘流网法、试验法和数值法。

解析法分为流体力学法和水力学法。前者理论严谨,只能解决某些边界条件较为简单的情况;水力学法计算简易,精度可满足工程要求,并在工程实践中得到了广泛验证。

手绘流网法是一种图解流网,绘制方便,当坝体和坝基中的渗流场不十分复杂时,其精度能满足工程要求,但在渗流场内具有不同土质,且其渗透系数差别较大的情况下较难应用。

遇到复杂地基或多种土质坝,可用电模拟试验法,它能解决三维问题,但需一定设备。近年来,由于计算机和有限元等数值分析法的发展,数值法在土石坝渗流分析中得到了广泛的应用,对1、2级坝及高坝,规范提出用数值法求解。

三、渗流分析的计算情况

《碾压式土石坝设计规范》(SL 274—2001)规定,需计算下列水位组合的情况:

(1)上游正常蓄水位与下游相应的最低水位;

(2)上游设计洪水位与下游相应的水位;

(3)上游校核洪水位与下游相应的水位;

(4)库水位降落时上游坝坡稳定最不利情况。

土石坝渗流计算包括以下内容:

(1)确定坝体浸润线及其下游逸出点的位置,绘制坝体及坝基内的等势线分布图或流网图。

(2)确定坝体与坝基的渗流量。

(3)确定坝坡逸出段与下游坝基表面的出逸坡降,以及不同土层之间的渗透坡降。

(4)确定库水位降落时上游坝坡内的浸润线位置或孔隙压力。

(5)确定坝肩的等势线、渗流量和渗透坡降。

四、渗流分析的水力学法

用水力学法进行土石坝渗流计算时,作了三个假定:

(1)坝体土是均质的,坝内各点在各个方向的渗透系数相同。

(2)渗流是层流,符合达西定律。

(3)渗流是渐变流,过水断面上各点的坡降和流速是相等的。

(一)渗流基本公式

如图4-13所示,不透水地基矩形土体内的渗流满足上述三个假定,建立坐标轴 xoy。应用达西定律,渗流流速 $v = KJ$(K 为土体渗透系数,J 为渗透坡降)。

$$v = - K\frac{\mathrm{d}y}{\mathrm{d}x} \qquad (4\text{-}4)$$

单宽流量:
$$q = vy = - Ky\frac{\mathrm{d}y}{\mathrm{d}x} \qquad (4\text{-}5)$$

式(4-5)变为

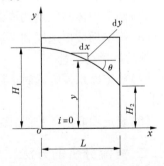

图 4-13 矩形土体渗流计算

$$y\mathrm{d}y = - \frac{q}{K}\mathrm{d}x \qquad (4\text{-}6)$$

等式两端积分,x 由 0 至 L,y 由 H_1 至 H_2,则渗流量方程为

$$q = \frac{K}{2L}(H_1^2 - H_2^2) \qquad (4\text{-}7)$$

将式(4-7)积分限改为 x 由 0 至 x,y 由 H_1 至 y,则得浸润线方程:

$$y = \sqrt{H_1^2 - \frac{2q}{K}x}\tag{4-8}$$

由式(4-8)可知,浸润线是一个二次抛物线。式(4-7)和式(4-8)为渗流基本公式,当渗流量 q 已知时,即可绘制浸润线,若边界条件已知,即可计算单宽渗流量。

(二)不透水地基上渗流计算

对于均质坝来说,下游有水而无排水设备时,将土坝剖面分为上游楔形体、中间段和下游楔形体三部分,如图 4-14 所示。

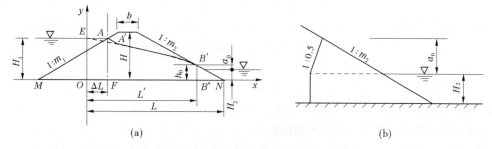

图 4-14　下游有水而无排水设备的渗流计算

为了满足水力学法的三个假定,将上游楔形体 AMF 用高度为 H_1(上游水深)、宽度为 $\Delta L - \dfrac{m_1 H_1}{2m_1 + 1}$ 的等效矩形(两者渗流量相等,水头损失相等)代替。m_1 为上游坝面的边坡系数,如为变坡则取平均值。

这样土石坝的渗流可分两段进行,即坝身段 $(AMB''B')$ 及下游楔形体 $(B'B''N)$,见图 4-14。

按式(4-7)得通过坝身段的渗流量为

$$q = K \frac{H_1^2 - (H_2 + a_0)^2}{2L}\tag{4-9}$$

式中　a_0——浸润线出逸点在下游水面以上的高度;

　　　K——坝身土料渗透系数;

　　　H_1——上游水深;

　　　H_2——下游水深;

　　　L——见图 4-14(a)。

通过下游楔形体的渗流量,可分下游水位以及以下两部分计算,见图 4-14(b)。

试验研究认为,下游水位以上的坝身段与楔形体段以 1:0.5 的等势线为分接口,下游水位以下部分以铅直面为分接口,与实际的情况更接近,则通过下游楔形体上部的渗流量 q_2' 为

$$q_2' = K \frac{a_0}{m_2 + 0.5}\tag{4-10}$$

通过下游楔形体下部的渗流量 q_2'' 为

$$q_2'' = K \frac{a_0}{(m_2 + 0.5)a_0 + \dfrac{m_2 H_2}{1 + 2m_2}}\tag{4-11}$$

通过下游楔形体的总渗流量 q_2 为

$$q_2 = q_2' + q_2'' \tag{4-12}$$

经整理得：

$$q_2 = K \frac{a_0}{m_2 + 0.5} \left(1 + \frac{H_2}{a_0 + a_m H_2} \right) \tag{4-13}$$

其中

$$a_m = \frac{m_2}{2(m_2 + 0.5)} \tag{4-14}$$

根据水流连续条件：

$$q_1 = q_2 + q_2'' = q \tag{4-15}$$

用试算法或图解法联立式(4-9)和式(4-13)就可求出渗流量 q 和逸出点高度 a_0。

浸润线由式(4-8)确定。上游坝面附近的浸润线需作适当修正：自 A 点作与坝坡 AM 正交的平滑曲线，曲线下端与计算求得的浸润线相切于 A' 点。

当下游无水时，式(4-9)～式(4-15)中的 $H_2 = 0$；当下游有贴坡排水时，因贴坡式排水基本上不影响坝体浸润线的位置，所以计算方法与下游不设排水时相同。

(三)有限透水地基上土石坝的渗流计算

对坝体和地基渗透系数相近的均质土坝，可先假定地基不透水，按上述方法确定坝体的渗流量 q_1 和浸润线；坝体浸润线可不考虑坝基渗透的影响，仍用地基不透水情况下算出的结果，然后假定坝体不透水，计算坝基的渗流量 q_2；最后将 q_1 和 q_2 相加，即可近似地得到坝体坝基的渗流量。当坝体的渗透系数是坝基渗透系数的 1% 时，认为坝体是不透水的。反之，当坝基的渗透系数是坝体渗透系数的 1% 时，认为坝基是不透水地基。

考虑坝基透水的影响，上游面的等效矩形宽度应按下式计算：

$$\Delta L = \frac{\beta_1 \beta_2 + \beta_3 \dfrac{K_1}{K}}{\beta_1 + \dfrac{K_1}{K}} \tag{4-16}$$

$$\beta_1 = \frac{2m_1 H_1}{T} + \frac{0.44}{m_1} + 0.12$$

$$\beta_2 = \frac{m_1 H_1}{1 - 2m_1}$$

$$\beta_3 = m_1 H_1 + 0.44T$$

式中　T——透水地基厚度；

　　　K_1——透水地基的渗透系数。

五、流网法

手绘流网并辅以简单的计算，除可以得到土石坝在稳定渗流情况下的浸润线、渗透流量、渗流出逸坡降等资料供渗流分析外，还可以求得坝体内的孔隙水压力。

(一)流网的特性

流网是指由流线与等势线组成的网状图形，如图 4-15 所示。流线为水质点在稳定渗流的层流中的运动轨迹；等势线(等水位线)是指各条流线上测压管水头相同点的连接线。流网的特性有：

（1）流线和等势线均为圆滑的曲线。

（2）流线和等势线互相正交，即在相交点，两曲线的切线互相垂直。假设等势线上某一点的速度方向不垂直于等势线，则该点速度必有平行于等势线的分速，但等势线各点水头相等，不会产生沿等势线的运动，故无平行于等势线的分速，所以流线与等势线必然互相正交。

为了便于流网的绘制、检查和应用，一般把流网的网格画成曲边正方形，以及其网格的中线互相正交且长度相等。这样可使流网中各流带的流量相等，各相邻等势线间的水头差相等。

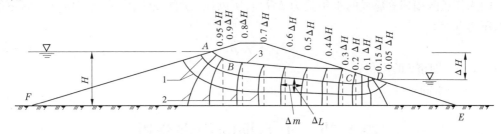

1—流线；2—等势线；3—浸润线

图 4-15 流网绘制

（二）流网的绘制

以不透水地基上均质坝为例说明手绘流网的方法，如图 4-15 所示。

（1）确定坝体渗流边界。上、下游水下边坡线 AF 和 DE 均为等势线，初拟的浸润线 AC 及坝体与不透水地基接触线 FE 均为流线。下游坡出逸段既不是等势线，也不是流线，所以流线与等势线均不与它垂直正交，但其上各点反映了该处逸出渗流的水面高度。

（2）将上、下游水头差 ΔH 分成几等份，然后过等分点引水平线与浸润线相交，从交点处画等势线。

（3）将中间部分的等势槽分成数个正方形，据此画出其他流线，按照等势线与流线成正交的原则绘制等势线，形成初步的流网。

（4）不断修改流线与等势线，必要时可插补流线和等势线，直至使它们构成的网格符合要求，通常使之成为曲边正方形。

（三）流网的应用

流网绘制后，就可以根据流网求得渗透范围内各点的水力要素。

对于任一网格（见图 4-15），两等势线相距为 Δm，两流线间相距为 ΔL，水头差为 $\Delta H/n$，则该网格的平均渗透坡降为

$$J_i = \frac{\Delta H/n}{\Delta m} = \frac{\Delta H}{n\Delta m_i} \tag{4-17}$$

通过该网格两流线间（流管）的平均渗流速度为

$$v_i = KJ_i = K\frac{\Delta H}{n\Delta m_i} \tag{4-18}$$

网格 i 所在流管中的渗流量为

$$q_i = v_i\Delta L - K\frac{\Delta H}{n\Delta m_i}\Delta L \tag{4-19}$$

由于 K、ΔH 在同一流网中为常数，即网格小的地方坡降和流速大，反之则小。因此，从

流网中可以很清楚地看到流速的分布情况和水力坡降的变化。如果绘制的网格是曲边正方形,则:

$$q_i = K\frac{\Delta H}{n} \qquad (4\text{-}20)$$

如整个流网分成 m 个流管,则单宽总渗流量为

$$q = \sum_{i=1}^{n} \sum q \qquad (4\text{-}21)$$

因为任意两相邻等势线的水头差为 $\Delta H/n$,所以任一网格范围内的土体所承受的渗透动水压力 W_i 为

$$W_i = \gamma J_i A_i \qquad (4\text{-}22)$$

式中　A_i——网格 i 的面积;
　　　γ——水的重度。

第七节　土石坝的稳定分析

一、概述

稳定分析是确定坝的设计剖面经济安全的主要依据。土坝的体积和重量都比较大,一般不会在水平水压力的作用下发生整体滑动。其失稳形式主要是坝坡或坝坡与地基一起滑动。土石坝稳定分析的目的是保证土石坝在自重、孔隙压力和外界荷载作用下,坝坡安全经济。

坝坡稳定计算时,应先确定滑动面的形状。土石坝滑坡的形式与坝体结构、土料和地基的性质以及坝的工作条件等密切相关。图 4-16 所示为可能滑动的各种形式,大体可归纳为如下几种:

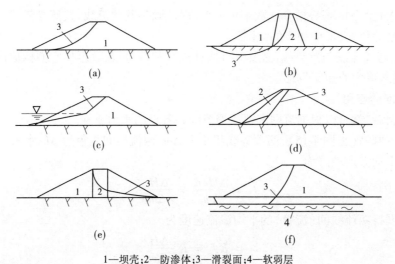

1—坝壳;2—防渗体;3—滑裂面;4—软弱层
图 4-16　坝坡滑裂面形状

(1)圆弧滑裂面。当滑裂面通过黏性土的部位时,其形状常是上陡下缓的曲面,由于曲线近似圆弧,因而在实际计算中常用圆弧代替,如图 4-16(a)、(b)所示。

（2）直线或折线滑裂面。当滑裂面通过无黏性土时，滑裂面的形状可能是直线或折线形。当坝坡干燥或全部浸入水中时呈直线形；当坝坡部分浸入水中时呈折线形（见图4-16（c））。当斜墙坝的上游坡失稳时，通常是沿着斜墙与坝体交界面滑动，如图4-16（d）所示。

（3）复合滑裂面。当滑裂面通过性质不同的几种土料时，可能是由直线和曲线组成的复合形状的滑裂面，如图4-16（e）、（f）所示。

二、计算工况与安全系数

土石坝的稳定分析需要考虑以下具有代表性的几种工况：

（1）施工期。校核竣工剖面以及边施工、边蓄水过程的临时蓄水剖面上、下游坝坡的稳定，这种工况，黏性土坝坡和防渗体在填筑过程中产生的孔隙水压力一般来不及消散，将对坝坡稳定产生不利的影响。

（2）稳定渗流期。校核两种工况下的上、下游坝坡稳定：①上游为正常蓄水位或设计洪水位至死水位之间的某一水位，下游为相应水位，属正常运用条件；②上游为校核洪水位，下游为相应水位，属非常运用条件Ⅰ。

（3）水库水位降落期。校核两种工况下的上游坝坡稳定：①水库水位处于正常蓄水位或设计洪水位与死水位之间的某一水位发生降落，或是抽水蓄能电站水库水位的经常性变化和降落，属正常运用条件；②水库水位自校核洪水位降落至死水位以下或是水库以大流量快速泄空等，属非常运用条件Ⅰ，这种情况需要考虑不稳定渗流所形成的孔隙水压力的影响。

（4）地震作用时。与正常运用条件的作用相组合验算上、下游坝坡的稳定，属非常运用条件Ⅱ。

按《碾压式土石坝设计规范》（SL 274—2001）规定，坝坡抗滑稳定的最小安全系数根据坝的级别，参照表4-3加以选取。

表4-3　坝坡抗滑稳定的安全系数

坝的级别	1	2	3	4.5
正常运用条件	1.50	1.35	1.30	1.25
非常运用条件Ⅰ	1.30	1.25	1.20	1.15
非常运用条件Ⅱ	1.20	1.15	1.15	1.10

三、抗剪强度

（一）黏性土

坝体填土抗剪强度 τ 由黏聚力 C 及垂直于滑动面的法向应力 φ'、C' 所产生的摩阻力 $\sigma\tan\varphi$ 所组成，φ 为内摩擦角，以库仑公式表示：

$$\tau = C + \tan\varphi \tag{4-23}$$

随着对法向应力的不同考虑，抗剪强度分为有效应力法及总应力法。有效应力法在计算中要考虑孔隙压力，法向应力是指将总应力扣掉孔隙压力后的有效应力，抗剪强度指标采用排水剪。总应力法的法向应力以总应力表示，不扣除孔隙压力，不计算孔隙压力，而将孔隙压力对抗滑稳定的影响在采用不排水剪抗剪强度指标中给予反映。应指出用有效应力法及总应力法来求，抗剪强度上主要针对黏性土。两种方法的表示形式如下：

有效应力法： $\tau = C' + (\sigma' - u)\tan\varphi' = C' + \sigma'\tan\varphi'$ (4-24)

总应力法： $\tau = C_0 + \sigma\tan\varphi_0$ (4-25)

式中　τ——土体抗剪强度；

φ'、C'——三轴排水剪强度指标；

φ_0、C_0——三轴不排水剪强度指标；

σ'——法向有效应力；

σ——总应力；

u——孔隙压力。

有效应力法适用于土石坝的各个时期，即施工期、稳定渗流期及水库水位降落期。其强度指标测定和取值比较稳定可靠，各期孔隙压力可以计算或测定，故可作为基本方法。总应力法主要用于施工期。

（二）无黏性土

由于透水性大，迅速排水固结，不存在固结过程而产生孔隙压力，一般都采用有效应力法，抗剪强度采用排水剪强度指标中的 φ'（$C' = 0$）。

（三）抗剪强度指标的整理和使用

对于直剪试验结果，从不少于 11 根的抗剪强度包线中各查得相当于法向压力的 100 kPa、200 kPa、300 kPa、400 kPa 的抗剪强度 τ 共 4 组，取各组小值的平均值，它们与相应的法向压力组成强度包线，定出强度指标，作为设计采用值。对于三轴剪切试验成果，从不少于 11 组剪切试验成果中取得相当于均匀围压 σ_3 为 100 kPa、200 kPa、300 kPa、400 kPa 的破坏应力圆的直径和圆心位置各 4 组（即 11 个样中每个样都有 4 组），取直径的最小平均值和圆心的平均值，绘出 4 个相应的破坏应力圆，定出强度包线和强度指标，作为设计取值。对于高坝应相应地提高 σ_3 及轴向压力 σ_1。

四、稳定分析方法

现行的边坡稳定分析方法基本上都属于刚体极限平衡法。首先判断破坏面的形式，然后选取可能的最危险的破坏面，求出最小安全系数，即为土石坝的安全系数。

（一）圆弧滑动面稳定计算

该计算的基本原理：假定滑动面为圆柱面，将滑动面内土体看作刚体脱离体，土体绕滑动面的圆心转动即为边坡失稳。分析时在坝轴线方向取单位坝长 1 m 按平面问题研究。工程实践中常采用条分法，即将脱离体按一定的宽度分成若干铅直土条，分别计算各土条对圆心的抗滑力矩 M_r 和滑动力矩 M_s，再求和，最后即得该滑动面的安全系数 $K = \sum M_r / \sum M_s$。

目前，最常见的有瑞典圆弧法和简化的毕肖普法。瑞典圆弧法计算简单，但理论上有缺陷，且当孔隙压力较大和地基软弱时误差较大。简化的毕肖普法计算比瑞典圆弧法复杂，但由于计算机的广泛应用，目前应用较多。

1. 不计条块间作用力的瑞典圆弧法

以渗流稳定期下游坝坡有效应力法为例说明如下：

（1）将土条编号。土条宽度常取半径 R 的 1/10，即 $b = 0.1R$。各块土条编号的顺序为：首先以过圆心垂线为零号土条的中心线，向上游（对下游坝坡）各土条的顺序为 1、2、3…往下游的顺序为 -1、-2、-3…如图 4-17 所示。

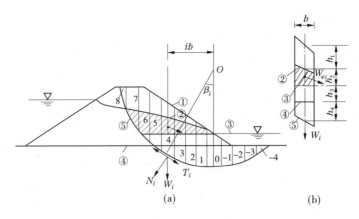

①—坝坡线；②—浸润线；③—下游水面；④—地基面；⑤—滑裂面

图 4-17 圆弧滑动计算简图

（2）土条的重量 W_i。计算抗滑力时，浸润线以上部分用实际重，浸润线以下部分用浮重；计算滑动力时，下游水面以上部分用实际重，下游水面以下用浮重。

$$K = \frac{\sum \{ [(W_i \pm V)\cos\beta_i - ub\sec\beta_i - Q\sin\beta_i]\tan\varphi'_i + C'_i b\sec\beta_i \}}{\sum [(W_i \pm V)\sin\beta_i + M_c/R]} \quad (4\text{-}26)$$

式中 W_i——土条重量；

Q、V——水平和垂直地震惯性力（向上为负，向下为正）；

u——作用于土条地面的孔隙压力；

β_i——条块重力线与通过此条块底面重点的半径之间的夹角；

b——土条宽度；

C'_i、φ'_i——土条底面的有效应力抗剪强度指标；

M_c——水平地震惯性力对圆心的力矩；

R——圆弧半径。

用总应力法分析坝体稳定时，略去公式含孔隙压力 u 的项，并将 C'_i、φ'_i 换成总应力强度指标。

2. 简化的毕肖普法

瑞典圆弧法不满足每一土条力的平衡条件，一般计算出的安全系数偏低。简化的毕肖普法在这方面作了改进，近似考虑了土条间相互作用力的影响，其计算简图如图 4-18 所示。图中 E_i 和 X_i 分别表示土条间的法向力和切向力；W_i 为土条自重，在浸润线上、下分别按湿重度和饱和重度计算；Q_i 为水平力，如地震力等；N_i 和 T_i 分别为土条底部的总法向力和总切向力，其余符号意义如图 4-18 所示。

为使问题可解，毕肖普假设 $X_i = X_{i+1}$，即略去土条间的切向力，使计算工作量大为减少，而成果与精确法计算的仍很接近，故称简化的毕肖普法。安全系数计算公式为

$$K = \frac{\sum \{ [(W_i \pm V)\sec\beta_i - ub\sec\beta_i]\tan\varphi'_i + C'_i b\sec\beta_i \} [1/(1 + \tan\beta_i\tan\varphi'_i/K)]}{\sum [(W_i \pm V)\sin\beta_i + M_c/R]}$$

$$(4\text{-}27)$$

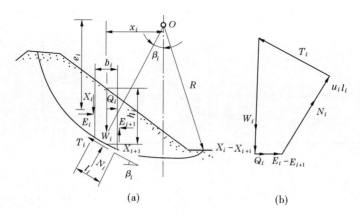

图 4-18　简化的毕肖普法

3. 最危险圆弧的确定

任意选定的滑动圆弧,所求得的安全系数一般不是最小的。为了求得最小的安全系数,需要经过多次试算。如何能用最少的试算次数寻找到最小的安全系数,过去不少学者进行过这方向的研究。下面介绍两种常用的方法。

1) B. B. 方捷耶夫法

B. B. 方捷耶夫法认为最小安全系数的滑动圆弧的圆心在扇形 $bcdf$ 范围内,如图 4-19 所示。此扇形面积的两个边界为由坝坡中心点 a 引出的两条直线,一条为铅直线,另一条与坝坡线成 $85°$ 角;另外两个边界为以 a 点为圆心所作的两个圆弧。

2) 费兰纽斯法

费兰纽斯法认为最小安全系数的滑动圆弧的圆心在直线 M_1M_2 的延长线附近,如图 4-19 所示,H 为坝高,定出距坝顶 $2H$,距坝趾 $4.5H$ 的点 M_1;再由坝趾 B 和坝顶 A 引出 BM_2 和 AM_2,它们分别与下游坝坡及坝顶的夹角为 β_1 和 β_2,由此定出交点 M_2,并连接出直线 M_1M_2。以上两种方法适用于均质坝,其他坝型也可参考。实际运用时,常将两者结合应用。

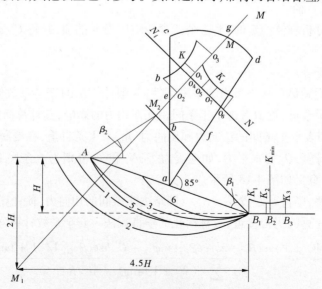

图 4-19　最危险圆弧

第五章　塘坝与蓄水池工程设计

蓄水工程又称蓄水设施,是一种利用蓄水设施调节河川径流,再把水有序输送到用户的措施,包括塘坝工程、蓄水池工程、水窖工程等,主要作用是存储雨水。它和集流面间有引水管(渠)、沉沙池、拦污栅和进水管(渠)等相关的配套设施。

不同地区选择蓄水工程的形式存在很大差别,如低洼地形并且主要用以拦蓄沟汊或蓄存耕地、坡面和土路面等含沙量较大雨洪时,可选择塘坝工程;地质条件较差的(如含沙或裂缝较多的土质中),适宜修建蓄水池等。这表明,一个地区蓄水工程形式的选择应先综合考虑如地形、土质、材料、用途、社会经济以及当地群众经验和习惯等诸多因素,再经技术、经济比较,最终选择合适的形式。本章重点学习烟水配套工程中常用的两种形式,即塘坝工程和蓄水池工程。

第一节　塘坝工程设计

一、塘坝的分类

塘坝工程是按一定设计标准,利用有利地形条件、汇水区域,通过挡水坝将自然降水产生的径流留存起来的集水工程。

一般是指拦截和贮存当地地表径流的蓄水量小于 10 万 m^3 的蓄水设施,是在山区或丘陵区修筑的一种小型蓄水工程,用来蓄积附近的雨水、泉水等以灌溉农田,常利用天然低洼地进行建造。根据蓄水容量的大小,可将其分为小塘和大塘两类。其中,小塘是指蓄水容量小于 1 万 m^3 的塘坝;大塘则为蓄水容量在 1 万 ~ 10 万 m^3 的塘坝。

二、塘坝的特点

(1)拦蓄当地径流,缩短输水距离,减少退水流量、灌溉时间,降低水量损失,提高灌水效率。

(2)缓解支渠输水压力。

(3)巩固和扩大有效灌溉面积,提高灌溉保证率。

(4)灌区外引水工程规模可缩减,能降低工程量及工程投资。

(5)可拦蓄部分灌区废弃水、灌溉回归水,增加灌区供水量。尤其在旱情发生时,有助于上下游同时调水,避免抢水纠纷和减少管理单位难度及改善用水秩序。

(6)因塘坝蓄水较浅,水温相对较高,即使在气温较低时,引用塘坝内的水也有利于农作物生长。

(7)在雨季,可缓解洪水流量,削减洪峰高度,防止水土流失,减轻农田洪涝灾害损失。

三、塘坝的布置

(一)塘坝布置原则

塘坝的布置应根据研究区域的具体情况、主要功用等进行设定,具体如下:

(1)灌区下游、多级提水灌区,干旱缺水、缺少骨干工程和"水利死角"区域,应多建新塘、大塘。

(2)口小、肚大、底平、位置较高的山谷修建山塘。

(3)在冲的顶部修建冲顶塘。大冲可沿冲节节建塘,层层拦蓄,高塘高蓄高灌、低塘低灌低蓄。

(4)沿排水沟、撇洪沟沟尾和沟侧修建塘坝。

(5)沿灌渠渠尾和渠侧建反调节塘。

(6)利用荒地、废弃地、低洼沼泽地、低产地以及取土塘建塘。

(二)塘坝坝址的选择

塘坝坝址的选择关系到工程的造价及安全,选择过程中应注意库区条件、地质条件、水源条件等。

1.库区条件

一般地,选择两山一沟、肚大口小、坡度较缓的地形,即坝址处谷口要窄小,使坝较短;谷口以上应宽广、平坦,以便多蓄水。

2.地质条件

对选定的库区进行地质勘探,以便工程安全可靠,渗漏损失小,且能蓄水。因塘坝库容较小,尽量选择上游植被好、水土流失少的坝址。同时,为减少土方量,需选择基岩上覆盖层较薄的区域作为坝址。

3.水源条件

坝址应选在水源充足、集水面积大、来水量丰富且无严重污染源和淤积源的地方。同时,应考虑尽量靠近灌区,以此减少引水渠道的工程量、降低输水损失和节约投资成本。

4.其他条件

除前述所叙库区、地质和水源条件,在坝址选择时,还应考虑以下问题:便于施工、交通及管理;行政区划单一,归属权界定清楚;有人畜用水要求时,应尽量靠近村庄;或选择位置较高处,能自压给水等。

(三)塘坝布置的程序

基于上述原则和坝址的选择要求,实际应用过程中,可遵从以下基本程序:

(1)选定塘坝位置。重点注意库区条件、地质条件和水源条件。

(2)收集基础资料:即地质资料(含库区地质资料、坝址处地质资料),水文、气象资料,地形资料,天然建筑材料基本情况,当地社会经济情况(如农作物种植结构、产量、生产成本等),群众对项目的认知程度等。

(3)水文水利计算。

(4)确定溢洪道尺寸和防洪库容。

(5)进行土坝、溢洪道等工程结构的设计,即确定坝顶高程、坝体稳定计算、溢洪道结构计算及放水洞结构设计等。

(6)确定施工要求。

(7)工程概算。

四、塘坝坝体设计

塘坝坝体设计过程中,重点在塘埂形式和断面设计两方面。为设计出适合当地的塘埂形式和断面,必须因地制宜、综合分析,并考虑塘埂高度、筑埂材料、坝址地形、地基条件和当地水文气象、原材料、施工、交通等因素。

(一)塘埂形式

一般地,塘埂也称为土质塘埂,即以黏性土料(如黏土)为主要的筑埂材料。与土石坝类似,塘坝的塘埂有均匀土质类、黏土心墙类及黏土斜墙类等。

1.均匀土质塘埂

均匀土质塘埂是指用一种材料筑成的塘埂。

1)特点

(1)材料单一,工序和结构简单。

(2)便于机械、人工施工。

(3)质量标准易于控制。

(4)对地基要求相对较低。

(5)高度相对较低。

(6)易受严寒和降雨季节的影响等。

2)适用区域

(1)仅有一种筑坝材料的情况。

(2)严寒和降雨季节相对较短的地区。

(3)塘坝坝址附近有足够多好土的地区,即黏粒含量控制在 10% ~ 30% 的壤土。整个塘埂起到防渗作用。

2.黏土心墙塘埂

黏土心墙塘埂是指用填筑于塘埂中心且渗透系数较低的黏性土体作为防渗设备的围堤。与均匀土质塘埂相比,其下游浸润线较低,边坡可陡些,而上游边坡陡于斜墙塘埂,故工程量常较均匀土质塘埂、黏土斜墙塘埂少,所以高塘埂多趋向于采用心墙塘埂。

心墙塘埂的中央应采用含 20% ~ 40% 黏粒的壤土筑起一道心墙防渗。这里,心墙顶部厚度应大于 0.8 m,底部厚度应不小于 2.0 m,同时大于上游水深的 1/10 ~ 1/6。心墙两侧的土料应相对细密,较远处可相对粗疏,并可用较易透水的土料做背水坡。

3.黏土斜墙塘埂

黏土斜墙塘埂是指用斜筑于塘埂上游部位且渗透系数较低的黏性土体作为防渗设施的围堤。该类塘埂易检修补强,故多用于老塘加高培厚,作防渗处理。

当坝址附近有大量透水料、足够多黏性土料且坝基不均匀沉陷较小时,可选择黏土斜墙塘埂;当地基较差,需要处理且工期较短时,也宜采用。技术上要求,在塘埂的迎水坡面用弱透水性的壤土做一道防渗斜墙,斜墙厚度(垂直于埂坡)顶部不小于 0.5 m,底部应不小于 2.0 m,同时大于上游水深的 1/8 ~ 1/6。上铺保护层,斜墙下用透水性小、较细密的土,离斜墙越远土料颗粒可越大,并可用易透水的土料做背水坡。

(二)土质塘埂横断面

土质塘埂横断面随塘埂高度而变化,并受填土土质及密实度的影响。均匀土质塘埂的横断面技术参数可参考表 5-1。另两种塘埂在参考已有资料的基础上,视工程具体情况而定。

表 5-1　均匀土质塘埂的横断面技术参数变化区间

塘埂高度(m)	<3	3~5	6~10
塘埂顶宽(m)	1.5	2.0~2.5	2.5~3.0
迎水坡坡度	1:2.0~1:1.5	1:2.5~1:2.0	1:3.0~1:2.5
背水坡坡度	1:1.5	1:2.0~1:1.5	1:2.5~1:2.0

(三)放、泄水建筑物的设计

塘坝坝体设计中,放水建筑物和泄水建筑物通常分别采用混凝土管式的放水涵洞和溢洪道,具体如下。

1. 放水涵洞

涵洞是修建在路基、堤坝或塘堰当中,由洞身及洞口建筑组成的排水孔道,即公路或铁路与沟渠相交的地方使水从路下流过的通道。

1)组成

(1)洞身。

洞身是过水孔道的主体,在要求本身坚固且稳定的同时,必须有保证设计流量通过的必要孔径。通常由承重结构(如拱圈、盖板等)、涵台、基础以及防水层、伸缩缝等部分组成。其中钢筋混凝土箱涵及圆管涵为封闭结构,涵身断面由箱节或管节组成,为便于排水,涵身的最小坡度为 0.3%。其作用在于保证水流通过,直接承受荷载压力、填土压力并将其传递给地基。

(2)洞口建筑。

洞口是洞身、路基、河道的连接部位。洞口建筑由进水口、出水口和沟床加固(包括进出口调治构造物,减冲防冲设施等)构成。其作用在于可使涵洞与河道顺接,使水流进出顺畅;也能确保路基边坡稳定,使之免受水流冲刷。

2)作用

涵洞的作用与桥相同,但孔径较小,一般用来宣泄小量水流,做排洪、灌溉之用,少数用作交通,供行人、车辆通过。此外,涵洞还是一种洞穴式水利设施,以调节水量。

3)分类

涵洞可分为圆管涵、盖板涵、拱涵、箱涵等。

(1)圆管涵。直径一般为 0.5~1.5 m。特点在于受力情况和适应基础的性能较好,两端仅需设置端墙,不需设置墩台、施工数量少、造价低,但低路堤使用受到限制。

(2)盖板涵。在结构形式方面有利于在低路堤上使用,当填土较小时可做成明涵。

(3)拱涵。一般超载潜力较大,砌筑技术易于掌握,便于修建,是一种普遍采用的涵洞形式。

(4)箱涵。适用于软土地基,但因施工困难且造价较高,一般较少采用。

2. 溢洪道

1）基本概念

溢洪道是塘坝等水利建筑物的防洪设备。多筑在塘坝的一侧，当塘坝水位超过安全限度时，水就从溢洪道向下游流出，防止塘坝被毁坏。它主要由进水渠、控制段、泄槽和出水渠四部分组成。

2）布置

溢洪道应结合枢纽总体布置，综合考虑地形、地质、工程特点、枢纽布置、坝型、施工及运用条件、经济指标等因素，避免泄洪、灌溉等建筑物在布置上的相互干扰。同时，还应合理选择泄洪消能布置和形式，出口水流应与下游河道平顺连接，避免下泄水流对坝址下游河床和坡岸的严重淘刷、冲刷、河道淤积，以保证枢纽其他建筑物的正常运行。

五、塘坝供水量的估算

1. 塘坝供水量的估算方法

塘坝供水量的确定一般都是带有一定经验性质的经验公式，这些公式均是在调查研究的基础上展开，如复蓄次数法、抗旱天数法、塘堰径流法等。估算方法的确定视研究区域的具体情况选定。

1）复蓄次数法

复蓄次数是指在一年周期内，塘堰供水量与其有效容积的比值（即年供水量/塘堰有效库容），也称为年内堰塘能重复蓄满的次数，用 N 表示。根据不同年份塘坝有效容积的复蓄次数估算塘坝供水量，即

$$W = NV \tag{5-1}$$

式中　W——可用于灌溉的塘坝供水量，万 m^3；

　　　V——塘坝有效容积，万 m^3，一般通过调查确定。

不同地区、不同年份的多复蓄次数均不一致，可经调查获得。如某地区，一般平水年（$P = 50\%$），$N = 2.0$；中等干旱年（$P = 75\%$），$N = 1.5$；大旱年（$P = 90\%$），$N = 1.0$。

复蓄系数主要针对小型水库，在一些山区，水库一年内可多次蓄满再放空，所以就存在一个复蓄系数；而大中型水库，由于库容很大，基本上就不存在这种现象。

2）抗旱天数法

塘堰实际能达到的抗旱天数也能反映塘堰的供水能力大小。通过调查干旱年份塘堰抗旱天数和作物田间耗水强度，按下式推算塘堰供水能力 W（万 m^3）。

$$W = etA \tag{5-2}$$

式中　e——作物耗水强度，$m^3/(d \cdot 亩)$；

　　　t——抗旱天数，d；

　　　A——灌溉面积，万亩。

该方法易于计算且有一定的可靠性。若灌区较大，可先进行分区调查，再综合确定。

3）塘堰径流法

塘堰径流法是利用径流系数和降水资料估算塘坝供水量的，即：

$$W = 0.1\alpha_i P_i F \eta_i \tag{5-3}$$

式中　α_i——各时段径流系数，可根据径流站观测试验资料确定，若无实测资料可利用邻近

相似地区的观测资料;

P_i——各时段降水量,mm;

F——集水面积,km;

η_i——各时段塘堰蓄水利用系数,与塘坝蒸发、渗漏、弃水等有关,取值0.5~0.7。

该法可确定如天、旬、月、年等阶段的塘坝供水量,根据对应时段的分配过程,参照各地径流试验站或小水库相应年份的径流分配情况进行水量分配。

2. 塘坝有效容量的确定

有效容量也称调节容量,是指正常运行的最低水位以上到正常最高水位间的库容。根据有效容量,可进行径流调节,按照用水部门(如灌溉)的需要,并考虑防洪要求,将径流重新分配使用。

为充分利用当地水资源,所建塘坝应尽可能把当地多年平均的地表径流拦蓄起来。考虑到降雨、径流在一年中可能频繁发生,塘坝来水量会因此逐次累加,但农田灌溉却随生产季节的变化需不断放水使用,故单个塘坝的蓄水有一个不断消涨变化的过程,所以塘坝有效容量可小于多年平均来水量。它们之间的关系可表示如下:

$$V = W/N \tag{5-4}$$

式中　V——塘坝有效容量,万 m^3;

W——塘坝多年平均年来水量,万 m^3;

N——系数,一般取1.5~2.0,具体视实际情况确定。

与小型水库工程中兴利库容的确定类似,若塘坝多年平均来水量大于计算的灌溉总用水量,则可按计算的灌溉总用水量确定塘坝的有效库容,并取为灌溉总用水量的40%~50%。

3. 塘坝实际蓄水量的计算

确定塘坝的容量后,根据塘的地形,确定不同蓄水位时塘坝的淹没面积和蓄水量。具体计算方法如下:

(1)有地形图时,依据地形高程,先由低到高逐一量出不同高程的淹没面积,再计算出每年相邻高程之间的蓄水量,最后按设计蓄水位求出总蓄水量。

(2)无地形图时,可测量若干断面进行计算,或通过实际丈量确定。

4. 塘坝灌溉面积的计算

$$A = W/m \tag{5-5}$$

式中　A——塘坝灌溉面积,亩;

W——塘坝有效利用水量,m^3,可用复蓄次数法求得;

m——灌溉定额,m^3/亩,有资料地区,可查阅已有研究成果,无资料地区,可参考邻近地区已有资料。

六、塘坝施工

在充分掌握需建塘坝基本情况、工程量和施工工期的基础上,具体做如下工作:

(1)根据规程、规范,如《水利水电工程施工组织设计规范》(SL 303—2004)、《水利水电工程施工测量规范》(SL 52—93)、《水利水电建设工程验收规范》(SL 223—1999)、《土工试验规程》(SL 237—1999)、《土石坝施工技术规范》和《碾压式土石坝设计规范》(SL 274—

2001)等编制施工方案,确定施工程序、料场开采与规划,进行碾压试验和坝体填筑。

(2)基于施工布置原则,先确定施工布置总说明,再展开施工平面布置。

(3)布设施工进度计划。

(4)确定施工质量管理目标、质量管理机构、施工质量保证措施和环境保护等措施,展开质量、安全生产、文明施工等管理。

第二节　蓄水池设计

蓄水池是用人工材料修建、具有防渗作用的蓄水设施,也是小流域治理水系配套工程中的主要设施,属雨水集蓄利用工程的一种。其优势在于易于集蓄雨水、修建技术难度适中、可解决渗流和灌溉用水等问题。

这里,雨水集蓄利用工程是指在干旱半干旱和其他缺水地区,将规划区内及周围的降雨进行汇集、存储,以作为该区域水源加以有效利用的一种微型水利工程,适用于年有效降雨量大于 250 mm 的地区。

一、分类及特点

(一)基本分类

蓄水池有开敞式和封闭式两种,而且每种类型从形状上又可分为圆形和矩形,从材料上又可分为混凝土池、砖池、浆砌石池和灰土夯实池等。

(二)结构特点

1. 开敞式蓄水池特点

开敞式蓄水池不设顶盖,池体由池底和池墙两部分组成,因不受结构形式的限制,故容积相对较大,一般多在 100 m³ 以上,较适用于南方集雨灌溉蓄水较多的情况。因工程大部分在地面以上,故便于施工;因受季节影响大,也属季节性蓄水池,故不易在北方寒冷地区布设开敞式蓄水池;不具备防冻、防高温和防蒸发的作用。

圆形蓄水池结构受力条件相对较好。相同蓄水量时,所用建筑材料、投资相对较少;矩形蓄水池则相对较差,其拐角处属薄弱环节,需采取防范加固措施。另外,考虑到相同容积的矩形和圆形,圆形的单位容积结构表面积较矩形的小近 8%,故一般多采用开敞式圆形蓄水池。

2. 封闭式蓄水池特点

封闭式蓄水池是在池顶部增加封闭设施,为减少荷载、节约投资,池顶常采用薄壳混凝土拱板(封闭式圆形蓄水池)或肋拱板、混凝土空心板(封闭式矩形蓄水池);池体大部分设在地面以下,具有防冻、保温、防蒸发和减少水量损失的作用;容积易受限,单池容量较开敞式小,蓄水量多在 30 ~ 45 m³。

为保证池水不发生结冰和冻胀破坏,设计保温防冻层厚度时,需根据当地气候情况和最大冻土层深确定。北方寒冷地区可布设封闭式蓄水池,冬季池内的水不易结冰,不影响使用,对工程也不会造成破坏。

封闭式蓄水池既可季节性蓄水,也可常年蓄水,能用于人畜饮水和农田灌溉,结构较复杂,工程造价相对较高。相对于封闭式圆形蓄水池,封闭式矩形蓄水池更具有适应性强的特点,可根据地形、蓄水量要求采用不同的规格尺寸和结构形式,蓄水量变化幅度相对较大。

二、蓄水池设计

蓄水池结构设计既要符合蓄水工程设计要求还应考虑荷载组合等因素,具体如下。

(一)蓄水工程设计要求

蓄水工程的主要作用是蓄集雨水,为了确保所蓄雨水能满足工程需要,首先必须满足渗漏少的要求,同时考虑蓄水的安全性和年限要求,故在设计过程中需满足以下要求:

(1)防渗要求。依蓄水工程形式的不同和土质条件的差别,选取对应的防渗材料和工程措施。

(2)其结构形式及尺寸必须满足安全性、稳定性、经济性、合理性和方便使用性等原则。

(3)有一定用水标准或受气候影响较大的区域,需在蓄水池顶部布设顶盖。如生活用水类的蓄水池,或半干旱地区的蓄水池。另外,在北方寒冷地区,为确保顶盖能长期地正常使用,需在顶盖周围采取保温措施(如盖覆土或铺设草帘等)。

(4)蓄水池辅助设施的布设。根据工程规模的大小和具体目标,进口前设拦污栅及沉沙池,进水口设堵水设施及泄水道,正常蓄水处设置泄水管(口),底部出水管或倒虹吸管进口应高于底板30 cm等。

(二)蓄水池设计要求

除上述蓄水工程的基本设计要求,针对蓄水池,还需满足以下基本要求。

1. 荷载组合

根据蓄水池自身的受力情况,设计过程中,除地震等外来荷载外,还需考虑蓄水池自身重力、水压力及土压力等。同时,必须依其类型的不同,有针对性地分析其荷载组合。

1)开敞式蓄水池的荷载组合

对于开敞式蓄水池,荷载组合考虑为蓄水池内蓄满水、池外无土,即称考虑蓄水池自身重力外,只考虑水压力。

2)封闭式蓄水池的荷载组合

对于封闭式水池,荷载组合时考虑蓄水池内没有水、池外有土,即称考虑蓄水池自身重力外,只考虑土压力。

计算时,浆砌石砌体、混凝土的容重取2.4 t/m。对于地下式水池,蓄水池壁外面的回填土必须夯实,计算土压力时填土容重和内摩擦角分别取1.8 t/m和30°。

2. 按地质条件推求容许地基承载力

如地基的实际承载力不能满足设计要求,或地基产生不均匀沉陷,必须在地基处理好后才能修建蓄水池。蓄水池底板基础必须平整密实且有足够的承载力,否则须采用碎石或粗砂铺平并夯实。

3. 参照标准设计或相关规范设计

标准设计是一个地区修建蓄水池参阅的主要资料之一,有时还需根据设计要求等别和规模的不同结合相关的规范进行设计。如水池池底、边墙可采用浆砌石、素混凝土或钢筋混凝土。

年气温最低月份的平均温度高于5 ℃的地区可采用砖砌,但需用水泥砂浆抹面。池底采用浆砌石时,应做浆砌筑,水池砂浆强度等级和厚度分别不低于M10和25 cm;采用混凝土时,强度等级和厚度不宜低于 C20 和 10 cm。土基应进行翻夯处理,深度不小于 40 cm。蓄水池墙尺寸应按标准设计或按规范要求计算确定等。

4.地基要求

地基的好坏直接影响蓄水池的稳定性和安全性。当地基为湿陷性黄土时,如有轻微渗漏,工程则存在安全隐患,故池底需进行翻夯处理;当地基的土质为弱湿陷性黄土时,翻夯深度不小于 50 cm;当地基土质为中、强湿陷性黄土时,则翻夯深度需进一步加大,同时需采取浸水预沉等措施以加固地基的稳定性。所以,在该类地区,应优先考虑采用整体式钢筋混凝土或素混凝土蓄水池。

5.辅助设施的设计要求

为便于蓄水池后期的维修等,应设内置爬梯,池底设排污管,封闭式水池设清淤检修孔,开敞式水池设护栏且护栏应有足够强度,其高度不低于 1.1 m 等。

6.其他设计要求

对容积较大的混凝土水池,可设沉陷缝、温度缝,分缝处应布设柔性止水和填充材料。

(三)设计中应注意的几个问题

(1)当蓄水池修建在北方寒冷地区时,必须考虑保温措施,如工艺条件许可蓄水池布置于地面下,在池顶盖覆土或用聚苯乙烯泡沫板在池的侧壁和顶板做外部保温处理等。

(2)蓄水池的设计与地下水位的标高密切相关,为合理确定出设计地下水位,需综合考虑多个影响因素:①地质、水文情况,未满足设计要求时,还需用地质勘察报告等相关资料补充;②是否会出现因不能及时排出地表水而引起地下水位太高;③工艺流程、投产年限、土建造价和运营成本等。

(3)伸缩缝和后浇带的设置:①为尽可能地控制蓄水池不发生或少发生裂缝,需布设一定间距的伸缩缝,如矩形构筑物最大伸缩缝间距一般为 20~30 m;②后浇带的设置可避免施工前部分不利的阶段温差、混凝土前期收缩产生的当量温差,进而增大构筑物伸缩缝的允许间距。后浇带间距的确定,需与施工缝结合,同时要求有效削减温度收缩应力。正常施工时,其间距宜为 20~30 m。后浇带的保留时间一般大于 40 d,最宜 60 d。

(4)结构与工艺、设计与施工间的配合等。

三、蓄水池布置

蓄水池的大小和布置应视水源、控制面积和投资情况而定。

(1)根据修建蓄水池的主要功用、规模等,选定蓄水池的建设位置。重点注意水源条件、地质条件等。

(2)收集基础资料,即水文、气象、地质、地形、天然建筑材料、当地社会经济状况(如农作物种植结构、产量、生产成本)等资料。

(3)确定集流面面积和蓄水容积。

(4)进行池身、进水口、出水口等主要建筑物的结构设计。

(5)确定施工要求(详见"七、蓄水池施工")。

(6)工程概算。

(7)效益分析,从经济、社会和生态三方面进行综合效益分析。

四、蓄水池选址

为使蓄水池发挥更大的功效,在其地址选择时,需从地形、地质、建筑材料、工程技术、交通运输、社会经济和生态环境等多方面综合考虑。

(1)应尽可能选择在地质条件好、无断层和滑坡等不良地质的区域。若条件所限,必须在采用相应工程技术措施的情况下,使地基达到最大承载力。

(2)本着"因地制宜,就地取材"的原则,尽可能地在所选地址周围选择可使用的建筑材料;若无,则要从便于交通运输和节约成本的角度考虑材料的选取。

(3)为减少沿途水量损失、提高水的使用效率,应使供水管道的距离尽可能的短,并选择在供水受益区集中的制高点。

(4)蓄水池的建设不能以牺牲耕地为代价,故选址时必须不能占用耕地。

(5)不同的几何形状,从工程造价的角度考虑各有差别。本着降低工程造价的目的,圆形蓄水池属最理想状态,其次为正方形和矩形。实际选择过程中,应根据地质特点,选择最小开挖工程量和最少工程投资的几何形状。

(6)为确保当代人和后代人之间使用蓄水池的延续性和持久性,必须从生态环境的角度考虑。

综上所述,对于蓄水池地址的选择,需综合诸多因素展开,不能片面地注重某个方面而影响蓄水池的长久使用。

五、蓄水池水量估算

因蓄水池功用的不同,可分两种方式计算,一是按饮用水池容积确定,一是按灌溉水池容量确定。

1. 按饮用水池容积确定

根据径流情况采用日调节方式确定,满足:

$$V = NT \tag{5-6}$$

式中　V——饮用水池容积;

　　　N——需水人数;

　　　T——用水定额。

2. 按灌溉水池容量确定

有条件的尽可能按抗旱天数法确定,一般地区按灌溉定额确定,满足:

$$V = qnmk \tag{5-7}$$

式中　V——蓄水池容量;

　　　q——日需水量;

　　　n——灌溉周期(5~7 d);

　　　m——灌溉面积;

　　　k——水利用系数,取0.85。

六、蓄水池的主要建筑物

一般地,蓄水池的主要建筑由池体、进水口、溢流口、沉沙池和引水渠等五部分组成。

（一）池体

池体则包含池身、泄水口、池沿和池底四部分，需根据地形条件和蓄水池总容量 V 有针对性地确定蓄水池的形状、面积、深度、周边角度等。

1. 池身

池身由净水蓄水池和待处理蓄水池组成，中间布设过滤格栅，属一个没有间隙的整体，且净水蓄水池的底面要低于待处理蓄水池的底面。一般用砖、条石、混凝土预制块浆砌，水泥砂浆抹面而成，还需配置沉沙池及引水沟。另外，若所建蓄水池属封闭式，则还需布设顶盖。

2. 泄水口

泄水口设置在池壁的正常蓄水位处（一般在池沿下 0.1 m）。

3. 池沿

为防蓄水池周围的泥土、污物流入池内，全埋式蓄水池的池沿应比地面高，如取 0.25 m，一般用砖、条石、混凝土预制块浆砌而成。

4. 池底

池底采用混凝土嵌底，表面用水泥砂浆抹面；为保证池底密实平整，浇筑时用机械振捣，同时可砌侧墙基础砖，以使侧墙基础与池底混凝土连为一体。池底浇筑的底部可设一根放空管（如直径 0.1 m），便于水池清洗和维修。

若采用滴灌、喷灌等节水灌溉方式，可更加有效地利用水资源、提高工程的整体效益。

（二）进水口、溢流口

进水口的布置应在结合当地地形的基础上，确保水流能平顺入渠；进水渠较长时，宜在控制段前设置渐变段，长度视流速等条件确定。

石料衬砌的蓄水池应布设进水口和溢流口；土质类蓄水池的进水口和溢流口则应进行石料衬砌，设计参数可参考口宽 40~60 cm、深 30~40 cm 设计，同时用矩形宽顶堰的流量公式进行过水断面校核。

（三）沉沙池

沉沙池的布设可有效沉淀大于规定粒径的泥沙。一般采用矩形的沉沙池，设计参数可考虑为长 2~4 m、宽 1~2 m 和深 1.5~2.0 m。同时，为更好地使水流入池后能缓流沉沙，可将沉沙池的宽度布置为排水沟宽度的 2 倍、长度为池体宽度的 2 倍，并有适当深度。沉沙池进水口和出水口的布设，需参照蓄水池进水口的尺寸进行设计，以确保蓄水池使用的长久性和稳定性。

（四）引水渠

当蓄水池进口没有直接和坡面排水渠的末端连接时，应布设引水渠。引水渠长度应确保足量引水。其断面和比降设计，可参照坡面排水沟的设计要求确定。

七、蓄水池施工

蓄水池施工组织的过程中，首先，应在使用建筑材料和混凝土、水泥砂浆施工相关的规程和规范的基础上，结合修建蓄水池的等别、规模提出其施工要求；其次，根据修建蓄水池的类型，确定其主体的施工过程。

（1）对开敞式蓄水池，按照地基处理、砌筑池墙、建造池底、防渗处理、安装附属设施及施工等程序展开施工。

（2）对封闭式蓄水池，按照开挖池体、砌筑池墙、浇筑池底、防渗处理、预制安装顶盖、安装附属设施及施工等。

（3）对钢筋混凝土蓄水池，按基坑开挖、地基处理、C10 混凝土垫层、底板及壁板钢筋绑扎、底板施工缝以下壁板支模及混凝土浇筑、顶板及施工缝以上壁板支模、顶板钢筋绑扎、顶板及施工缝以上壁板混凝土浇筑（封顶）、水池满水试验、池内外刚性防水抹灰、池外壁防腐和回填土等。

蓄水池的施工过程需在严格按照相关规程、规范的基础上展开，同时需不断地总结施工经验、提高质量控制标准，从经济、社会和生态环境方面综合考虑。

八、蓄水池的后期管理

为确保蓄水池的安全运行和长久使用，必须进行蓄水池的后期管理。

（1）蓄水池修建后需进行定期检测。

（2）水源保护、水质检测、监测并重。

（3）为保证蓄水池内水流畅通，需在沉淀池、进水口通道等处进行淤泥杂物的定期清理。

（4）对蓄水池有饮用水要求的，为防止泥沙淤积和不清洁物质入池，需及时盖好池盖。

（5）汛期前，需加强对蓄水池的安全检查，有急需修缮的部位必须及时处理，以确保蓄水池的正常使用和安全运行。

第六章 提灌站工程规划设计

提灌即提水灌溉,是利用人力、畜力、机电动力或水力、风力等拖动提水机具(如水泵、水车等)提水浇灌作物的灌溉方式,又称抽水灌溉、扬水灌溉。提灌站是指在农田水利设施中,用于从水库、河流或其他水源提取灌溉用水所专门建立的水利站点,在广大的农村地区广泛存在,在农田灌溉中起着重要的作用。

第一节 提灌站工程规划

兴建提灌站工程必须认真做好规划工作,工程规划不当,不仅使泵站的效率低、成本高,而且会引起今后大量的工程改建、扩建,造成损失和浪费。因此,科学地进行提灌站工程的规划设计具有十分重要的意义。

一、规划任务与原则

(一)提灌站工程建筑物组成

提灌站工程建筑物一般由进水建筑物、机房及其中的机电设备、出水建筑物、变电站、道路和附属建筑物等部分组成。这些建筑物组成了提灌站枢纽工程。

由于建站的目的、水源的种类、水位变幅和水质,以及建站地点的地形、地质和水文地质等条件的不同,提灌站枢纽不一定包括以上全部建筑物,可能只有其中某些部分,这些必须在枢纽布置时妥善考虑。

(二)规划任务

提灌站工程规划必须在流域或地区水利规划的基础上进行,其主要任务是灌区的划分、站址选择、灌溉标准、枢纽布置、设计流量、设计扬程和装机容量的确定,工程经济评价效果,拟订工程运行管理方案等。

提灌站工程的经济效果评价是研究工程是否合理与可行的前提,是从经济上对工程方案进行优选的依据。其工程费用应包括枢纽工程、渠系或管道工程及其配套建筑物、专用输变电工程、管理及生活设施等的全部投资和年运行费用,效益分析则应计算直接经济效益和间接社会效益。工程规划应力求用最小的费用获得最大的效益。

(三)规划原则

提灌站工程规划应根据流域或地区的水利规划要求、提灌站规模、运行特点和综合利用要求,参考已建提灌站的经验教训,考虑地形、地质、水源、电源、枢纽布置、施工、交通、管理、土地、拆迁等因素以及扩建的可能,经过技术及经济效果评价后择优采用。应遵循以下原则:

(1)提灌站宜选在灌区较高的地方,以利控制较大的灌溉面积。

(2)站址应选在地质条件好的地段,并尽量平坦开阔,以利于枢纽建筑物的总体布置和施工。

（3）枢纽布置时要考虑为进水和出水建筑物创造良好的水流条件。从河流引水的提灌站，其引水口应布置在河流的顺直段或凹岸偏下游处。进、出水流要平稳，不产生回流和死水区，尽量消除水流旋涡。从湖泊中取水，站址应选在靠近湖泊出口或远离支流汇入口的地方。直接从水库中取水，其取水口应选在淤积范围之外、大坝附近或远离支流汇入口处。

（4）枢纽布置还应考虑交通运输、施工条件、电源情况和建筑材料等因素。应尽量靠近电源，以减少输、变电工程投资。站址处应交通方便并应靠近村镇、居民点，以利材料的运输和运行管理。

（5）站址选择要尽量减少占地，减少拆迁赔偿费用，还要考虑工程扩建的可能性，特别是分期实施的工程，要为今后的扩建留有余地。

二、灌区的划分

根据提水灌区的地形、水源、能源和行政区划等条件进行合理分区，可以达到技术措施合理、工程投资少、运行费用省的目的。提水灌区的划分方式有以下几种基本形式。

（一）一站一级提水、一区灌溉

全灌区只建一座泵站，由一条干渠控制全部灌溉面积，泵站将水提升至灌区的最高控制点，然后由渠系或管道向全灌区供水。这种方式适用于面积较小、地面高差不大的灌区。

（二）多站一级提水、分区灌溉

将灌区分成若干个小灌区，每个小灌区由单独的泵站和渠系或管道供水。这种方式适用于灌区面积较大、地势平坦或灌区内沟河纵横形成自然分界的灌区。

（三）多站分级提水、分区灌溉

对于面积较大、地形变化较大的高扬程灌区，为了避免将水提升到高处再流到低处灌溉，造成动力的浪费，可将全区分为若干高程不同的灌区分级提水，每级灌区由一条干渠或干管控制。前一级站的抽水量除满足本灌区所需外，还要供给后一级站的抽水量。

（四）一站分级提水、分区灌溉

当灌区面积较小、地面高差较大时，可以在灌区内建一座安装有不同扬程水泵的泵站，并在不同高程处相应地设若干个出水池和水泵配套工作，进行分区灌溉，高水高灌、低水低灌。

三、提灌站总体布置

提灌站总体布置形式取决于水源种类和特性、站址的地形和地质条件、综合利用要求和泵房形式等因素。要尽量做到布置紧凑、运行安全、管理方便、经济合理、美观协调、少占耕地等。其水源一般有江河、湖泊、水库以及灌溉渠道等几种类型，常见的布置形式有以下两大类。

（一）有引水渠的布置形式

有引水渠的布置形式适用于岸边坡度较缓、水源水位变幅不大、水源距出水池较远的情况。

为了减少出水管长度和工程投资，常将泵房靠近出水池，用引水渠将水引至泵房。但在季节性冻土区应尽量缩短引水渠长度。对于水位变幅较大的河流，渠首可设进水闸控制渠中水位，以免洪水淹没泵房。当从多泥沙河流取水时，还要在引水渠段设置沉沙及冲沙建筑物。进水建筑物由前池、进水池或进水流道组成。

有引水渠的提灌站枢纽的建筑物组成由引水建筑物、进水建筑物、泵房、出水建筑物和附属建筑物等组成。引水建筑物包括进水闸、引水渠(或引水涵管)。泵房包括主泵房和辅机房。出水建筑物包括压力水管、出水池及分水建筑物等。附属建筑物包括变电站、管理处、仓库、修配厂及办公生活用房。

(二)无引水渠的布置形式(岸边式)

当河岸坡度较陡、水位变幅不大,或灌区距水源较近时,常将泵房建在水源岸边,直接从水源取水。

四、设计流量与设计扬程的确定

(一)灌溉设计标准

提灌站设计标准是确定提灌站建设规模的主要依据。应根据灌区水土资源、水文气象、作物组成以及工程效益、灌溉成本等情况合理确定。灌溉设计标准一般以灌溉设计保证率表示,即

$$P = \frac{m}{n+1} \tag{6-1}$$

式中 P——灌溉设计保证率(%);

  m——设计灌溉用水量全部获得满足的年数;

  n——计算总年数,计算系列年数不宜少于30年。

一般地,对于地面灌溉方式,干旱或水资源紧缺地区,灌溉设计保证率可取60% ~ 70%;半干旱、半湿润或水资源不稳定地区,可取70% ~ 80%;湿润或水资源丰富地区,可取75% ~ 85%。对于喷灌、微灌等先进的节水灌溉方式,各类地区的灌溉设计保证率都应在85%以上。

关于典型年的选择,常根据历年灌溉用水紧张时期的来水量进行频率计算,然后根据灌溉设计保证率选定设计典型年。设计典型年的来水流量过程线是用来确定设计引提流量和保证灌溉面积的重要依据。

(二)提灌站设计流量

计算提灌站的设计流量,一般需先根据烟草田间需水规律制定灌溉制度,确定灌水率图,然后推求设计流量。这种方法比较复杂,除大型工程外,一般难以采用。

对于中小型灌区,常以典型年烟草用水高峰期的需水强度或最大一次灌水定额作为提灌站的设计流量的计算依据,简化计算公式如下:

$$Q = \frac{mA}{Tt\eta_{水}} \tag{6-2}$$

式中 Q——提灌站设计流量,m^3/h;

  m——典型年(干旱年或中等干旱年)烟草用水高峰时段或最大一次灌水定额,$m^3/$亩;对烟草来说,旺长期需水量相对较大,一般每亩35 ~ 40 m^3(分2 ~ 3次),黏土取较小值,砂壤土且地下水埋藏深度较大的取较大值;

  A——相应时段内烟草灌溉面积,亩;

  T——灌水历时,全灌区灌一次水所需延续天数,d,灌水延续时间越短,烟草对水分

要求越容易得到满足,但将加大渠道设计流量,增加工程造价,并造成灌水时劳动力过分紧张,反之则相反,对于面积较小的灌区,灌水延续时间可相应减小;

t ——日开机小时数,一般为 18~22 h,渠灌时可取 24 h;

$\eta_{水}$ ——灌溉水利用系数,管道输水可取 0.8~0.9,渠系输水可取 0.5(不衬砌)~0.7(衬砌)。

(三)提灌站设计扬程

提灌站设计扬程可按下式计算:

$$H_{设} = H_{净} + h_{损} \tag{6-3}$$

式中 $H_{设}$ ——提灌站设计扬程,m;

$H_{净}$ ——提灌站设计净扬程,即出水池与进水池设计水位之差,m;

$h_{损}$ ——提灌站进、出水管路损失扬程,m,由于此时管路尚未布置,该值可按(5%~15%)$H_{净}$ 进行初步估算,当 $H_{净} < 10$ m 时,可取较高百分数,当 $H_{净} > 30$ m 时,可取较低百分数。

由此看来,在灌区范围和站址确定后,要想确定提灌站设计扬程,首要任务就是确定进、出水池设计水位。

1. 出水池水位

提灌站出水池水位一般根据灌溉设计流量时的水位和灌区控制高程的要求推算得到,即

$$Z_{出} = h_0 + \Delta h + \sum Li + \sum h_{损} \tag{6-4}$$

式中 $Z_{出}$ ——出水池设计水位,m;

h_0 ——设计灌溉面积内的最高或最远点的地面高程,m;

Δh ——末级渠道水面高出所灌农田最高或最远点地面的高差,取 0.05~0.1 m;

L ——各级渠道的长度,m;

i ——各级渠道的比降;

$\sum h_{损}$ ——输水线路上通过各种建筑物的水头损失之总和,m。

2. 进水池水位

提灌站的进水池水位通常是用水源设计水位扣除提灌站进水建筑物水头损失与引水渠道水面坡降后得到。水源的水位情况比较复杂。从河流、湖泊或水库取水的提灌站,资料丰富时,水源设计水位以历年灌溉期的日平均或旬平均水位排频,取相应于灌溉设计保证率的水位作为设计水位。资料缺乏时,水源设计水位根据灌溉季节内站址处经常出现的水位(即烟草生长期水源平均水位)来确定。

另外,为确保供水可靠和考虑泵房的防洪要求,还应确定供水高峰期可能出现的低水位和整个灌溉季节内的最低水位以及全年中的最高水位。最低水位用来确定水泵安装高程或吸水管口高程以及引水、进水建筑物底板高程,并确定泵站最高扬程。最高水位用来确定水泵的最低扬程。这些水位资料在灌溉泵站的规划设计中都是必不可少的。

第二节 水泵选型与配套

水泵、动力机与传动设备的组合体称抽水机组,它是提灌站中直接为农田灌溉服务的机

械与设备,其选型配套是否合理,直接影响提灌站能否满足灌溉的要求,同时也影响到泵站工程投资、泵站效率、能源消耗、排灌成本,以及安全运行等。因此,必须认真作好水泵的选型与配套。

一、水泵选型

水泵选型的基本依据是提灌站设计扬程和设计流量。

(一)水泵选型的原则

(1)首选国家已颁布的水泵系列产品和经有关主管部门组织正式鉴定过的产品。

(2)所选水泵能满足提灌站的设计流量和设计扬程的要求。

(3)同一个提灌站所选水泵型号要尽可能一致,要有利于管理和零件配换。

(4)水泵在长期运行中,多年平均的泵站效率高、运行费用低。水泵在最高、最低扬程下运行,应保证运行稳定。

(5)多种泵可供选择时,优先选用系列化、标准化,以及更新换代产品。同时,还应考虑机组运行调度灵活、可靠,设备投资和土建投资省、运行费用低等。

(二)水泵选型的方法与步骤

第一步:大致选定水泵类别。一般情况下,提灌站设计扬程小于 10 m 时,宜选用轴流泵;5~20 m 时,宜选用混流泵;20~100 m 时,宜选用单级离心泵;大于 100 m 时,可选用多级离心泵。当混流泵与轴流泵都可使用时,应优选混流泵;当离心泵与混流泵都可使用时,若扬程变化较大,一般宜选用离心泵。

第二步:初选水泵型号。大致根据设计扬程,在水泵产品样本或有关手册上,利用"水泵性能表"或"水泵系列型谱图"初步选出扬程符合要求而流量不等的几种水泵方案。

第三步:确定水泵台数。根据灌溉设计流量及初选水泵型号的设计流量,算出每种水泵型号所需要的台数。水泵台数太少,保证率低;台数过多,运行管理成本高。选用多台水泵时,尽量型号一致,最多两种型号。一般地,若灌区面积较小,需水流量不大,可选 1 台水泵;反之,应选用 2 台以上水泵以便调节。中小型提灌站以 2~4 台为宜,流量变化幅度大时,台数宜多,反之宜少。

第四步:计算不同方案水泵工作点参数。根据初选出的不同水泵方案,确定管径及管路的具体布置,作出管路系统特性曲线。由水泵性能曲线和管路系统特性曲线求出在设计、平均、最高和最低扬程时的工作点。校核所选水泵在设计扬程下水泵的流量是否满足要求,在平均扬程下水泵是否在高效区运行,在其他扬程下能否保持水泵运行的稳定性。如果不符合要求,可采用调节措施或另选泵型,使其尽可能在合理范围内运行。

第五步:择优选定方案。对各种方案进行全面的技术经济比较,选出其中最优泵型和台数。

第六步:最优方案校核。校核所选水泵在最大扬程和最小扬程下运行能否产生汽蚀,电动机能否超载等。

【例6-1】 某提灌站出水池与进水池的设计水位之差为 21 m,设计流量为 0.6 m³/s,试初选水泵型号。提水灌区,泵站平均净扬程为 21 m,泵站流量为 0.6 m³/s,试初选泵型。

解: 先确定提灌站设计扬程:$H_设 = H_净 + h_损 = 21 + 21 \times 12\% = 23.52(\text{m})$。这里,管路损失扬程按 12% 净扬程进行估算。

由于设计扬程较高,宜选单级离心泵。查水泵产品样本,有 4 种泵型:250S－24、300S－19、350S－26 及 500S－22 的水泵扬程略大于 23.52,符合扬程要求。四种泵型的流量分别为 0.13 m³/s、0.22 m³/s、0.35 m³/s、0.56 m³/s,分别需要 5 台、3 台、2 台、1 台并联才能满足设计流量。根据选型原则和选型中应考虑的问题,宜初选 350S－26 水泵 2 台。

二、水泵动力机配套

水泵动力机主要有两种,即电动机和柴油机。电动机容易启动,操作简便,运行可靠,管理方便,成本较低,便于自动化,但是输电线路及其他附属设备的投资较大,功率受电源电压影响较大。柴油机不受电源限制,对环境有一定污染,使用操作机动灵活,适应性强,但运行时易发生故障,噪声较大,维护保养等技术要求较高。通常,在有电源的地方,宜选用电动机。在无电源或电力不能保证供应的地区,则宜选用柴油机。

目前,水泵动力机一般都由水泵厂配套提供。只有当不成套供应时,才需另行配套。

(一)选配原则与方法

(1)中小型提灌站一般选用异步电动机。单机容量在 100 kW 以下时,因在启动转矩、转差率和其他性能方面没有特殊要求,一般可选用 Y 系列鼠笼型异步电动机。它具有效率高、启动转矩较大、噪声较小、防护性能良好等优点。单机容量在 100 ~ 300 kW 时,可以采用 JS 系列双鼠笼型及 JR 系列绕线型异步电动机等。单机容量在 300 kW 以上时,可选用 JSQ、JRQ 加强绝缘型异步电动机。

(2)电动机转速的确定与水泵的转速和传动方式有关。当直接传动时,两者的转速必须相等或接近。间接传动时,与水泵的转速有一定的传动比关系。

(3)水泵配柴油机时,根据水泵工作范围内最大轴功率,按式(6-5)计算出配套功率 $P_{配}$,从柴油机样本查出 12 h 功率约等于或稍大于 $P_{配}$ 的几种柴油机型号,然后根据燃料消耗率低者为优,确定选型方案。

(4)目前,国产通用柴油机的转速大都为 1 500 ~ 2 000 r/min(也有 1 800 ~ 2 200 r/min),所以柴油机产品的标定转速不可能与水泵转速完全一致。当柴油机与水泵额定转速相近时,应采用联轴器直接传动以减少传动损失。如不允许直接传动,则可利用柴油机转速在一定范围内可以调整的特点,采用间接传动(皮带或齿轮传动),使两者转速一致。

(二)配套功率的确定

与水泵配套的动力机的额定(标定)功率称水泵配套功率,用符号 $P_{配}$ 表示:

$$P_{配} = K \frac{\rho g Q H}{102 \eta \eta_{传}} \quad \text{或} \quad P_{配} = K \frac{P_{max}}{\eta_{传}} \quad (6\text{-}5)$$

式中　$P_{配}$——动力机配套功率,kW;

　　　P_{max}——水泵工作范围内可能出现的最大轴功率,kW;

　　　K——动力机功率备用系数,一般取 1.05 ~ 1.2,也可按表 6-1 选用;

　　　Q、H——水泵工作范围内(即高效区)对应于最大轴功率时的流量,m³/s,扬程,m;

　　　ρ——水的密度,取 1×10^3 kg/m³;

　　　g——重力加速度,取 9.8 m/s²;

　　　η——水泵工作范围内对应于最大轴功率时的效率,由水泵性能曲线决定;

　　　$\eta_{传}$——传动效率(%),可根据传动方式从表 6-2 中查得。

表 6-1　动力机功率备用系数

水泵轴功率(kW)	<5	5～10	10～50	50～100	>100
电动机	1.3～2.0	1.3～1.15	1.10～1.15	1.05～1.10	1.05
柴油机		1.3～1.15	1.2～1.3	1.15～1.20	1.15

表 6-2　传动方式与传动效率

传动方式	皮带传动		齿轮传动			液压传动	直接传动
	平皮带	三角带	平行轴	伞齿轮	行星齿轮		
传动效率(%)	90～93	95	92～96	93～96	95～97	95～97	100

【例 6-2】　某提灌站已有一台 400HW – 8 型混流泵,其转速 $n = 730$ r/min,水泵轴功率 36.5 kW,采用直接传动。试选配电动机。

解:先计算配套功率: $P_{配} = K \dfrac{P_{max}}{\eta_{传}} = 1.12 \times 36.5 \div 1 = 40.88$,据此,再根据水泵转速 730 r/min 查《电机产品样本》,选择 Y280M – 8 型(异步电动机,中心高 280 mm,中机座,8 极)电动机,其技术数据为:额定功率 45 kW,转速 740 r/min,效率 91.5%。

三、进水管路及附件的选配

水泵、动力机及传动设备选定后,还必须配上进、出水管路及设置相应的管件和阀门等管道附件才能够提水。

(一)进水管路选配

管路选配主要是选配合适的管材、管径,并进行合理的布置。管路分进水管和出水管两部分,这里只介绍进水管路的设计,出水管路的设计将在本章第四节介绍。

进水管是指水泵进口前的一段管路,也称吸水管,一般采用钢管或铸铁管。吸水管的长度不宜太长,一般为 6～10 m,其管径可按下式计算:

$$D_{进} = \sqrt{\frac{4Q}{\pi v}} \quad 或 \quad D_{进} = (0.8 \sim 0.92)\sqrt{Q} \tag{6-6}$$

式中　v——管中控制流速,m/s,一般要控制在 1.5～2.0 m/s;

　　　Q——管中流量,m³/s。

按式(6-6)算出管径后,查有关手册,选择与计算管径相近的标准管径。进水管路在设计与施工时应注意以下几点:

(1)尽量减少进水管的长度及其附件,管线布置应平顺,转弯少,便于安装和减小水头损失。

(2)管路应严密不漏气,以保证良好的吸水条件。

(3)应避免在进水管道上安装闸阀,若不得不装闸阀,一定要保持常开状态。为避免闸阀上部存气,闸阀应水平安装。

(二)管路附件的选配

1. 管件

管件是从进水管口到出水管口将管子连接起来的连接件,有喇叭口、弯管、异径管、伸缩节等。

(1)喇叭口。为减少进水管道进口的水头损失,改善叶轮进口流态,进水管进口处应做喇叭口,其进口直径应不小于进口管直径的 1.25 倍。

(2)弯管又称弯头,它是用来改变水流方向的,常用的有 90°、60°、45°、30°、15°等五种。

(3)异径管。通常水泵进出口径比进、出水管路小,需设置异径管(渐变接管)。为避免管中存气,水泵进口端用偏心异径管,且平面部分在上、锥面部分在下。水泵出口端用同心异径管。为使水流平顺,异径管的长度 $L_{异径} = (5 \sim 7) \times (D_大 - D_小)$,式中 $D_大$、$D_小$ 分别为大、小头直径。

(4)伸缩节。露天铺设的管道,受气候变化的影响,将会发生轴向的伸缩变形,两镇墩之间的管道因被镇墩固定,如不采取措施,管道将因气候变化产生的温度应力而遭到破坏。所以,在出水管道布置时,一般都在镇墩下方或两镇墩之间设置伸缩节。对扬程不高、管路较短、用法兰盘连接的管段,因法兰盘接头垫有止水橡胶圈,可不专设伸缩节。有些高扬程泵站,为防止发生水锤时机组遭到破坏,常在逆止阀和机组间设置伸缩节。

2. 阀件

阀件用来调节管道流量、截止水流或防止逆流等。常用阀件包括底阀、闸阀、止回阀和拍门等。

(1)底阀。是一个单向阀门,安装于进水管口。它的作用是在水泵启动前进行人工充水时不让水漏掉。但底阀的水头损失较大,容易出故障,只在小型泵站中采用。一般吸入口径大于 300 mm 的水泵宜采用真空泵抽气充水。对未设置拦污栅的小型提灌站,为防止水中杂物吸入泵内,在进水管管口装有滤网。滤网俗称莲蓬头,一般用铁丝或铸铁制成。

(2)闸阀。是一种螺杆式管道阀门,通常装在水泵出口附近的管路上。作用是离心泵关闸启动,可降低启动功率;关闸停机,可防止水倒流;抽真空时闸阀关闭,隔绝外界空气;水泵检修时关闭闸阀,截断水流;运行中调节水泵流量,防止动力机超载。闸阀的选择应按照工作压力、管道直径等参数,查产品样本或有关手册中选取。

(3)止回阀。是一个单向突闭阀,装在水泵出口附近的管路上。其作用是当事故停机时,防止出水池和出水管中的水倒流,损坏水泵;防止水锤压力过大。目前常用的有两阶段关闭的缓闭蝶阀和微阻缓闭止回阀。

(4)拍门。是一个单向活门,材料有铸铁、铸钢等。通常装在出水管口,用于停机后切断回流。水泵开启后,在水的冲击下拍门自动打开。拍门淹没在水面下,停机后靠自重与回流自动关闭。

(三)真空泵的选配

离心泵在启动前必须将泵壳和吸水管用水先注满。管径小于 300 mm 的一般用人工充水;管径大于 300 mm 时,一般都采用真空泵抽吸泵壳及吸水管路内的空气,以达到抽气充水的目的。水泵站中常用水环式真空泵。真空泵是根据抽气量和真空值查真空泵产品样本进行选择。抽气量按下式计算:

$$Q_{\text{气}} = K \frac{VH_a}{T(H_a - H_s)} \tag{6-7}$$

式中 $Q_{\text{气}}$——真空泵抽气量,$m^3/\min$;

K——漏气系数,一般取 $1.05 \sim 1.10$;

T——抽气时间,$\min$,一般取 $3 \sim 5\ \min$;

H_a——当地大气压的水柱高,m;

H_s——进水池最低工作水位至泵壳顶部的高度,m;

V——出水管闸阀至进水池水面之间的管道和泵壳内的空气总容积,m^3。

四、水泵安装高程的确定

水泵的安装高程是指满足水泵不发生汽蚀的水泵基准面高程,根据与泵工况点对应的汽蚀性能参数,以及进水池的水位来确定。

水泵的安装高程直接影响水泵的吸水性能和泵站的土建费用。水泵安装高程过高,水泵运行期间会使水泵进口处压力过低,水泵将遭到严重的汽蚀破坏,缩短水泵使用寿命。水泵安装高程过低,会增加基础开挖深度,土建造价要增加。所以,正确确定水泵安装高程,使水泵既能安全运行,又能节省土建造价,具有很重要的意义。

(1)用必需汽蚀余量 $(NPSH)_r$ 计算 $[H_{\text{吸}}]$:

$$[H_{\text{吸}}] = 10.09 - (NPSH)_r - h_{\text{吸}} \tag{6-8}$$

式中 $[H_{\text{吸}}]$——水泵允许吸上高度,m;

$(NPSH)_r$——水泵必需汽蚀余量,m;

$h_{\text{吸}}$——吸水管路水头损失,m,具体计算方法见本章第五节。

必须指出的是,水泵厂提供的 $(NPSH)_r$ 是额定转速时的值,若水泵工作转数 n' 与额定转数 n 不同,则 $(NPSH)_r$ 需按 $(NPSH)_r' = (NPSH)_r(n'/n)^2$ 进行修正。

(2)用允许吸上真空高度 H_{sa} 计算 $[H_{\text{吸}}]$:

$$[H_{\text{吸}}] = H_{sa} - v_s^2/(2g) - h_{\text{吸}} \tag{6-9}$$

式中 $v_s^2/(2g)$——水泵进口处流速水头,m;

其余符号意义同前。

同样地,若水泵工作转数 n' 与额定转数 n 不同,则 H_{sa} 需按 $H_{sa}' = 10 - (10 - H_{sa})(n'/n)^2$ 进行修正。

(3)确定水泵安装高程:

$$\nabla_{\text{安}} = \nabla_{\min} + [H_{\text{吸}}] - K \tag{6-10}$$

式中 $\nabla_{\text{安}}$——水泵安装高程,m;

$\nabla_{\min}$——进水池设计最低水位,m;

K——安全值,可取 $0.2\ m$。

当计算的 $[H_{\text{吸}}]$ 为正值,说明水泵基准面可以安装在水面以上,但为了启动方便,仍将叶轮中心线淹没于水下 $0.5 \sim 1.0\ m$。若计算的 $[H_{\text{吸}}]$ 为负值,说明水泵基准面必须在水面以下,其数值即为水泵基准面淹没在水下的最小深度,如果其值不足 $0.5 \sim 1.0\ m$,应采用 $0.5 \sim 1.0\ m$。

第三节 泵房设计

泵房是提灌站的主要组成部分,是安装水泵、动力机与附属设备的房屋。泵房的主要作用是为主机组的安装、检修及运行管理提供良好的工作条件。合理地设计泵房,对节省工程投资、发挥工程效益、延长设备的使用寿命和安全运行有着重要意义。

泵房设计内容包括泵房结构形式的选择、泵房布置及尺寸确定、泵房整体稳定分析等。

一、泵房结构形式的选择

泵房按结构形式不同,分为固定式泵房与移动式泵房两大类,固定式泵房有分基型、干室型、湿室型与块基型四种,移动式泵房有囤船式与缆车式两种。下面主要介绍提灌站常用的几种泵房形式。

(一)分基型泵房

分基型泵房是中小型提灌站中常采用的一种泵房结构形式。分基型泵房的结构与单屋工业厂房相似,主要特点是水泵机组的基础与泵房的基础分开建造,故称分基型泵房。泵房的地板与室外地面高于进水池水位,泵房无水下结构,所以泵房结构简单,材料来源广,施工容易,工程造价低,进水池与泵房分开,泵房的地板较高,通风、采光与防潮都比较好,有利于机组的运行与维护。分基型泵房适用以下情况:

(1)进水池水位变幅小于水泵的有效吸程 $H_{效吸}$,$H_{效吸}$ 等于水泵的允许吸水高度减去泵轴到泵房地板的高度。

(2)适合安装中小型卧式离心泵和混流泵机组。

(3)泵房处的地质条件较好,地下水位低于泵房的基础。

分基型泵房进水侧岸坡可采用以下两种形式:①如地质条件较好,可将进水侧岸坡做成护坡,如图6-1所示;②如地质条件较差,可将进水侧做成挡土墙,以增加泵房的稳定性,如图6-2所示。

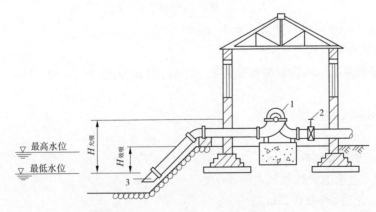

1—水泵;2—闸阀;3—平削管

图 6-1　护坡式分基型泵房

泵房与进水池之间应有一段水平距离,作为检修进水池、进水管与拦污栅等的工作便道,而且对泵房的稳定与施工等也有利。

(二)干室型泵房

当水源水位变幅超过水泵的有效吸程,站址处的地下水位又较高时,宜采用干室型泵房。为防止洪水淹没泵房,导致地下水渗入泵房,将泵房的底板与洪水位以下泵房的侧墙浇筑成钢筋混凝土整体结构,使泵房底部形成一个防水的地下干室。水泵机组安装在干室内,所以称为干室型泵房,如图6-3所示。

干室型泵房水下结构复杂、工程量大、造价高,适合用于以下情况:

(1)进水池水位变幅大于水泵有效吸程。

(2)卧式或立式离心泵与混流泵机组。

(3)泵房的地基承载力较小。

(4)地下水位较高。

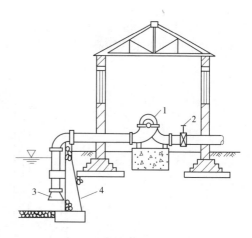

1—水泵;2—闸阀;3—进水喇叭;4—挡土墙

图6-2 挡土墙式分基型泵房

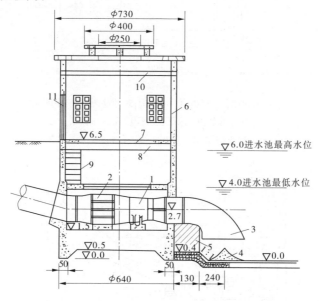

1—1 200 mm贯流式水泵;2—电动机;3—进水喇叭;4—导水锥;5—隔水板;
6—泵房;7—楼板;8—楼板大梁;9—钢楼梯;10—单轨吊车;11—钢门

图6-3 干室型泵房 (单位:高程,m;尺寸,cm)

(三)湿室型泵房

湿室型泵房结构的特点是进水池与泵房合并建造,泵房分上下两层,上层安装电动机与配电设备等,为电机层;进水池布置在泵房下面,形成一个湿室,安装水泵,为水泵层。湿室型泵房按其结构特点又可分为墩墙型、排架型、箱型与圆筒型,较常用的是墩墙型(见图6-4)、排架型(见图6-5)。湿室型泵房的优点是:湿室内有水,有利于泵的稳定;水泵直接从湿室吸水,吸水管路短,水头损失小。湿室型泵房适用于以下情况:

(1)进水池水位变幅较大。

(2)适合安装中小型立式轴流泵或导叶式混流泵机组,也可安装中小型卧式轴流泵机组。

（3）站址处地下水位较高。

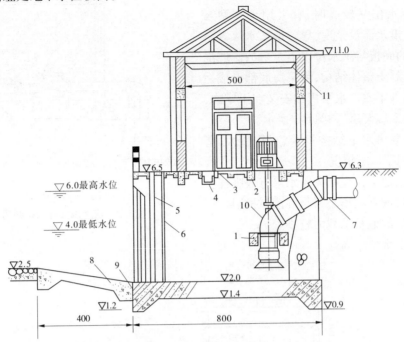

1—水泵梁；2—电机梁；3—楼板；4—电缆沟；5—拦污栅；6—检修门槽；
7—柔性接头；8—防渗铺盖；9—水平止水；10—立式轴流泵；11—吊车

图6-4　墩墙型泵房　（单位：高程，m；尺寸，m）

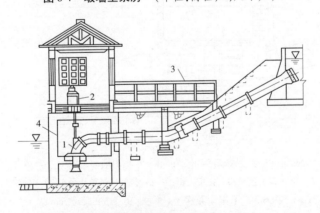

1—轴流泵；2—电动机；3—交通桥；4—排架

图6-5　排架型泵房

二、泵房布置及尺寸确定

泵房布置主要指主机组及其辅助设备的布置。合理的泵房内部布置不仅可以减少泵房建筑面积，而且还能缩小其他建筑物的尺寸。中小型抽水机组的辅助设备比较简单，一般有配电、充水、排水、起重、通风等设备。

泵房布置应符合下列原则：满足设备布置、安装、运行及检修的要求；安全可靠，管理方便,整齐美观;泵房内外交通和运输方便。泵房要有良好的通风和采光条件,满足防潮、防火、防噪声等技术规定。泵房主要尺寸的确定是指机组间距与泵房的长、宽、高的确定。

(一)泵房内部布置

1.主机组布置

主机组布置在泵房的中央部分,称为主泵房;检修间和配电间可布置在泵房的一端或一侧,称为辅助泵房。主机组的布置形式是泵房尺寸大小的决定因素,常有三种布置形式:

(1)一列式布置。主机组布置在同一条直线上,沿泵房的纵向布置成一列,主机组的轴线平行泵房的纵轴线。一列式布置简单、整齐,泵房的跨度较小,可用于布置卧式机组,也可以用于布置立式机组。当机组数量较多时,泵房的长度较大,水泵站的前池与进水池的宽度也会相应加大,增加土方工程量。

(2)单排平行布置。各机组的轴线平行,沿泵房的纵向布置成一排。这种布置形式适合泵房有多台单吸离心泵机组的情况。泵房的长度和进水池的宽度较小,但泵房的跨度较大。

(3)双列交错排列布置。主机组布置成两列,两行主机组的轴线平行于泵房的纵轴线,动力机和水泵的位置是相互交错布置。这种布置形式适合泵房内有多台双吸离心泵的情况,以缩短泵房的长度,但增加了泵房的跨度,同时机组的运行管理也不方便。采用这种布置形式应注意对水泵进行调向,购买水泵应向供货单位明确提出要求。

2.配电设备布置

配电设备是由仪表、开关、保护装置与母线等组成的配电柜或配电箱,每台主机组一般应配置一台。配电设备的布置形式有集中布置和分散布置两种。分散布置是将配电盘放在两台电动机中间的靠墙空地上,无须增加泵房宽度,便于对立式机组操作控制,一般适用于小型提灌站。集中布置按它在泵房中的位置,可分以下两种形式:

(1)一端布置。是在泵房进线端建配电间。其优点是泵房跨度小,泵房进、出水侧墙壁均可开窗,有利于通风和采光。但当机组台数较多时,操作人员不便监视远离配电间的机组运行情况,电缆铺设较长。一端布置适用于机组较少的提灌站。

(2)一侧布置。是将配电间布置在泵房的进水侧或出水侧,一般以出水侧居多。其优缺点恰好与一端布置相反。为弥补使泵房跨度加大的缺点,可以在泵房一侧向外凸出布置。一侧布置适用于机组较多的提灌站。

配电间的尺寸主要取决于配电柜的规格尺寸、数目以及必要的操作维修空间。高压配电柜不要靠墙,可以双面维护;低压配电柜可以靠墙,单面维护。不靠墙安装的配电柜,柜后需留出不小于0.8 m的通道,以便检修,柜前一般需要1.5~2.0 m的操作宽度。为避免因泵房地面积水使电气设备受潮,配电间的地面应高出泵房地面10~15 cm,一般与泵房内的交通道布置在同一高程上。为防备发生意外事故,配电间一般都单设一个向外开的便门。从开关柜至机组的电缆要整齐地用电缆架架空布置,也可将电缆铺设在泵房地面下的电缆沟内。

3.检修间布置

检修间一般布置在泵房大门的一端,其平面尺寸应能放下泵房内的最大设备或部件,还应留有足够的检修空间和通道。泵房内设有吊车的泵站,要允许载重汽车的车厢驶入检修间。小型泵站一般不设检修间,可在机组附近就地检修。

4.交通道布置

为便于工作人员巡视和物件搬运,通常在泵房出水侧沿长度方向布置主要通道,其宽度不小于 1.5 m。靠近设备的各通道宽度不小于 0.7 m,主通道高于泵房的地面高程,通常和配电间地面等高。当兼作闸阀的操作台时,还应考虑闸阀操作手柄的高度。

5. 充水设备布置

当水泵正值吸水时,需充水后才能启动。一般口径大于 300 mm 的泵,用真空泵抽气充水。其设备包括真空泵机组、气水分离箱,以及抽气干、支管。充水设备的布置以不影响主机检修,便于操作和不加大泵房面积为原则。一般布置在水泵进水侧靠墙或者主机组管道之间的空地上。

6. 排水设备布置

为了排除水泵水封用的废水、泵房渗漏水以及检修水泵时的废水,泵房地面应有向进水池倾斜的坡度,并设排水干、支沟,自流向进水池排水。如果没有这个条件,应设集水井,用排水泵定时提排积水。

7. 起重设备布置

起重设备是安装与检修机组等较重设备时起吊、搬运用的,有多种形式、多种规格。泵房内最重设备质量如不超过 1 t,可不设固定起吊设备,用三脚架装手动葫芦起吊设备。若泵房内设备较多,且起重量不超过 5 t,可设带葫芦的手动(或电动)单轨迹滑车。

8. 通风设备布置

提灌站的泵房大多位于坡脚处,地势低,通风条件较差。泵房通风不良,容易造成室内湿度大,温度高,使机组效率下降,设备老化过快。使用寿命短,不利于运行管理人员的身心健康。所以,要处理好泵房的通风问题,对深度较大的干室型泵房,更应处理好通风问题。

泵房的通风方式有自然通风和机械通风,有条件的尽可能采用自然通风。自然通风一般是在泵房的两侧墙的中部设高低两层通风窗,窗口总面积应不小于室内地面面积的 25%,上下两层窗的距离应大一些,以利于提高通风效果。如果自然通风无法满足泵房通风散热的要求,需采机械通风,利用风扇(或风机)通风换气。

(二)泵房尺寸确定

泵房的尺寸是根据泵房内部设备的布置、建筑材料的供应情况、泵房的结构形式等确定的,泵房的尺寸应符合建筑模数 M_0 的要求,即应为建筑模数的整数倍,否则应进行调整。下面以分基型泵房、湿室型泵房为例说明卧式机组和立式机组泵房尺寸的确定方法。

1. 分基型泵房

(1)泵房长度。根据机组台数、机组基础在泵房长度方向的尺寸,以及机组间距来确定,由下式计算:

$$L = n(L_1 + L_2) + L_3 + L_4 \tag{6-11}$$

式中 L——泵房长度,m;

n——主机组台数;

L_1——主机组基础长度,m;

L_2——相邻主机组基础间的距离,m,一般为 0.8 ~ 1.2 m;

L_3、L_4——配电间和检修间的开间,m。

(2)泵房宽度(跨度)。指泵房屋面大梁(或屋架)的跨度,即泵房进、出水侧墙(或柱)轴线间的尺寸。跨度的大小由水泵、管道、附件的长度,设备安装、检修空间与操作空间等来确定,如图 6-6 所示,由下式计算:

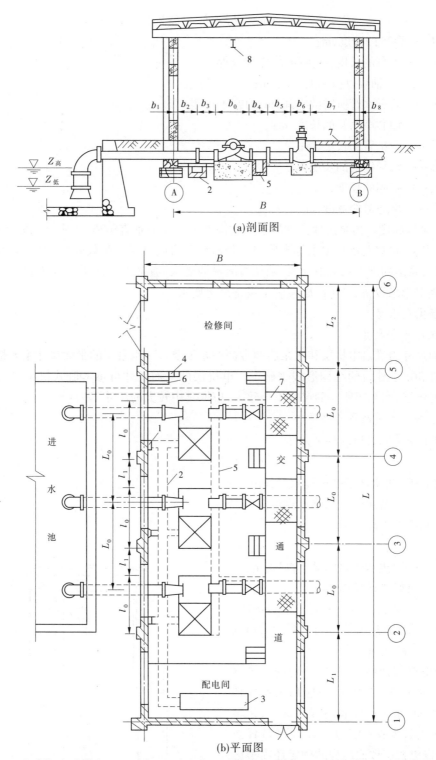

(a)剖面图

(b)平面图

1—启动器;2—电缆沟;3—配电柜;4—真空泵;5—排水沟;6—踏步;7—花纹钢盖板;8—单轨吊车

$Z_{高}$—进水池最高运行水位;$Z_{低}$—进水池最低运行水位

图6-6　分基型泵房布置图

$$B = b_0 + b_1 + b_2 + b_3 + b_4 + b_5 + b_6 + b_7 + b_8 \tag{6-12}$$

式中　B——泵房的跨度,m;

　　　b_0——水泵的长度,m,由水泵样本查得;

　　　b_1、b_8——轴线以内墙的厚度,m;

　　　b_2——装拆水管所需的空间,m,通常不小于 0.3 m;

　　　b_3——偏心渐缩管的长度,m;

　　　b_4——渐扩管的长度,m;

　　　b_5——水平接管的长度,m;

　　　b_6——闸阀的长度,m;

　　　b_7——交通道的宽度,m。

（3）泵房高度。指泵房地板到屋盖承重构件下表面的垂直距离,由水泵的安装高程、设备尺寸,安装、检修与吊运要求等来确定。分基型泵房内设备重量较轻,一般不需设固定的起吊设备,泵房的高度只考虑通风、采光与散热的要求,通常以不低于 4 m 为宜。如果泵房内设有固定起吊设备、泵房高度应满足设备吊运要求。

　2. 湿室型泵房

　1）泵房平面尺寸

　平面尺寸需满足电机层和水泵层两方面的布置要求。水泵层的平面尺寸主要根据水泵进水条件和水下建筑的结构形式来确定。电机层的平面尺寸可参考卧式机组泵房尺寸确定。当电机层、水泵层所需的尺寸不一致时,应取其中较大的尺寸。

　2）泵房的控制高程与高度

　（1）水泵喇叭管口高程 $Z_{进}$:

$$Z_{进} = Z_{低} - h_{临界} \tag{6-13}$$

式中　$Z_{低}$——进水池最低运行水位,m;

　　　$h_{临界}$——进水管口的临界淹没深度,m。

　（2）泵房底板高程 $Z_{底}$:

$$Z_{底} = Z_{进} - h_{悬空} \tag{6-14}$$

式中　$h_{悬空}$——进水管口的悬空高度,m。

　（3）水泵梁梁顶高程 $Z_{泵梁}$:

$$Z_{泵梁} = Z_{进} + a \tag{6-15}$$

式中　a——水泵进水管口到水泵梁梁顶的高度,m。

　（4）电机层楼面高程 $Z_{电}$。应高于进水池设计洪水 $0.5 \sim 1.0$ m,还应高出室外地 $0.2 \sim 0.5$ m;水泵的安装高程已确定,泵轴与传动轴的长度有一定的要求,不能取任意长度,所以电机层楼面高程的确定还需考虑电动机与水泵的连接问题。

　（5）泵房的高度 H。指从电机层楼面到泵房屋面大梁下沿的高度,如图 6-7 所示。

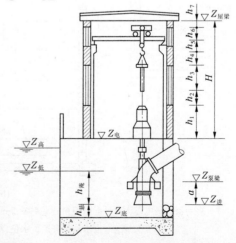

图 6-7　湿室型泵房剖面图

由下式计算：

$$H = h_1 + h_2 + h_3 + h_4 + h_5 + h_6 + h_7 \qquad (6\text{-}16)$$

式中　h_1——电机顶端到电机层楼面高度，m；

　　　h_2——起吊设备底部到电机顶端的安全运行空间，m，通常取 0.3 ~ 0.5 m；

　　　h_3——泵房内最高设备的高度，m；

　　　h_4——起吊绳索的最小高度，m；

　　　h_5——吊钩最高位到吊车轨顶的高度，m；

　　　h_6——吊车轨顶到吊车最高点的高度，m；

　　　h_7——吊车最高点到屋面大梁底的安全运行高度，m，通常不小于 0.3 m。

三、泵房整体稳定分析

泵房的内部布置及各部尺寸确定以后，还须进行泵房的整体稳定分析。其主要内容包括：抗渗、抗滑、抗浮、抗倾稳定和地基稳定校核等内容。稳定校核如不能满足要求，则须对泵房内部布置和各部尺寸进行调整。满足要求后，再进行结构计算。

对于湿室型泵房，其本身就是个挡水建筑物，它不仅直接承受水压力而且还受渗透水流的作用。所以，对它必须进行抗渗和抗滑的稳定校核。对于干室型泵房，因它三面有回填土，受力较均匀，所以一般不进行抗滑稳定验算。但干室内不允许进水，在高水位时泵房受有很大浮力，所以对它必须进行抗浮稳定校核。

（一）荷载组合

作用在泵房上的荷载很多，泵房整体稳定分析时，应选择可能出现的最不利荷载组合进行计算。有时很难预见哪一种荷载组合最为不利时，一般可按以下几种情况考虑：

（1）完建期。指泵站完建初期，尚未投产运行，进、出水侧均无水。

（2）正常运行期。指泵房正常运行情况，进、出水侧为设计水位，出水侧有地下水。

（3）检修期。墩墙型泵房可以逐孔检修，荷载计算与正常运行期相同，只减少一个检修孔中的水重，有的泵站检修时须把前池、进水池中的水全部排空，荷载计算比正常运行期少了进水池中水重和进水侧水压力。检修期的荷载计算应视具体情况确定。

地震荷载应根据建筑物的等级按抗震设计规范规定进行。

（二）抗渗稳定校核

堤身式湿室型泵房，往往和出水池（或压力水箱）建在一起，泵房本身承受着进、出水侧水位差造成的水平推力，渗透压力和浮托力。为确保地基土的渗透稳定，泵房顺水流方向的长度除满足泵房内部布置要求外，还应有足够的地下轮廓线长度。泵房的地下轮廓线长度是从水流的入渗点开始，沿着泵房底板的不透水地下轮廓线到渗流的逸出点为止。泵房的地下轮廓线总长度，如果大于用勃莱法或莱因法计算的最小地下轮廓线总长度，则不会发生渗透变形，是安全的。

实际工程中，为延长渗径，减小渗透坡降，防止地基上发生渗透变形，往往设置防渗设备和排水设施。泵房主要依靠底板长度、出口处的防渗板、在渗流逸出处设置反滤层及铺盖等措施来满足一定的渗径长度要求，确保泵房的渗透稳定。

（三）抗滑稳定分析

抗滑稳定用下列公式计算：

$$K_c = \frac{f \sum W}{\sum P} \geq [K_c] \qquad (6\text{-}17)$$

式中　$[K_c]$——允许抗滑系数,根据建筑物等级而定,参见表6-3;

　　　K_c——滑动安全系数;

　　　$\sum W$——所有垂直力的总和,kN;

　　　$\sum P$——所有水平力的总和,kN。

表6-3　允许抗滑系数

建筑物级别	I	II	III	IV	V
设计情况(基本)	1.35	1.30	1.25	1.20	1.15
校核情况(特殊)	1.20	1.15	1.10	1.05	1.05

(四)抗浮稳定分析

泵房抗浮稳定按下式计算:

$$K_\phi = \frac{\sum G}{\sum V_\phi} \geq [K_\phi] \qquad (6\text{-}18)$$

式中　$[K_\phi]$——允许抗浮安全系数,基本组合取1.10,特殊组合取1.05;

　　　K_ϕ——抗浮安全系数;

　　　$\sum G$——所有垂直力的总和,kN;

　　　$\sum V_\phi$——浮托力,为泵房淹没于水下同体积水重,kN。

(五)地基应力校核

泵站整体稳定分析时,若泵站机组台数较少,可取整个泵房作为计算单元;若泵站机组较多,泵房长度较长,一般取一个机组段作为计算单元。地基应力按下式计算:

$$P^{max}_{min} = \frac{\sum G}{BL}\left(1 \pm \frac{6e}{B}\right)$$

其中　　　　　　　　　　$e = \frac{B}{2} - \frac{\sum M_A}{\sum G} \qquad (6\text{-}19)$

式中　P^{max}_{min}——基础底面边缘最大、最小地基应力,kPa;

　　　$\sum G$——计算单元内所有垂直力的总和,kN;

　　　B——计算底板宽度(顺水流方向),m;

　　　L——计算单元长度,m;

　　　e——偏心距,即$\sum G$作用点对于底板中线的距离,

　　　$\sum M_A$——计算单元内所有外力(包括水平力和垂直力)对底板A点的力矩之和,

　　　　　　kN·m。

按式(6-19)计算的P^{max}_{min},必须满足以下要求:

$$\left.\begin{array}{l} \overline{P} = \dfrac{P_{\max} + P_{\min}}{2} \leqslant [R] \\[2mm] P_{\max} \leqslant 1.2[R] \\[2mm] \dfrac{P_{\max}}{P_{\min}} \leqslant [\eta] \end{array}\right\}$$ (6-20)

式中　$\overline{P}$——基础底面处的平均地基应力,kPa;

　　　$[R]$——地基土的容许承载力,Pa;

　　　$[\eta]$——地基应力分布不均匀系数,对于砂土、黏土地基,可分别取 1.5～2.0、1.2～1.5。

若计算结果不满足上述要求,可采取以下措施使之满足:

(1)将泵房底板向一侧加长,改变合力偏心距,使地基应力分布均匀。

(2)采用换砂基、打桩基等必要的地基处理措施。

(3)调整泵房内部机电设备布置或改变构件结构形式等,使地基应力分布尽量均匀。

第四节　进、出水建筑物设计

提灌站进、出水建筑物包括:进水涵闸、进出水管、出水池(压力水箱及泄水涵洞)、引排水渠(暗管、涵洞)、前池、进水池、分水闸(防洪闸)等。进、出水建筑物的布置形式和尺寸直接影响水泵性能、装置效率、工程造价以及运行管理等。进水管道的设计见本章第二节。本节只介绍引水渠、前池、进水池、出水管道、出水池和压力水箱的布置与设计。

一、引水渠设计

当提灌站的泵房远离水源时,应设计引渠(岸边式泵站可设涵洞),以便将水源的水流均匀地引至前池和进水池。引渠设计应符合以下要求:

(1)有足够的输水能力,以满足泵站的引水流量。

(2)渠线宜顺直。如需设弯道,土渠弯道半径应大于 5 倍渠道水面宽,石渠及衬砌渠弯道半径宜大于 3 倍渠道水面宽,弯道终点与前池进口之间应有大于 8 倍渠道水面宽的直段长度。

(3)引水渠中心线与河道中心线的交角(引水角)应控制在 30°～50°,以防泥沙进入引渠。

(4)尽量采用正向进水,即引水渠的中心线和前池、进水池的中心线在一条直线上,为前池、进水池创造良好的水流条件。

(5)要有拦污、沉沙、冲沙(对多泥沙河流)、拦冰(对寒冷地区)等设施,防止污物、有害泥沙、冰块进入前池。

(6)渠线宜避开地质构造复杂、渗透性强和有崩塌可能的地段,渠身宜设在挖方地基上,少占耕地,保证引渠安全稳定,且节省工程投资。

引渠采用提灌站最大流量为设计流量,按明渠均匀流进行断面设计,用不冲流速和不淤流速进行校核,经技术经济比较后确定出最佳方案,具体见《农田水利学》相关书籍。

二、前池设计

在有引渠的提灌站中,前池是引水渠和进水池之间的连接建筑物。前池的底部在平面上呈梯形,其短边等于引渠底宽,长边等于进水池宽度。纵剖面为一逐渐下降的斜坡与进水池池底衔接,如图6-8所示。它的作用是平顺地扩散水流,将引渠的水流均匀地输送给进水池,为水泵提供良好的吸水条件;当水泵流量改变时,前池的容积起一定的调节作用,从而减小前池和引渠的水位波动。

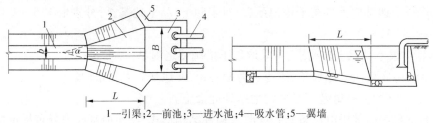

1—引渠;2—前池;3—进水池;4—吸水管;5—翼墙

图6-8 正向进水前池

按水流方向分,前池可分为正向进水前池和侧向进水前池两种形式。所谓正向进水,指前池的来水方向和进水池的进水方向一致,侧向进水是两者的水流方向成正交或斜交。在枢纽布置时应尽量采用正向进水前池。正向进水前池形式简单,施工方便,池中水流比较平稳,流速也比较均匀,工程中应尽可能采用正向进水前池。如因某种原因一定要采用侧向进水前池,池中宜设置导流设施(导流栅、导流墩、导流墙等),必要时通过模型试验验证。

(1)前池扩散角 α。如图6-8所示,水流在边界条件一定的情况下,有它的天然扩散角,亦即不发生脱壁回流的临界扩散角。如果前池扩散角等于或小于水流的扩散角,则前池内不会产生脱壁回流;但 α 过小,将使前池长度加大,从而增加工程量。所以,前池扩散角等于水流扩散角时,最为经济合理。根据有关试验和工程实践,前池扩散角 α 一般采用20°~40°。

(2)前池底坡 i。引水渠末端高程一般高于进水池池底,因此当前池和进水池连接时,前池除进行平面扩散外,往往有一向进水池方向倾斜的纵坡,当此坡度太陡时,水流会产生纵向回流,水泵吸水管阻力增大,若太缓,则会增加工程量,适宜的前池底坡 i 应在0.2~0.3的范围内选取。

(3)前池长度。可按下式计算:

$$L = \frac{B - b}{2\tan(\alpha/2)} \tag{6-21}$$

式中　L——前池长度,m;

　　　B——进水池总宽度,m;

　　　b——引水渠末端渠底宽,m;

　　　α——前池扩散角,一般取20°~40°。

三、进水池设计

进水池是供水泵或进水管直接吸水的建筑物。试验表明,进水池中的水流流态直接影响水泵的进水性能。进水池的设计应使进水池中水流平顺,流速不宜过大,同时不允许有旋涡产生。进水池中的水流流态除取决于前池来水外,还与进水池的形状、尺寸、吸水管在进水池中的相对位置以及水泵的类型等有直接关系。因此,必须合理选择进水池形式,正确确定进水池尺寸。

(一) 悬空高度 h_1

悬空高度 h_1(见图6-9)指进水管口至池底的垂直距离。若悬空高度过大,会增加池深和工程量,还可能造成单面进水,使管口流速和压力分布不均匀,水泵效率下降,有时还会形成附壁旋涡,使水泵产生振动和噪声。若悬空高度过小,进入喇叭口的流线过于弯曲,增加进口水力损失,水泵效率下降,并会产生附底旋涡;同时悬空高度过小会使池底冲刷,严重的会将池底砌石的砂浆吸起。

据试验资料,对于中小型立式轴流泵,取 $h_悬 = (0.3 \sim 0.5)D_进$,但不宜小于 0.5 m;对于卧式水泵,取 $h_悬 = (0.6 \sim 0.8)D_进$,但不宜小于 0.3 m;对于小管径采用上限,对于大管径采用下限。此时,泵站装置效率基本不变。

(二) 淹没深度 h_2

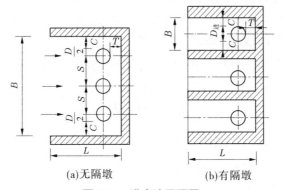

淹没深度 h_2(见图6-9)指进水管口在进水池水面以下的深度,它对水泵进水性能具有决定性的影响,如果确定不当,池中将形成旋涡,甚至产生进气现象,使水泵效率下降,还可能引起机组超载、汽蚀、振动和噪声等不良后果。正确确定淹没深度 h_2,显得十分重要。

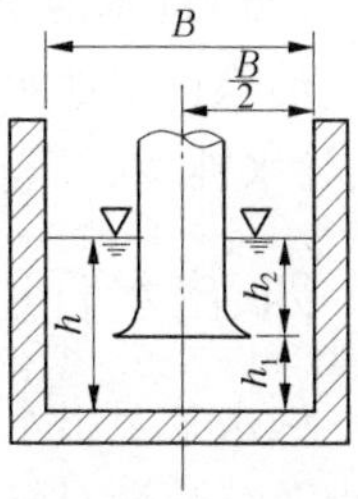

一般地,若进水管立装,h_2 不小于 0.5 m;若进水管水平安装,则管口上缘淹没深度不小于 0.4 m。对于中小型立式轴流泵,据有关试验资料,其临界淹没深度还可根据后壁距 T 来确定。当后壁距 $T = (0 \sim 0.25)D_进$ 时,$h_2 = 0.8D_进$;当后壁距 $T = 0.5D_进$ 时,$h_2 = (1.0 \sim 1.1)D_进$。其中,后壁距 T 指进水管口外缘至进水池后墙的距离,通常以 $T = 0$ 为最好。但为了安装与检修方便,通常采用 $T = (0.3 \sim 0.5)D_进$。

图 6-9 吸水管在进水池中的位置

(三) 进水池最小宽度 B

对于无隔墩式,进水池最小宽度 B(见图6-10(a)),采用下式计算:

(a)无隔墩   (b)有隔墩

图 6-10 进水池平面图

$$B = \begin{cases} (2 \sim 3)D_进 & (\text{池中只有单台泵时}) \\ (n-1)S + D_进 + 2C & (\text{多台泵共用一池时}) \end{cases} \tag{6-22}$$

式中　$D_进$——进水管口直径,m;

　　　n——水泵台数或进水管根数;

S——两吸水管中心之间的距离,m,一般 $S \geqslant (2 \sim 2.5) D_{进}$;

C——最外侧吸水管口外缘至进水池侧墙距离,m,一般取 $C = (0.5 \sim 1.0) D_{进}$。

(四)进水池池长 L

进水池的长度可按下式计算:

$$L = K \frac{Q}{Bh} \quad (L \geqslant 4.5 D_{进}) \tag{6-23}$$

式中　B——进水池宽度,m;

　　　h——设计水位时,进水池水深;

　　　Q——水泵设计流量,m³/s;

　　　K——秒换水系数,当 $Q < 0.5$ m³/s 时,$K = 25 \sim 30$,当 $Q > 0.5$ m³/s 时,$K = 15 \sim 20$,
　　　　　轴流泵时,K 取上限,离心泵时 K 取下限。

(五)进水池防涡措施

消除进水池水面和水下旋涡的措施有很多,例如水下盖板、水下盖箱、水上盖板、双进水管、导水锥、水下隔板等措施。

四、出水管道设计

从水泵至出水池之间的一段有压管道称为出水管道。出水管道的长度、数量和管径的大小及其铺设对泵站的总投资影响较大。特别是高扬程泵站,出水管往往很长,在泵站总投资中所占比重很大,而且还影响到泵站的运行费用。出水管道应适应水泵不同工况下的安全运行。因此,正确合理地设计出水管道显得尤为重要。

(一)出水管道的管材与经济管径

提灌站的出水管道大多采用钢管和预应力钢筋混凝土管(国家有标准产品)。钢管具有强度高、管壁薄、接头简单和运输方便等优点;但它易生锈,使用期限短,造价高。在设计压力允许的情况下,尽量选用预应力钢筋混凝土管。

当管长及流量一定时,管径选得大,则流速小,水力损失小,电能损失也小,但所需材料多,造价高。若管径选得小,则情况与上述相反。因此,需要通过技术经济比较,确定经济管径。初选时,可用以下经验公式确定经济管径。

(1)根据扬程、流量确定经济管径(该方法较适合高扬程提灌站,低扬程时计算结果偏大):

$$D = \sqrt[7]{\frac{5.2 Q_{\max}^3}{H_{净}}} \tag{6-24}$$

式中　D——出水管经济管径,m;

　　　$Q_{\max}$——管内最大流量,m³/s;

　　　$H_{净}$——提灌站净扬程,m。

(2)根据经济流速确定经济管径:

$$D = 1.13 \sqrt{Q/v_{经济}} \tag{6-25}$$

式中　Q——管道设计流量,m³/s;

　　　$v_{经济}$——出水管道经济流速,$H_{净} < 50$ m 时,取 $1.5 \sim 2.0$ m/s,$H_{净} = 50 \sim 100$ m 时,取
　　　　　$2.0 \sim 2.5$ m/s。

（3）直接用管道设计流量进行初步估算：

$$D = \begin{cases} 13\sqrt{Q} & (当\ Q \leqslant 120\ \mathrm{m^3/h}) \\ 11.5\sqrt{Q} & (当\ Q > 120\ \mathrm{m^3/h}) \end{cases} \qquad (6\text{-}26)$$

（二）出水管道的管线选择与布置

1. 管线选择

管线需根据地形地质条件，结合提灌站总体布置要求，经方案比较后确定。其选线原则如下：

（1）管线应尽量垂直于等高线布置，以利管坡稳定，缩短管道长度。管坡一般采用1∶2.5~1∶3。

（2）管线应短而直，应尽可能减少拐弯，必须时转弯角宜小于60°，转弯半径宜大于2倍管径。

（3）出水管道应避开地质不良地段，不能避开时，应采取安全可靠的工程措施。

（4）管道跨越山洪沟道时，应考虑排洪措施，设置排洪建筑物。

（5）当出水管道线路较长时，应在管线最高处设置排（补）气阀。

2. 布置形式

（1）单泵单管平行布置。如图6-11所示，该布置方式管线短而直，水力损失小，管路附件少，安装方便，但机组台数多，出水池宽度大，适用于机组大、台数少的情况。

（2）单泵单管收缩布置。如图6-12所示，该布置方式镇墩可以合建，出水池宽度可以减小，可节省工程投资，适用于机组台数较多的情况。

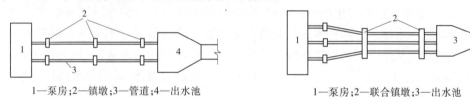

1—泵房；2—镇墩；3—管道；4—出水池

图6-11　单泵单管平行布置图

1—泵房；2—联合镇墩；3—出水池

图6-12　单泵单管收缩布置图

（三）出水管道铺设

1. 管道铺设方式

出水管道有明式铺设和暗式铺设两种。明式铺设即出水管道露天铺设于管线地基上，暗式铺设即出水管道埋设在管线地面以下。

金属水管多为明式铺设。水管不易生锈，安装检修方便。缺点是管内无水期间水管受温度变化影响较大，并需要进行经常性的维护。为便于安装和检修，管间净距不应小于0.8m，钢管底部应高出管道槽地面0.6 m。暗式铺设时，钢管应作防锈处理。

钢筋混凝土管多采用暗式铺设。管顶最小埋深应在最大冻土深度以下0.3~0.5 m，且管顶覆土深度应不小于1.0~1.2 m，埋管之间的净距不应小于0.6 m，埋入地下的管道应做好防腐处理，埋管的回填土地面应做好横向及纵向排水沟。明式铺设时，预应力钢筋混凝土应高出地面0.3 m。当管径大于或等于1 m且管道较长时，应设检查孔，每条管道的检查孔不宜少于2个。

2. 管路支承与伸缩节

明式水管的支承一般有支墩和镇墩，如图6-13所示。支墩用来承受垂直于管轴线的作用力,减小水管挠度,并防止各管段接头的失效。除伸缩节附近外,支墩应采用等间距布置。镇墩用来对水管进行完全固定,不使它发生位移,并防止水管在运行时可能产生的振动。在水管转弯处必须设置镇墩,在长直管段也应设置镇墩,其间距不宜超过 100 m。两镇墩之间的管道应设伸缩节,并应布置在上端,当温度变化时,管身可沿管轴线方向自由伸缩,以消除管壁的温度应力,减小作用在镇墩上的轴向力。

暗式管道及其支承都埋入土中。水管固定在镇墩上,中间支承一般采用浆砌石或混凝土连续结构,暗式管道的承插式接头处还应设置检修坑。

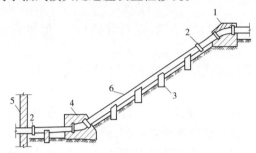

1—上镇墩;2—伸缩节;3—支墩;4—下镇墩;5—泵房后墙;6—出水管

图 6-13　明式铺设

(四)水锤及其防护

由于压力管道中流速的突然变化,引起管道中水流压力急剧升高或降低的现象称为水锤或水击,通常把水泵启动产生的水锤叫启动水锤;关闭阀门产生的水锤叫关阀水锤;停泵产生的水锤叫停泵水锤。前两种水锤只要按正常程序进行操作,不会危及水泵装置的安全。最危险的是由于突然停电或误操作造成的停泵水锤。它往往压力很大,一般可达到正常压力的 1.5 倍,甚至更大。常造成机组损坏、水管开裂等事故。因此,对停泵水锤应采取必要的防护措施。水锤的防护措施有以下几种。

1.防止降压过大的措施

(1)合理选择出水管道的直径,经济比较的前提下尽量减小管道中水流流速。

(2)在逆止阀的出水侧或在可能形成水柱中断的转折处设置调压水箱,以便在停泵的初始阶段向管中充水,防止过大降压。

2.防止增压过大的措施

(1)装设水锤消除器。水锤消除器是一个具有一定泄水能力的安全阀,它安装在逆止阀的出水侧。当停泵后,先是管中压力降低,阀瓣落下,排水口打开,随后管中压力升高,管中一部分高压水由排水口泄走,从而达到减弱增压、保护管道的目的。

(2)安装安全膜片。在出水管道上安装一支管,在其端部用一脆性材料(如铸铁)膜片密封。当管中增压超过预定值时,膜片破裂,放出水流降低管内压力,从而保证设备的安全。

(3)安装缓闭阀。当事故停机时,缓闭阀可按预定的时间和程序自动关闭。缓闭阀有缓闭逆止阀、缓闭蝶阀等形式。

(4)取消逆止阀。逆止阀取消并在事故停泵后,由于管中水流可以经过水泵倒流泄水,从而大大降低其水锤增压值。

五、出水池设计

出水池是出水管道和灌溉干渠或容泄区的连接建筑物。它具有消除出水管道出流余能,使水流平顺地流入灌溉干渠或容泄区的作用。出水池的位置比泵房高,一旦发生事故将直接危及泵房和机电设备的安全。因此,出水池的结构形式必须牢固可靠,并尽量把它建在地基条件较好的挖方中。当建在填方上时,出水池应尽量采用整体式结构。

出水池按出水方向可分为正向出水池、侧向出水池和多向分流出水池三种形式,如图 6-14 所示。正向出水池水流条件好,设计时应尽量采用正向出水池。按出水管是否淹没可分为自由出流和淹没出流,如图 6-15 所示。自由出流,出水管口高于出水池水位,停泵后池中水不会向出水管倒流,但它浪费扬程,只用在临时性的小型抽水装置中。淹没出流可以充分利用水泵的扬程,其消能效果也好。为防止停泵后出水池中水流向出水管倒流,可采用拍门式、虹吸式和溢流堰式等断流方式进行断流,如图 6-15 所示。

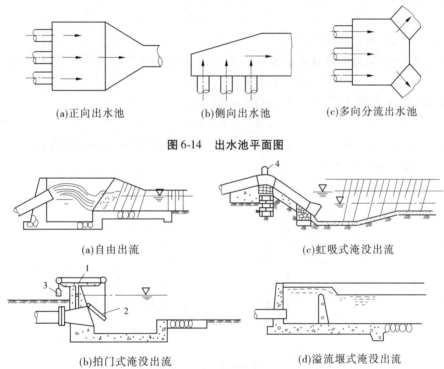

(a)正向出水池　　　　　(b)侧向出水池　　　　　(c)多向分流出水池

图 6-14　出水池平面图

(a)自由出流　　　　　　　　　　(c)虹吸式淹没出流

(b)拍门式淹没出流　　　　　　　(d)溢流堰式淹没出流

1—通气孔;2—拍门;3—平衡锤;4—真空破坏阀

图 6-15　出水管出流方式

下面仅以拍门式正向出水池为例,说明出水池各部尺寸的确定方法。

(一)出水池宽度的确定

一般提灌站大多将若干台水泵的出水管汇流于出水池,然后送至灌溉干渠。有隔墩时(见图 6-16),出水池的宽度可按下式计算:

$$B = (n-1)a + n(D_0 + 2b) \tag{6-27}$$

式中　D_0——出水管口直径,m;

　　　a——隔墩厚度,一般取 0.4 m 左右;

n——出水管根数；

b——管壁与隔墩墩壁或出水池壁之间的距离，一般取
0.25～0.3 m。

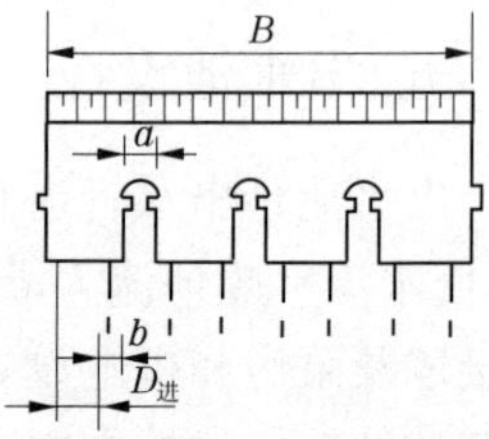

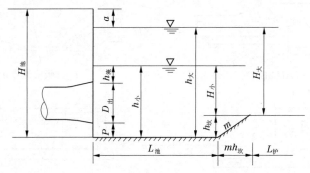
图 6-16　出水池宽度示意图

(二)出水池深度的确定

(1)出水池最小水深 $h_小$(见图 6-17)，可由下式计算：

$$h_小 = P + D_出 + h_淹 \qquad (6-28)$$

式中　P——出水管口下缘至池底的距离，m；

$D_出$——出水管口直径，m；

$h_淹$——出水池最低水位时出水管口上缘在出水池中的最小淹没深度，为保证出水池为淹没出流，必须使 $h_淹 \geqslant v_0^2/(2g)$，且不小于 0.1 m，其中 v_0 为出水管口处的流速。

(2)出水池最大水深 $h_大$(见图 6-17)，可由下式计算：

$$h_大 = h_坎 + H_大 \qquad (6-29)$$

式中　$h_坎$——池中消力坎高度，$h_坎 = h_小 - H_小$，m；

$H_小$、$H_大$——渠道中通过最小设计流量和最大设计流量时的相应水深，可从渠道的 $Q \sim f(H)$ 关系曲线查得。

(3)出水池深度 $H_池$(见图 6-17)，可由下式计算：

$$H_池 = h_大 + a \qquad (6-30)$$

式中　a——安全超高，m，$Q < 1$ m³/s，$a = 0.4$ m，$Q < 1 \sim 10$ m³/s，$a = 0.6$ m，$Q < 10 \sim 30$ m³/s，$a = 0.75$ m。

图 6-17　出水池的深度和长度示意图

(三)出水池长度的确定

出水池长度 $L_池$(见图 6-17)，可由下式计算：

$$L_池 = K h'_淹 \qquad (6-31)$$

式中　$h'_淹$——出水管口在出水池中的最大淹没深度，$h'_淹 = h_大 - P - D_出$，$h_大$ 由式(6-29)计算；

K——经验系数，可按表 6-4 选用。

计算出水池长度的经验公式很多，可参考其他有关资料。正向出水池的长度，还可根据水泵出口流速的大小，用下列经验公式计算：

$$L_池 = (3 \sim 4)D_0 \quad (v_0 = 1.5 \sim 2.5 \text{ m/s}) \qquad (6-32)$$

式中 v_0——水泵出口流速,m/s。

表 6-4 K 值表

池坎形式	$H_坎/D_0$				
	0.5	1.0	1.5	2.0	2.5
倾斜池坎	6.5	5.8	——	——	——
直立池坎	4.0	1.6	1.0	0.85	0.85

第五节 设备指标校核

设备指标校核主要包括水泵工作点校核和提灌站装置效率估算。

一、水泵工作点校核

水泵工作点校核的目的是检查所选水泵、动力机以及水泵安装高程的确定是否合理。如果水泵工作点不在水泵的高效区运行,此时就需要进行水泵工作点的调节或考虑是否重新选泵,使水泵运行能够满足设计要求。

(一)单泵单管水泵工作点的校核

1.绘制管路系统特性曲线

管路系统特性曲线,即管路系统需要扬程曲线。当泵站进、出水池水位已定时,按下式计算:

$$H_需 = H_净 + h_损 \tag{6-33}$$

式中 $H_需$——管路系统需要的扬程,m;

$H_净$——管路系统净扬程,m,即进、出水池水位差;

$h_损$——管路系统损失扬程,m。

管路损失包括局部损失和沿程损失两部分,即:

$$h_损 = h_局 + h_沿 \tag{6-34}$$

式中 $h_局$——管路局部阻力损失,m,

$h_沿$——管路沿程阻力损失,m。

(1)管路局部阻力损失。根据管路的具体布置,按下式计算:

$$h_局 = \sum_i \xi_i \cdot \frac{v^2}{2g} \tag{6-35}$$

式中 $\sum \xi$——局部阻力系数之和,与局部阻力类型有关,可查水泵及水泵站相关资料;

v——管路中的平均流速,m/s;

g——重力加速度,m/s^2;

对于圆管,式(6-35)可简化为

$$h_局 = 0.083 \sum_i \xi_i \cdot \frac{Q^2}{d^4} = S_局 Q^2 \tag{6-36}$$

式中 Q——管路中的平均流量,m^3/s;

d——管道内径，m；

$S_{局}$——管路局部阻力参数，s^2/m^5，在管路布置已定时，$S_{局} = 0.083 \sum_i \xi_i / d^4$ 是常数。

（2）管路沿程阻力损失。按下式计算：

$$h_{沿} = \frac{L}{C^2 R} v^2 \tag{6-37}$$

式中　L——管路长度，m；

　　　v——管路中的平均流速，m/s；

　　　R——水力半径，圆管 $R = d/4$，d 为管道内径，m；

　　　C——谢才系数，$C = \frac{1}{n} R^{1/6}$，n 为管道粗糙系数，可从表6-5中查得。

表6-5　管道粗糙系数 n

管道类型	新铸铁管	旧铸铁管	石棉水泥管	钢管	钢筋水泥土管
粗糙度系数 n	$0.013 \sim 0.014$	$0.014 \sim 0.035$	$0.012 \sim 0.014$	0.012	0.014

对于圆管，式(6-38)可简化为

$$h_{沿} = 10.28 n^2 \cdot \frac{L}{d^{5.33}} Q^2 = S_{沿} Q^2 \tag{6-38}$$

式中　$S_{沿}$——管路沿程阻力参数，s^2/m^5，在管路布置已定时，$S_{沿} = 10.28 n^2 \cdot L/d^{5.33}$ 是常数。

由此，管路系统损失为

$$h_{损} = h_{局} + h_{沿} = S_{局} Q^2 + S_{沿} Q^2 = SQ^2 \tag{6-39}$$

式中　S——管路局部和沿程阻力参数之和，s^2/m^5，在管路布置已定时，S 是常数。

将式(6-39)代入式(6-33)，得管路系统需要扬程与流量的关系 $Q \sim H_{需}$，即管路系统特性曲线：

$$H_{需} = H_{净} + SQ^2 \tag{6-40}$$

2. 确定水泵工作点

将水泵的性能曲线 $Q \sim H$ 和管路系统特性曲线 $Q \sim H_{需}$，按同一比例绘在同一个坐标系中。因为 $Q \sim H_{需}$ 是随流量的增加而上升的，而水泵的性能曲线 $Q \sim H$ 是随流量的增加而下降的，两条曲线必然相交，其交点 A 即是水泵运行中的工作点，如图6-18所示。由此，可得到水泵工作点的扬程 H_A、流量 Q_A、功率 P_A、效率 η_A、允许吸上真空高度 $[H_S]_A$。

3. 水泵工作点校核

水泵工作点的校核主要是确定水泵在不同扬程情况下运行时的水泵工作点，检查它们是否都在水泵高效区范围内运行，是否满足设计要求。对水泵工作点进行分析时，要注意以下几点：

（1）水泵在设计扬程下运行时，泵的流量应满足设计要求，水泵的工作点应在高效区。

（2）水泵在最低扬程下运行时，对离心泵和轴流泵要注意是否会产生汽蚀，对离心泵还要注意动力机是否会过负荷。

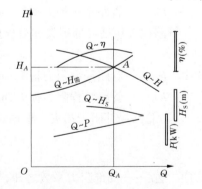

图6-18　水泵工作点的确定

（3）水泵在最高扬程下运行时,对轴流泵要注意动力机是否会过负荷,是否会产生汽蚀。

（二）水泵并联运行工作点的校核

两台或两台以上的水泵同时向一条出水管道供水,称水泵并联运行。并联泵的扬程不能相差太大,并联运行的目的是增加流量,而扬程保持不变。水泵并联运行工作点校核的目的同样是检查水泵在并联运行中,其工作点是否在高效区范围内,是否满足设计要求。这里,仅讨论通常情况下的管路对称布置且同型号水泵并联运行时工作点的确定。

1. 绘制水泵并联后总性能曲线

因为水泵同型号,所以水泵的性能曲线是相同的。并联泵合成性能曲线的绘制方法,通常采用横加法,把同一扬程下对应的各台泵的流量相加,即可绘出水泵并联后总的性能曲线$(Q \sim H)_总$,如图6-19所示。

2. 绘制并联装置特性曲线

因为管路是对称布置的,所以管路系统的水头损失也是一样的。如图6-19所示,当管路CE、CF的损失与CD相比小得多时,则CE、CF管路损失可以忽略不计,则并联装置特性曲线的绘制方法和非并联时完全相同。

当CE、CF的管路损失不可忽略时,若通过CE管、CF管和CD管的流量分别用Q_E、Q_F、Q_C表示,则$Q_E = Q_F = 0.5Q_C$。由此,ECD（或FCD）管路系统特性曲线$Q \sim H_需$可表达为

$$H_需 = H_净 + (S_{CE}Q_E^2 + S_{CD}Q_C^2) = H_净 + \left(\frac{1}{4}S_{CE} + S_{CD}\right)Q_C^2 \tag{6-41}$$

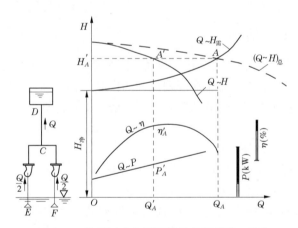

图6-19　管路对称布置同型号水泵并联工作点

3. 并联运行水泵工作点校核

按同一比例,将水泵并联后总性能曲线$(Q \sim H)_总$,与并联装置特性曲线$Q \sim H_需$绘到同一坐标系中,得两曲线交点A,A即为并联工作点。由A向左做水平线与单台水泵性能曲线$Q \sim H$交于A',A'即为并联运行时每台水泵的工作点,如图6-20所示。水泵并联运行工作点的校核,同样需确定水泵在不同工作扬程下的水泵工作点,然后分析是否满足设计要求。

（三）水泵串联运行工作点的校核

第一台水泵出水管与第二台吸水管连接,即两台水泵首尾相连的运行方式,称为水泵的串联。串联泵的流量不能相差太大,串联运行的目的是增加扬程,而流量保持不变。所以,

两台水泵串联后水泵总的性能曲线$(Q\sim H)_总$可采用纵加法,即等流量下扬程相加的方法绘制得到,如图6-20所示。

串联装置特性曲线$Q\sim H_需$的绘制方法与非串联时相同。串联水泵总的性能曲线$(Q\sim H)_总$与串联装置特性曲线$Q\sim H_需$相交于A点,自A点向下引竖线与$(Q\sim H)_I$和$(Q\sim H)_{II}$相交于B、C两点,即为水泵串联运行时各自的工作点。然后,分析它们是否满足设计要求。

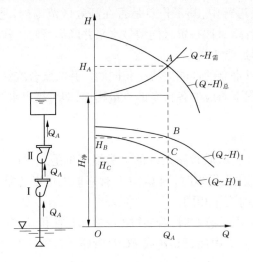

图6-20　水泵串联运行工作点

二、提灌站装置效率估算

提灌站的抽水装置主要由动力机,传动设备,水泵,管路及进、出水池组成。表征这些装置的综合效率称泵站装置效率。对正在规划设计的提灌站,为全面论证工程设计的合理性,需对提灌站装置效率进行估算。提灌站装置效率一般按下式计算:

$$\eta_站 = \eta_泵 \, \eta_传 \, \eta_动 \, \eta_管 \, \eta_池 \tag{6-42}$$

式中　$\eta_站$——提灌站装置效率(%);

$\eta_泵$——水泵运行效率(%),水泵工况点A(见图6-18)的效率;

$\eta_传$——传动装置的效率(%),查表6-2;

$\eta_动$——动力机的效率(%),①电动机时,可根据其效率曲线图$\beta\sim\eta_动$(产品样本中查)查得,其中,β为电动机负荷系数,$\beta=(P_A/\eta_传)/P_0$,P_A为水泵工作点A(见图6-18)的轴功率,kW,P_0为电动机的额定功率,kW;②柴油机时,$\eta_动=3.55/g_e$,g_e为柴油机耗油率,g/(kW·h),可根据柴油机的有效功率P_e和柴油机的转速n,从柴油机万有特性曲线图(产品样本中查)中查得;

$\eta_管$——管路运行效率(%),$\eta_管=H_净/(H_净+h_损)$,$H_净$和$h_损$见式(6-33);

$\eta_池$——进、出水池的效率(%),$\eta_池=H_净/(H_净+h_{池损})$,$h_{池损}$根据进、出水池的形式尺寸确定。

轴流泵和混流泵抽水装置效率不宜低于70%,离心泵抽水装置效率不宜低于65%,不同扬程下不同泵型提灌站的管路效率和装置效率要求见表6-6。

表 6-6 泵站装置效率要求

净扬程(m)	泵型	管路效率(%)	泵站装置效率(%)
<3	轴流泵、混流泵	75~80	50~55
3~8	轴流泵、混流泵	80~85	55~65
	大型轴流泵、混流泵	85~90	60~65
8~15	离心泵、混流泵	85~90	65~70
15~30	各种泵型	90~95	65~70
>30	各种泵型	>95	>70

设计不同的净扬程估算所对应的泵站装置效率,将这些泵站装置效率值点绘在图中并连成曲线,即泵站装置效率曲线。泵站装置效率曲线对泵站的规划设计、节能改造与经济运行都极其有用。

第六节 提灌站工程设计实例

本站为一明渠引水的提灌站,设计流量为 1.6 m³/s,渠底比降 $i = 1/6\,000$,底宽 b 为 2.1 m,边坡系数 $m = 1.5$,糙率 $n = 0.025$,最高运行水位 192.7 m,最低运行水位 191.7 m。进水池设计水位 192.18 m,最高运行水位 192.5 m,最低运行水位 191.58 m。出水池设计水位 217.48 m,最低运行水位 217.18 m。站址处土壤为黏壤土,干重度 12.74~16.66 kN/m³,湿重度 17.64 kN/m³,黏结力 19.6 kN/m²,土壤内摩擦角 25°,地基允许承载力 $[P] = 215.6$ kN/m²。灌溉季节最高气温 39 ℃,最高水温 25 ℃。冬季最低气温 −8 ℃,冻土层厚度 0.3 m。水源边有南北向公路经过,路旁有 10 kV 高压线,供电容量足够。当地主要有石料、黄砂等建筑材料可供使用。

一、水泵选型与设备配套

(一)水泵选型

设计流量:$Q = 1.6$ m³/s;设计扬程:$H_净$ 即进、出水池设计水位差 217.48 − 192.18 = 25.3(m);$h_损$ 按 20% $H_净$ 进行估算。$H_设 = H_净 + h_损 = 25.3 + 25.3 \times 20\% = 30.36$(m)。因此,选用 5 台 14Sh−19 型双吸离心泵,流量 0.35 m³/s,扬程 26 m,效率 88%,允许吸上真空高度 2.65 m。

(二)动力机配套

配套 5 台直接传动的型号为 JS−116-4 型防护式双鼠笼型异步电动机,额定功率 155 kW。

(三)管路配套

拟选用法兰式铸铁管。进口喇叭管处流速取 1.2 m/s,进水管取 1.8 m/s,出水管取 2.0 m/s。

进口喇叭管口直径 $D_进 = \sqrt{\dfrac{4Q}{\pi v}} = \sqrt{\dfrac{4 \times 0.35}{3.14 \times 1.2}} = 0.61$(m);同理,吸水管 $D_进 = 0.49$ m,

出水管 $D_{进}=0.472$ m。

查资料取标准值:进口喇叭管直径630 mm,吸水管路直径500 mm,出水管路直径500 mm。

进水管长:根据实际情况,取11.0 m。

相关管路附件包括:偏心渐缩接头(小头直径350 mm、大头直径500 mm)、真空表、水泵出口渐扩管、闸阀、拍门、管路出口渐扩管(小头直径300 mm、大头直径500 mm)、压力表等。

(四)水泵安装高程

铸铁糙率 $n=0.013$,进水管长取11.0 m。进口、90°弯头、渐缩局损系数分别为0.2、0.64、0.2。

$$h_{沿} = 10.28n^2 \cdot \frac{L}{d^{5.33}}Q^2 = 10.28 \times 0.013^2 \times \frac{11.0}{0.5^{5.33}} \times 0.35^2 = 0.094(\text{m})$$

$$h_{局} = 0.083 \sum_i \xi_i \cdot \frac{Q^2}{d^4} = 0.083 \times \left(\frac{0.2}{0.63^4} + \frac{0.64}{0.5^4} + \frac{0.2}{0.35^4}\right) \times 0.35^2 = 0.25(\text{m})$$

吸水管路水头损失:

$$h_{损} = h_{局} + h_{沿} = 0.094 + 0.25 = 0.34(\text{m})$$

于是,水泵允许吸上高度:

$$[H_{吸}] = H_{sa} - v_s^2/2g - h_{吸} = 2.65 - 1.8^2/19.62 - 0.34 = 2.14(\text{m})$$

所以,水泵安装高程:

$$\nabla_{安} = \nabla_{min} + [H_{吸}] - K = 191.58 + 2.14 - 0.2 = 193.52(\text{m})$$

二、泵房设计

经简单计算水泵有效吸程大于水源水位变幅,地下水位较低,决定选用挡土墙式分基型泵房。

(一)主机组布置

为减小泵房长度与进水池宽度,从而减少工程量,5台套机组采用双列交错布置。查资料得机组轴向总长度2.555 m,水泵进出口间距1.1 m,主机组布置如图6-21所示。

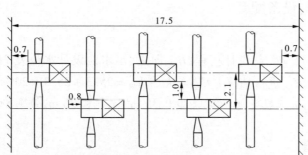

图6-21 机组平面布置示意图 (单位:m)

(二)泵房尺寸

(1)长度:$L = L_{主} + L_{电} + L_{检} = 17.5 + 2.9 + 4.8 = 25.2(\text{m})$,如图6-22所示。

(2)宽度(跨度):$B = 3.2 + 0.89 + 0.7 + 0.3 + 0.69 + 0.5 + 0.7 + 1.8 = 8.78(\text{m})$,取9.0 m,如图6-23所示。

(3)高度:$H = 0.8 + 0.4 + 1.07 + 1.10 + 0.93 = 4.3(\text{m})$,取4.5 m,如图6-24所示。

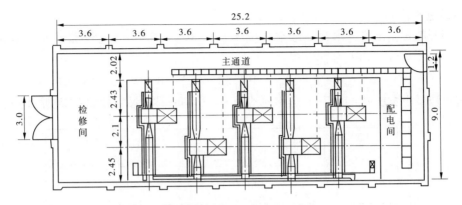

图 6-22 泵房跨度尺寸示意图 （单位：m）

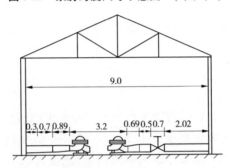

图 6-23 泵房跨度尺寸示意图 （单位：m）

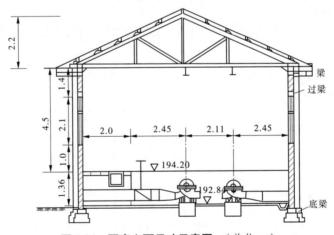

图 6-24 泵房立面尺寸示意图 （单位：m）

三、进水建筑物设计

(一)前池

底坡 $i=0.25$，水平扩散角取 $30°$，进水池宽度 15.7 m，引渠底宽 2.1 m，所以前池长度：

$$L = \frac{B-b}{2\tan(\alpha/2)} = \frac{15.7-2.1}{2\tan(30°/2)} = 25.38(\text{m})$$

取 25.0 m。

（二）进水池

采用开敞式挡土墙进水池。悬空高度 $h_1 = 0.8D_{进} = 0.5$ m，淹没深度 $h_2 = 1.5D_{进} = 0.945$ m，取 0.9 m。所以，池底高程：

$$\nabla_{底} = \nabla_{min} - h_1 - h_2 = 191.58 - 0.5 - 0.9 = 190.18(m)$$

进水池最小宽度 $B = 15.7$ m，进水池池长 $L = 3.2$ m，具体尺寸如图 6-25 所示。

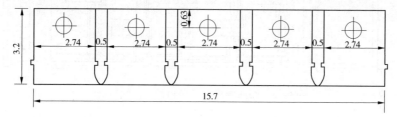

图 6-25　进水池平面尺寸示意图　（单位：m）

四、出水建筑物设计

（一）出水管路设计

出水管线拟采用收缩式布置。管线平行出泵房经起坡镇墩后，在坡面上收缩，经坡顶镇墩后再平行入出水池。实地坡面坡度为 1∶2.4，管坡拟修整为 1∶2.5。选用 DG500 低压铸铁管，其公称压力为 441 kPa。起坡镇墩为单独镇墩，顶坡为联合镇墩。起坡镇墩与顶坡镇墩间用承插式管，其余处用法兰式管。

（二）出水池设计

采用开敞式侧向出水池，用出口拍门阻止池水倒泄。边管出口处池宽 $B_1 = 4D_{出} = 2.2$（m）。

（1）池宽 $B = B_1 + (n-1)D_{出} = 2.2 + (5-1) \times 0.55 = 4.4$（m），池长根据布置情况取 11.0 m，如图 6-26 所示。

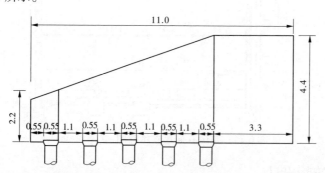

图 6-26　出水池平面尺寸示意图　（单位：m）

（2）最小淹没深度 $h_{淹}$ 取 3 倍流速水头（$Q = 0.35$ m^3/s，$D_{出} = 0.55$ m），即 0.33 m；出水管口下缘至池底的距离 P 取 0.2 m；所以，出水池最小水深 $h_{小} = P + D_{出} + h_{淹} = 0.2 + 0.55 + 0.33 = 1.08$（m），如图 6-27 所示。

五、水泵运行工况分析

(一)水泵运行工作的推求

本设计泵站净扬程为 25.3 m,进水管路长 11.64 m,出水管路长 81.45 m,铸铁管糙率 $n = 0.013$,管路直径 0.5 m,经计算:$S_沿 = 10.28n^2 \cdot L/d^{5.33} = 6.51$,$S_局 = 0.083\sum\xi/d^4 = 6.56$,所以管路系统特性曲线 $H_需 = H_净 + (S_沿 + S_局)Q^2 = 25.3 + 13.07Q^2$。

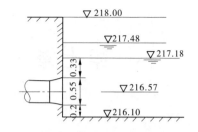

图 6-27 出水池立面尺寸示意图 (单位:m)

将 14Sh – 19 型水泵的性能曲线 $Q \sim H$ 和管路系统特性曲线 $Q \sim H_需$,按同一比例绘在同一个坐标系中,两曲线交点即为工作点。各水位组合下水泵装置运行工作点参数如表 6-7 所示。从水泵运行工况表可知:最大净扬程 25.9 m 时,流量值最小为 332.5 L/s,则泵站最小总流量 $5 \times 332.5 = 1\ 662.5(L/s) > 1.6\ m^3/s$,符合要求。

计算表明,在任何水位组合下,泵站总流量均能满足灌溉所需,水泵工作点始终在高效范围内运行,设计完全符合要求。

表 6-7 14Sh – 19 型泵装置运行工况

出水池水位(m)	217.48			217.18		
进水池水位(m)	192.58	192.18	191.58	192.58	192.18	191.58
净扬程(m)	24.9	25.3	25.9	24.6	25.0	25.6
总扬程(m)	26.5	26.9	27.4	27.35	26.65	27.15
流量(L/s)	345	340	332.5	346.5	342.5	335
轴功率(kW)	101.75	101.63	101.25	101.88	101.25	101.20
效率(%)	88	87.5	87	88	87.5	87

(二)泵站效率估算

水泵运行效率 87.5%(设计扬程下)、电机负载运行效率 92.6%、机组传动效率 99.5%(直接传动)、管路运行效率 25.3/26.9 = 94%、水池运行效率(217.38 – 192.3)/25.3 = 99%。

所以,$\eta_站 = \eta_泵\ \eta_传\ \eta_动\ \eta_管\ \eta_池 = 87.5\% \times 92.6\% \times 99.5\% \times 94\% \times 99\% = 75\% \cdot > 65\%$,符合要求。

第七章 机井工程设计

第一节 机 井

机井又称管井,因常采用水井钻机施工、水泵抽水而得名,是一种小直径(100～500 mm)、大深度(100～500 m),井壁用钢管、钢筋混凝土管、塑料管和铸铁管等多种管材加固的井型。它是地下水取水构筑物中应用最广泛的一种,因其延伸方向基本与地表面垂直,故亦属垂直系统集水建筑物。机井适用于任何岩性和底层结构。

一、机井构造

机井通常由凿井机械开凿,其井壁和含水层中进水部分是管状结构,主要由井室、井壁管、过滤器和沉淀管四部分组成(见图7-1)。

(一)井室

1. 基本概念

管井接近地表的一部分称为井头。为避免井口污染、机井安全和管理以及满足卫生防护要求,井头通常与机电设备同设在一个泵房内,又将该场所称为井室。考虑到井室内安装抽水设备,故布设采光、通风、防水、隔潮及采暖等设施。井口部分的构造通常比较严密,并高出地面0.3～0.5 m,以防积水流入井内。

2. 影响因素

井室的形式受抽水设备、其他设备及气候、水源地卫生状况等因素的影响。抽水设备属其中最主要的因素,故进行井室形式选择时还必须考虑影响抽水设备的多项因素,如井的出水量、井的静水位和动水位及井的构造(含井深和井径)。

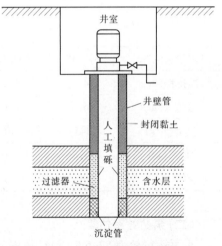

图7-1 单过滤机井示意图

3. 基本类型

1)深井泵站

深井泵站可在地面、地下或半地下布设。其中,地面式深井泵具有易于维护、通风、采光、防水及隔潮的特点;地下式深井泵受外界气温影响较小,特别适建于北方寒冷地区,也便于烟路工程的规划。

2)深井潜水泵站

潜水泵主要由电动机、水泵和扬水管组成。电动机与水泵联合为一体,完全浸没在水中工作。它具有质量轻、结构简单、便于使用、运转平稳、无噪声、低维护费和不需修建地面泵房等特点,故对于深井潜水泵也可简化井室构造。

3) 卧式水泵站

卧式水泵可与井室分建或合建。分建时,类似于自流井室;合建时,受吸水高度影响,通常将井室布设于地下,构造按一般泵站要求确定即可。

4) 其他

空气扬水装置是一种利用向底部输入压缩空气后形成的上升气泡与水体间的摩擦力,带动水体上升的扬水装置。该类装置有时也安装于管井内,此时,井室与泵站需分开修建,但井室中要安装气水分离器。其形式和构造与深井泵站基本相同。

(二) 井壁管

1. 基本概念

井壁管是一种不允许进水的井管。通常安装在隔水层或不计划开采的含水层处,多用黏土球止水。主要功用在于固定井壁、隔离不良水质或较低水头的含水层。

选择井壁管时,为使其能承受地层、人工填充物等的侧压力,必须满足高强度、不变形等要求,以及易于安装抽水设备和清洗、维修管井等。

2. 基本分类、适用范围

按材料性质不同,井壁管有金属和非金属两类。

1) 金属类井壁管

钢管和铸铁管是金属管中最常用的两种。其特点在于具有机械强度高、规格标准、易于加工、质量轻、运输方便、高造价和易于腐蚀等。钢管多用于400 m以下的深机井;铸铁管因具有抗拉强度远低于钢管,较脆、管壁厚、自重大等缺点,故下管深度受限,井深一般为200~400 m。

2) 非金属类井壁管

混凝土管、钢筋混凝土管、石棉水泥管和塑料井管较为常用。

(1)混凝土管和钢筋混凝土管的特点在于能就地取材、易于制作、低造价、耐腐蚀、节省钢材、低强度、自重大、单根长度小,接头多且质量难保证,下管技术复杂且深度有限,多用于农用井,工业井采用较少。

这里,混凝土井管按构造要求配筋,因不能抗拉、抗弯,仅能用托盘下管,使用范围逐渐缩小,适用于深200 m以内的井;钢筋混凝土管,则按应力标准配筋,允许承受拉应力、弯应力,可用托盘下管或悬吊法下管,下管深度达400 m。

(2)石棉水泥管具有耐腐蚀、自重小、低造价、易加工等特点,但因具有管壁较薄,接头不易处理、易漏沙和淤管井等问题,故井深在200 m以内。

(3)塑料井管具有较好的耐腐蚀性、质量轻(约为钢管的1/5)、便于运输、易安装和易加工等优点;缺点是热稳定性差、线膨胀系数大、低温时易脆。井深在200~300 m。

3. 影响因素

机井井壁管直径的选择应综合考虑水泵类型、吸水管外形尺寸等因素;井壁管类型的选择,则应视修建机井的所在区域的地形地貌条件、主要用途、预期使用年限、是否便于后期维修和管理等因素而定。

(三) 过滤器

过滤器是除去液体中少量固体颗粒的小型设备,安装在开采的含水层处。它可稳定松散含水层、破碎和易溶解成洞穴的坚硬岩层,能使水流从井管和井孔环状间隙中填入的人工填料中通过,起过滤水流、阻止砂砾的作用,进而确保了机井的正常工作。安装过滤器时,重点考虑以下问题。

1. 过滤器特性

过滤器是否具备足够的强度、进水面积,有效防止涌砂,抗腐蚀性,良好的透水性,以及保持人工填粒和含水层的渗透稳定性等。

2. 滤水器长度的选择

当地水文地质条件和总体规划中计划开采的含水层厚度是确定滤水管长度的主要依据。一般地,按以下两种情况考虑:

(1)按含水层集中与否确定:①含水层集中时,滤水器可在含水层整段安装;②在多层含水层中取水且各层间相隔较远时,滤水器则需在对应含水层分段安装。

(2)按井的种类确定:①完整井时,对集中的承压含水层,按含水层的全部厚度安装滤水器;对集中的潜水含水层,按含水层下部厚的 1/2 ~ 3/4 安装滤水器;②不完整井时,对承压含水层,按其钻入含水层的深度安装;对潜水含水层,按设计动水位至井底(除沉砂管)的深度安装。

3. 其他

过滤器的构造形式、材质、施工安装质量等对机井的单位出水量、含砾量和使用寿命等都存在影响。所以,在进行过滤器安装时,应综合考虑。

(四)沉淀管

沉淀管又称沉砂管,位于机井最下段,即接在过滤器下面,属无孔管段。其主要作用在于沉淀进入机井内的细小砂砾、自地下水中析出的沉淀物,防止滤水器被沉淀管堵塞等。

沉淀管长度的确定主要依据含水层厚度、含水层的出砂可能性和其颗粒大小。若含水层厚度较大或颗粒较细,可取长些;反之则短。一般取 2 ~ 10 m,当含水层厚度大于 30 m 且颗粒较细时,长度不小于 5 m。

二、机井分类

按照水井凿入含水层深度的不同或按其过滤器能否贯穿整个含水层,可分为非完整井和完整井。

若水井的进水部分只穿过部分含水层,且未达到隔水层,称为非完整井;若水井的进水部分穿过整个含水层,并达到隔水层,称为完整井。其中,前者属三维流,是井壁井底同时进水;后者属二维流,只有井壁进水。其他条件相同时,不完整井的流量小于完整井的流量。

三、机井设计

机井设计过程中,重点在于确定机井出水量和单井控制灌溉面积、井距及井数等。

(一)机井出水量

机井出水量的确定通常有两种方法,即经验公式法和理论计算法。

1. 经验公式法

经验公式法是通过抽水试验资料,确定机井出水量和水位降深之间的关系曲线,再通过数学方法建立二者表达式的一种方法。

1)建立公式的基本步骤

(1)根据流量 Q 和水位降深 s 的基础资料,确定 $Q \sim s$ 关系曲线;

(2)依据 $Q \sim s$ 关系曲线,利用数学方法,判断经验方程的基本类型;

(3)利用图解法或计算法确定经验公式中的待定系数,完成经验公式;

(4)基于经验公式,预测机井流量或水位降深。

2)$Q \sim s$ 曲线类型

$Q \sim s$ 曲线的类型有直线型、抛物线型、指数曲线型和对数曲线型等。

(1)直线型。即机井的单位出水量 $q(\mathrm{m}^3/(\mathrm{d} \cdot \mathrm{m})$ 或 $\mathrm{m}^3/(\mathrm{h} \cdot \mathrm{m}))$ 就是其设计出水量 $Q(\mathrm{m}^3/\mathrm{d}$ 或 $\mathrm{m}^3/\mathrm{h})$ 与其设计水位降深 $s(\mathrm{m})$ 的比值:

$$q = Q/s \tag{7-1}$$

直线型经验公式也称 Dupuit 公式,只适用于承压含水层,且抽水降深不能过大。若抽水的最大降深为 $s_{\max}$,则允许外推的设计降深 $s \leqslant (1.5 \sim 1.75) s_{\max}$。大于该范围,则出现较大误差。

(2)抛物线型。即机井设计出水量 $Q(\mathrm{m}^3/\mathrm{d}$ 或 $\mathrm{m}^3/\mathrm{h})$ 与其设计水位降深 $s(\mathrm{m})$ 呈二次抛物线关系,这里,有两个待定系数 a 和 b。

$$s = aq + bQ^2 \tag{7-2}$$

抛物线型主要适用于导水系数大和补给条件较好的潜水或水头不高的承压含水层。允许外推的设计降深 $s \leqslant (1.75 \sim 2.0) s_{\max}$。

(3)指数曲线型。即机井设计出水量 $Q(\mathrm{m}^3/\mathrm{d}$ 或 $\mathrm{m}^3/\mathrm{h})$ 与其设计水位降深 $s(\mathrm{m})$ 呈指数关系,且有 1 个待定系数 m 和指数 n。

$$Q = ms^{1/n} \tag{7-3}$$

指数曲线型适用于透水性强,且厚度、分布范围相对较小和补给条件较差或降落漏斗已扩展到隔水边界的承压含水层。允许外推的设计降深 $s \leqslant (1.75 \sim 2.0) s_{\max}$。

(4)对数曲线型。即机井设计出水量 $Q(\mathrm{m}^3/\mathrm{d}$ 或 $\mathrm{m}^3/\mathrm{h})$ 与其设计水位降深 $s(\mathrm{m})$ 呈对数关系,且有两个待定系数 a 和 b。

$$Q = a + b\lg s \tag{7-4}$$

对数曲线型适用于补给条件较差或富水性较差的承压含水层。允许外推的设计降深 $s \leqslant (2.0 \sim 3.0) s_{\max}$。

2. 理论公式法

机井出水量的理论方法有裴布依(Dupuit)公式、蒂姆(Thiem)公式、泰斯(Theis)公式、仿泰斯公式或 Jacob 公式。其中,前两个公式多用于完整井,后两个公式多用于非完整井。每个公式的适用均需遵从一定的假设,详细内容可参阅相关书籍。

综上所述,对于机井出水量确定方法的选择,应分情况或阶段选择,即勘察、规划阶段,用理论公式估算机井出水量;设计、管理阶段,用抽水试验确定;机井的设计出水量和降深,用抽水试验确定;资料不足时,用探采结合井的实测资料或基于附近同类条件的机井资料确定,还可用经验公式或理论公式确定。成井后,均需进行试验抽水,予以校正。

(二)单井控制灌溉面积

在地下水利用量和补给水量基本平衡的条件下,基于上述方法可确定出单井出水量。结合《机井技术规范》(GB/T 50625—2010),进一步可计算出单井的控制灌溉面积:

$$A_0 = QtT\eta(1 - \eta_1)/m \tag{7-5}$$

式中 A_0——单井控制灌溉面积，亩；

$\quad\quad$ Q——单井出水量，m^3/h；

$\quad\quad$ t——灌溉期间水泵日工作时间，h/d；

$\quad\quad$ T——设计灌水周期，d；

$\quad\quad$ η——灌溉水利用系数；

$\quad\quad$ η_1——干扰抽水的水量消减系数；

$\quad\quad$ m——单次综合平均灌水定额，$m^3/$亩。

（三）井距

井距是指单个机井之间的距离。因布置方式的不同，井距的确定方法也各异。

（1）方形布井（见图7-2）时，井距按式（7-6）计算：

$$L_0 = 25.8\sqrt{A_0} \tag{7-6}$$

（2）梅花形布井（见图7-3）时，井距按式（7-7）计算：

$$L_0 = 27.8\sqrt{A_0} \tag{7-7}$$

为确保计算井距的正确性，需按规划区具体条件，选用干扰抽水法或类比法进行校核。

图7-2　方形布井　　　　　　　　　图7-3　梅花形布井

（四）井数

确定机井个数的方法主要有两种，具体如下。

（1）当采用单井控制灌溉面积法时，依照式（7-8）确定：

$$N = A_1/A_0 \tag{7-8}$$

式中 N——规划区内需要打井的数量，眼；

$\quad\quad$ A_1——规划区内灌溉面积，亩。

（2）采用可开采模数法时，依照式（7-9）确定：

$$N = \frac{MA_2}{QtT_a} \tag{7-9}$$

式中 M——可开采模数，$m^3/(km^2 \cdot 年)$；

$\quad\quad$ T_a——灌溉天数，$d/年$；

$\quad\quad$ A_2——规划区内灌溉面积，km^2。

四、机井施工

机井的施工过程通常按照钻凿井孔、井管安装、填砾、管外封填、洗井、抽水试验和验收等展开。具体如下。

（一）钻凿井孔

井孔钻进的方法较多，因施工机械不同分为冲击钻进、回转钻进、冲击回转钻进、反循环钻进及空气钻进等。目前,在农用机井施工中,前两种方法使用较为普遍。

1. 冲击钻进

1)基本原理

冲击钻进主要是依靠冲击式钻机的钻头对底层的冲击作用钻凿井孔,即使钻头在井孔内上下往复运动,依靠钻头自重冲击孔底的岩层使其破碎、松动,再用抽筒捞出的过程。通过该过程的不断反复,可逐渐加深井深,形成井孔。

2)钻头选择

钻机型号的准确选择,需根据地层情况、机井孔径、机井深度、施工地点的运输条件及动力供应情况确定。钻头是钻机的主要组成部分,不同岩层选择对应形状的钻头,能提高其钻进效率。如一字形钻头宜用于可钻性较差的坚硬岩石,十字形或工字形钻头宜用于裂隙岩层,抽筒钻头宜用于松散岩层等。

3)技术指标

冲击钻进法的使用重点考虑冲程、冲击频率、钻具质量、回次时间、回次进尺和回绳长度等技术指标。

(1)冲程、冲击频率。前者是指钻头在冲击破碎岩层时,钻头提升距离孔底的高度;后者是指钻头每分钟冲击孔底的次数。它们可分别在 $0.6 \sim 0.8$ m 和 $38 \sim 40$ 次的变化范围内选择,在松软岩层中,采用小冲程高频率的钻机;在坚硬岩石中,采用大冲程低频率的钻机。

(2)钻具质量,即钻头质量。在松软岩层易小,坚硬岩层易大,如黏土、砂层中钻进时每厘米井孔直径的质量 $10 \sim 16$ kg,在卵石、漂石底层则为 $15 \sim 25$ kg。

(3)回次时间、回次进尺。每两次提钻倒泥间隔的钻进时间是一回次时间;每一回次时间内的进尺深度称为回次进尺。在黏土砂层中,钻进时前短($10 \sim 20$ min)后长($0.5 \sim 1.0$ m);在卵石、漂石地层,则是前长(30 min)后短($0.25 \sim 0.35$ m)。

(4)回绳长度。冲击钻进时每次应放松钢丝绳的长度。每次回绳长度的变化范围为 $10 \sim 30$ mm,依进尺快慢确定。

4)注意事项

冲击式钻机简单、轻便,易于拆装和携带。但冲击钻进并不是连续的过程,必须考虑在钻进一定深度时,及时停钻、下筒取碎岩屑。所以,冲击钻进效率相对较低,进尺速度相对较慢。

2. 回转钻进

1)基本原理

回转钻进主要依靠钻头旋转对底层的切削、挤压、研磨破碎作用钻凿井孔。

2)技术指标

回转钻进法的使用中要考虑钻压、转速和泵量等技术指标。

(1)钻压。钻机施加在钻头的轴向压力。一般地,在松软岩层进尺较快,应控制给进适当加压;在坚硬岩石进尺较慢,应在确保安全的前提下充分加压。

(2)转速。钻头回转的速度。对研磨性较小的岩层,钻进速度随回转速度的提高而加快,随回转速度的降低而减缓。一般地,钻头圆周转速控制在 $0.8 \sim 3.0$ m/s 较为合适。

(3)泵量。钻孔所配泥浆泵在单位时间的排水量。一般地,在松软岩层进尺较快、岩屑较多,宜采用大泵量冲洗井孔;在坚硬岩石进尺较慢、岩屑较少,宜采用小泵量冲洗井孔。通常泵量以控制在 10 ~ 15 L/min 为宜。

（二）井管安装、填砾、管外封填

1. 井管安装

井管安装又称下管，是在钻机钻进到预定深度后进行的。为防止井孔坍塌，井管安装应在井孔钻成后及时完成，特别是非套管施工的井孔。井管安装必须确保质量，否则会影响填砾质量和抽水设备的安装及正常运行等。

通常有两种方法可进行井管安装，即钻杆托盘下管法和悬吊下管法。前者的优点在于能保证井管下直，多适用于非金属井管建造的机井；后者的优点是下管速度快、施工较安全、易于保证井管下直等，多适用于钻机钻进，且是由钢管或铸铁管等金属井管与其他能承受拉力的井管建造成的机井。

2. 填砾

填砾又称围填滤料，多选用砾石。通常是在下管后，填埋在井管外壁和井孔内壁间的环状空间里。一般需满足以下要求。

1）填砾质量

填砾应以坚实、圆滑砾石为主，需按设计要求的颗粒大小分层。为防止产生蓬塞和离析等不良现象，需在填砾工序中及时填砾、连续填砾和均匀填砾。

2）填砾数量

在满足质量要求的前提下，为防止井孔钻进中因产生超径现象而增大填砾数量，通常在数量上要有 10% ~ 15% 的安全富余。

3）填砾高度

填砾高度是根据滤水管的位置确定的，一般在所有设置滤水管的部位都填砾。为防止洗井和抽水过程中因滤料下沉产生滤水管涌砂的不良现象，其高度应比最上一层含水层高 5 ~ 10 m。

填砾的规格（质量、数量、高度）、填砾方法、不良含水层的封闭质量及井口的封闭质量均会对管井水量和水质造成影响，故需综合考虑。

3. 管外封填

为保证井水在水量、水质和水压上符合要求，通常采用管外封填的止水措施。一般是用 25 mm 左右球径的黏土球或水泥浆进行封闭以达到隔离止水的目的。这里，黏土球必须用优质黏土制成，要求湿度适宜、下沉时黏土球不散裂等，尤其在填制井口时必须夯实。

（三）洗井

为防止泥浆壁硬化，通常在填砾封填后，立即洗井，以清洗井孔周围含水层中的泥浆、井壁上的泥浆和含水层中的部分细小颗粒等，最终使机井周围含水层形成天然反滤层，以增大机井的出水量。

洗井是影响机井出水能力的重要工序，是指利用洗井机具对井孔进行冲洗的过程。通常有活塞洗井法、空压机洗井法、二氧化碳洗井法和联合洗井法等。

1. 活塞洗井法

该法采用的设备简单、使用效果较为显著，具有缩短洗井时间、降低洗井费用、提高洗井效率和保证洗井质量等优点，是常用的洗井方法。

2.空压机洗井法

该法洗井彻底、安全可靠,但因设备安装复杂、洗井成本高、易受井内水深限制等,使用范围受限。

3.二氧化碳洗井法

在机械洗井不理想时,可采用二氧化碳洗井法。该法可满足彻底清洗机井的要求,能明显增大水井出水量。

由上,对不同的机井类型,应在结合水文地质情况、设备情况、岩层状况及施工状况等的基础上,选择对应的洗井方法。另外,洗井时应满足抽水达到设计降深的要求;洗井完毕后,井水含砂量符合设计要求等。

(四)抽水试验

抽水试验是机井施工的最后一道工序,旨在测定机井出水量、了解出水量和水位降深的关系,以及通过采集水样评价机井中水质情况。抽水时,主要完成以下工作:

(1)抽水试验前,测定静水位;抽水时,测定与出水量相对应的动水位。

(2)抽水时,水位稳定延续时间不少于8 h。

(3)抽水所用水泵的设计流量应与机井的设计流量一致。

(4)做好试抽水记录,即抽水前的静水位埋深、水泵型号、开始抽水时间、实测出水量、抽水期间每隔1 h的动水位和抽水停止时的动水位等。

(五)验收

机井竣工后,需重点考虑井斜、滤水管位置、滤料与封闭材料围填、出水量、含砂量和含盐量等指标,主要检查水井竣工说明书和水井使用说明书等,当质量符合设计标准时,才能验收并交付使用。

五、机井配套、管理

(一)机井配套

机井工程并不是单一的机井设计,还需根据用途、工程布局以及规划设计要求进行合理配套。

对烟水配套工程,应包括机井工程、输水工程和田间工程的配套。其中,机井工程包括机井、水泵、动力机、输变电设备、井台和井房等;输水工程则应优先选用输水管道,还可采用梯形、矩形及U形渠道等;田间工程需根据灌水方式,合理布设灌水管道或渠道。详细标准需参阅对应规程、规范,如《机井技术规范》(GB/T 50625—2010)等。

(二)机井管理

机井验收并交付使用后,管理是否得当,将直接决定机井的使用期限。一般地,主要从以下几点考虑:

(1)修建护井工程,即井台、井盖、出水池(或地埋管)和保护地。

(2)为避免滤水管堵塞、防止井内水质腐臭和机电设备失灵,需对机井定期(1~2个月)进行一次养护性抽水。为抽去停灌后井内的沉积水,每次抽水需≥4 h。

(3)机井需定期检查、及时维修。

(4)建立健全机井档案、取水许可制度,将机井施工和使用中出现的问题整理成资料,存入档案,以备机井维修时使用。

第二节　井泵房设计

泵房是整个泵站工程的主体,是用来安装水泵、动力机、辅助设备以及电气设备的建筑物。泵房设计合理与否,直接影响工程投资、机电设备使用寿命、运行安全等。因此,需在按照相应规程、规范的基础上,因地制宜地结合实际状况展开设计。

一般地,泵房设计主要由五部分组成,即结构类型选择、地基处理、泵房内的形式布置、泵房整体稳定校核和各部分构件的结构设计与计算等。

一、泵房结构类型

泵房常见的结构类型有分基型泵房、干室型泵房、湿室型泵房、块基型泵房和泵车与泵船等,其中前四种属固定式泵房,后两种属移动式泵房。考虑到烟水配套工程的基本特点,重点讨论分基型泵房。

(一)基本概念

分基型泵房是指泵房的墙基础和机组基础分开的建筑,属单层结构。它具有结构简单、施工方便、工程造价低等优点,是中小型泵站首选的泵房形式。依据水泵机组形式的不同,分基型泵房又可分为常规卧室机组泵房、潜水电泵机组泵房和斜式机组泵房三种。

(二)适应场所

(1)当安装卧室离心泵或卧式混流泵机组时,可采用分基型泵房。

(2)进水池水位的变化幅度≤泵站的有效吸程时,或进水池的最高水位略高于泵房地坪且历时较短时,同时要求泵房地基透水性较小。

(3)泵站站址地基基础较好,地下水位较低时,地下水不会渗入地基和泵房影响其稳定性。

二、泵房布置

泵房主要由主厂房、副厂房和检修间三部分组成。其中,主厂房主要布设主机组,副厂房布设包括中控室在内的电器设备,检修间包括检修机组和电器设备等。布置泵房时,重点解决两个问题:一是主厂房、副厂房和检修间相对位置的确定;二是泵房内部的布置。

(一)确定相对位置

主厂房、副厂房和检修间相对位置主要依据泵站的地形、地质条件、高压线路的来向、进厂公路位置等确定。

1.检修间相对位置

一般地,泵房内的检修间主要有两个作用:一是建站时,运送机组和机组电器设备的交通工具出入,故其位置主要依进厂公路的来向确定;二是供平时检修机组。所以,检修间常布设在主厂房的任意一侧。

2.主、副厂房相对位置

主、副厂房的相对位置有一侧布置和一端布置两种,具体如下。

1)一侧布置

一侧布置时,原则上即可将副厂房布置于主厂房的进水侧,也可在其出水侧。但考虑到可能会增加吸水管长度而加大管路损失、降低水泵安装高程及不利于配电设备防潮等因素，通常将副厂房布置于主厂房的出水侧。其优点在于：①缩短泵房长度；②便于观测主机组的运行；③通向主机组的电缆长度可缩短；④投资相对较少。因在主厂房出水侧无法开场，故泵房的通风、采光、防潮的条件相对较差。

2）一端布置

一端布置时，副厂房布置于主厂房的左端或右端，同时要与检修间的位置错开。其特点是：①可降低泵房跨度；②因主厂房的进水侧、出水侧可开场，通风、采光条件好；③若机组台数较多，会加大主厂房的纵向长度，此时，不便于观测主机组运行和应对突发事故，同时增大了工程开挖量和泵站的建设成本。

（二）泵房内部布置

泵房内部布置重点在于对主厂房内的主机组、排水系统、充水系统、交通道等的布设。

1. 主机组布置

按水泵的类型和数量，通常有两种布置形式，即单列式布置（一列式布置）和双列式布置。

1）单列式布置

单列式布置又称一列式布置，即主机组轴线位于一条直线上（见图7-4）。该布置的特点在于：①布设简单、整齐；②主厂房跨度小，既适用于卧式机组，也适用于立式机组；③机组数目多时，主厂房长度加大，在地基基础较差的站址将不利于泵房的稳定。

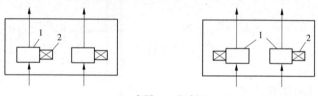

1—水泵；2—电动机

图7-4　单列式布置

2）双列式布置

双列式布置（见图7-5）较好地解决了机组数目较多时主厂房长度较大的问题。其特点在于：①对需深挖方的泵站，因泵房长度缩短而减少了开挖工程量；②主厂房跨度增大；③内部排列不整齐；④不便于管理等。

2. 排水系统

水泵水封用的废水和管阀漏水通常用设有排水干沟和支沟的排水系统排出，同时相对于前池方向，泵房地面应有2%左右的倾斜坡度。这里，干沟沿厂房纵向布置，但需和电缆沟分开；支沟沿机组基础四周和厂房横向布置。排水的主要走向是废水通过支沟汇流于干沟，再穿出泵房墙自流入前池。

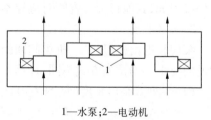

1—水泵；2—电动机

图7-5　双列式布置

当不能自排水或为缩短排水时间时，可先使排水干沟中的积水流入集水井，再用排水泵将集水井中的水排出。此时，应同时布置排水干沟和排水泵的位置，且常设于泵房的低处。

3. 充水系统

为便于水泵启动时充水,当前池最低水位比泵轴线低时,常布设充水系统。该系统主要包括充水设备(真空泵机组)、抽气干管、抽气支管。布设充水系统时,需在遵从以下原则的基础上进行:①便于主机组检修;②易于工作人员操作;③不增加泵房面积等。一般地,充水设备在主厂房内的两端或适当位置布设;抽气干、支管则敷设与管沟内或架于空中。

4. 交通道

交通道的布设,通常是考虑到主厂房一般地坪都比检修间和副厂房的地坪低,为便于运行管理人员的监测、操作、管理和维修等而进行,其走向沿泵房长度方向且宽度不小于1.5 m。常设于出水侧,并高出泵房地板一定高度。

(三)泵房尺寸

泵房尺寸主要是确定其宽度(跨度)、长度和高度。其中,前两项是在设备布置合理的基础上,且满足设备安全运行和泵房稳定的条件时确定;最后一项是依机组和起吊设备等而确定。

1. 泵房宽度

泵房宽度即两侧墙定位轴线间的距离。依泵房内进水管路、出水管路、阀件、水泵横向长度、安装检修必需的距离等确定,同时结合起吊设备的标准跨度和符合泵站设计的规范、规定确定(见图7-6),即:

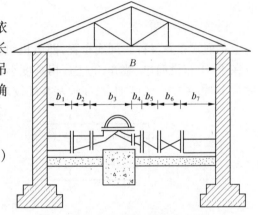

$$B = b_1 + b_2 + b_3 + b_4 + b_5 + b_6 + b_7$$
$$(7-10)$$

式中 b_1 ——净宽,m;

b_2 ——偏心减缩接管长度,m;

b_3 ——水泵外径长度,m;

b_4 ——出口渐扩接管长度,m;

b_5 ——阀件长度,m;

b_6 ——闸阀后短管长度,m;

b_7 ——净宽,m。

图7-6 泵房宽度构成图

这里,b_1 和 b_7 可根据检修、安装的要求确定,需满足拆装管路的需求空间,一般为0.5～2.0 m;其他指标可查阅对应样本获取。

2. 泵房长度

泵房长度由机组长度、机组间间距和检修间长度组成,同时应满足机组吊运和泵房内部交通的要求。因排列方式不同,计算方式各异。

(1)单列式泵房长度(见图7-7)计算:

$$L = L_1 + 2L_2 + NL_3 + (n - 1)L_4 + L_5$$
$$(7-11)$$

式中 L_1 ——检修间长度,m;

L_2 ——机组顶端到副厂房和检修间的距离,m;

L_3 ——机组长度(查阅样本),m;

L_4 ——机组间间距,m;

L_5——配电间长度,m。

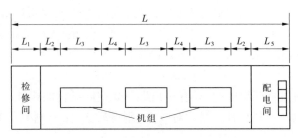

图 7-7　单列式泵房长度计算示意图

(2)双列式泵房长度(见图 7-8)计算:

$$L = L_1 + 2L_2 + NL_3 \tag{7-12}$$

式中符号意义同前。

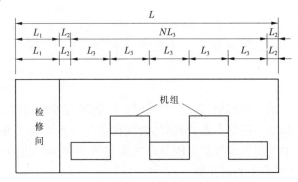

图 7-8　双列式泵房长度计算示意图

3.泵房高度

泵房高度应综合考虑:①主机组、辅助设备、电气设备的布置;②机组安装运行;③检修设备吊运;④泵房内通风、采光、采暖等。同时,应符合泵站设计规范的规定。

对无起重设备的地上式泵房,净高不低于 3.0 m;对有起重设备的泵房,应按搬运机件底和吊运所通过水泵机组顶部 0.5 m 以上的净空确定。

除上述影响泵房尺寸的因素外,还需综合考虑配电设备、中控室等的要求共同确定。

三、结构设计

泵房的结构主要包括屋盖(含屋面板和屋架)、吊车梁、墙、柱、基础或基础梁等。不同的泵房,其结构有一定差别。如对分基型泵房,有柱基础、墙基础或基础梁;对干室型泵房,其柱和墙分别固接、砌筑在箱形基础上。

(一)屋盖

屋盖主要由屋面板和屋架两部分组成,主要有平屋盖和斜屋盖两种形式。当泵房跨度相对较小时,可选用木架结构、瓦砾屋面的斜屋盖形式;当跨度较大时,则可采用钢筋混凝土结构的平屋盖。具体形式的选择,应视泵房等级、施工要求、原材料等综合考虑。

1.屋面板

屋面板起维护作用。预应力钢筋混凝土屋面板较为常用,其尺寸大小可依据《建筑标准构件》和相应规范,结合修建泵房的具体要求确定。

2. 屋架

屋架发挥支承作用,是屋盖的主要承重构件,直接承受屋面板荷载。对布设吊车的泵房,还需承载悬挂吊车的荷载。同时,屋架也能保证泵房的刚度。常见的屋架形式有桁架式屋架(三角形屋架、拱式屋架、折线形屋架)、两铰(三铰)拱屋架和屋面梁等。

1)桁架式屋架

桁架式屋架是指由直杆组成的、具有三角形单元空间结构的构件。在荷载作用下,主要承受轴向拉力或压力。因其具有重量相对较轻、刚度较大、节省材料等特点,常适用于较大跨度的泵房。

2)两铰(三铰)拱屋架

两铰(三铰)拱屋架是指由角钢或圆钢组成的平面桁架或空间桁架。因其具有重量较轻、节省材料、抗压性、增加稳定性等特点,适用于跨度较大的泵房。

3)屋面梁

屋面梁是指在屋面结构中承受来自檩条、屋面板压力的主要结构构件,主要承受弯矩和剪力。含木梁、钢筋混凝土梁、钢架梁三种类型,截面常采用工字形和 T 形,是泵房中常用的形式。

(二)吊车梁

吊车梁主要是承受吊车在启动、运输、制动时产生的所有移动荷载。常采用钢筋混凝土或预应力钢筋混凝土制的单跨简支梁,预制吊装构件多为 T 形截面。根据吊车操作百分数的不同,分为轻级制、中级制和重级制。因吊车主要在机组停运时进行检修,故使用时间较短,常采用轻级制设计泵房中的吊车梁。

(三)墙

泵房的墙体主要用于遮挡雨雪、隔热、保温、防潮及承受上部屋面的系统荷载。包括墙身、檐口、勒脚等部分。因其具有一定的抗风压和承受垂直荷载要求,墙体必须具备一定的厚度,以满足强度及稳定要求。

(四)柱

柱主要承受屋盖和吊车梁等所有可能的竖向荷载、风荷载和吊车产生的纵向、横向水平荷载,以及墙自重等。柱有单肢柱和双肢柱之分,泵房常采用前者。单肢柱中,又以工字形柱居多。可根据结构计算确定,也可基于屋盖、吊车等荷载从相应标准中选用。

(五)基础

基础是位于泵房的地下部分,主要承载泵房自重、屋盖面积雪重、泵房内设备及人员重量等所有可能的作用力。基础的地基性质、强度大小、稳定性程度等,直接决定了泵房的使用期限。这里,重点考虑基础的埋置深度和基础的类型、构造等。

1. 埋置深度

埋置深度即基础底面埋入地基的深度。在确定埋置深度时,需综合考虑泵房跨结构类型、上部结构传至基础的荷载大小、地质情况、地基冻胀及冲刷作用,以确保基础安全稳定。

2. 基础类型、构造

泵房常用的基础类型有砖基础、灰土基础、混凝土基础、钢筋混凝土基础等。

(1)砖基础适用于荷载较小、基础宽度不大、土质较好且地下水位较低的地基。

(2)灰土基础宜在基础宽度和埋深均较大时,为节约材料而采用,不宜在地下水位较高和潮湿的地方采用。

(3)混凝土基础适用于地下水位较高、荷载较大的泵房。

(4)钢筋混凝土基础适用于地基承载力差、泵房荷载较大且采用其他基础不经济时。

四、稳定校核

初步确定泵房设备的布置情况和尺寸后,需进行整体的稳定性分析,以验证地基应力、抗滑稳定性和抗浮稳定性。分基型泵房仅需验算地基应力,而干室型泵房则还需校核抗滑、抗浮稳定分析。若不满足要求,需对泵房布置和尺寸进行修改,直至满足要求。

第八章　灌排工程规划设计

为了科学利用水资源,经济有效地开发烟草灌区,并不断提高灌区人民生产和生活水平,必须合理进行灌排工程的规划设计。本章主要介绍灌溉渠道工程、管网工程以及排洪渠工程的规划设计方法。

第一节　灌溉渠道工程规划设计

灌溉渠道是烟水配套工程建设中最基本的工程,设计质量的好坏直接影响到灌区的运行、管理和经济效益。灌溉渠道设计的主要内容包括设计流量计算,各级渠道设计流量的推算,渠道断面设计以及渠道纵、横断面图的绘制等。

一、灌溉渠道设计流量计算

连续供水的渠道在整个灌溉季节流量是变化的。在实际工作中,从变化的流量中取其典型流量作为设计依据,这就是渠道的设计流量、加大流量和最小流量,其中设计流量起决定性的作用。

(一)渠道设计流量

设计流量表示渠道在正常工作条件下通过的最大流量,单位为 m^3/s、L/s 或 m^3/h,用符号 $Q_设$ 表示。它是渠道和渠系建筑物设计的主要依据,与渠道控制灌溉面积大小、烟草需水量、渠道配水方式,以及渠道的输水损失有关。

渠道在输水过程中,有部分流量因渠道渗漏沿途损失掉,这部分损失的流量称为输水损失流量。因此,在确定渠道设计流量时必须加上输水损失流量,这时设计流量称为毛流量,用下式表示:

$$Q_设 = Q_毛 = Q_净 + Q_损 \tag{8-1}$$

式中　$Q_设$——渠道设计流量,也称渠道毛流量 $Q_毛$,m^3/s;

　　　$Q_净$——渠道未计入输水损失的流量,即渠道净流量,m^3/s;

　　　$Q_损$——渠道输水损失流量,m^3/s。

(二)渠道加大流量

在灌溉渠道管理运行中,当出现规划设计未能预料到的变化,如种植比例变化、临时小量地扩大灌溉面积、特大干旱年引水量增加,以及渠道遇到突发事故等,在设计时应注意留有余地,以防万一。因此,加大流量也是渠道的一种工作流量,用以校核渠道的过水能力,并作为确定渠道堤顶高程的依据,即渠道堤顶高程等于加大流量水位高程加上超高。加大流量按下式计算:

$$Q_{加大} = JQ_设 \tag{8-2}$$

式中　$Q_{加大}$——渠道加大流量,m^3/s;

　　　J——渠道流量加大系数,其值按表8-1选取。

表 8-1　渠道流量加大系数

设计流量(m³/s)	<1	1~5	5~10	10~30	>30
加大系数 J	1.30~1.35	1.25~1.30	1.20~1.25	1.15~1.20	1.10~1.15

注意,加大流量只适用于续灌渠道(一般为支渠及以上渠道),一般轮灌渠道(斗渠及以下渠道)不考虑加大流量。抽水渠道可按备用机组考虑。应当指出的是,山丘区烟草灌区一般受坡洪威胁较大,但不能用输水渠道排洪,遇有特殊情况需要引洪入渠时,也必须在很短的距离内排出。同时要使入渠的洪水流量不超过渠道的加大流量,以确保安全。对经常利用渠道排洪的工程,在设计时应作出特殊的安排,同时应修建节制闸、泄洪闸等配套工程。

(三)渠道最小流量

最小流量是为满足小面积作物单独供水或烟草生育期需要较小灌水定额,以及某些作物与烟草灌水期不一致时而考虑的。另外,当河流水源不足时,应根据渠道可能引入的流量作为渠道的最小设计流量,并用以校核下一级渠道的水位控制条件和确定修建节制闸的位置,以及校核渠道最小流速,以保证渠道不产生淤积。对同一条渠道,其设计流量和最小流量相差不要过大,一般规定渠道最小流量不低于设计流量的40%,渠道最低水位不低于设计水位的70%。

二、渠道渗漏损失计算

渠道输水损失包括渠道输水过程中由渠道渗入渠床而流失的水量(称渗漏损失)和少量的水面蒸发损失(不足5%,可忽略不计),因此通常的渠道输水损失就是指渠道渗漏损失。根据渗漏过程的不同,渠道渗漏损失计算方法有所不同。渠道渗漏过程一般可分为自由渗漏和顶托渗漏两个阶段。当渠道渗漏不受地下水的顶托影响,称为自由渗漏;反之,称为顶托渗漏。

(一)自由渗漏情况下的渠道渗漏损失计算

对于无防渗层渠道,当缺乏渠道断面尺寸和土壤渗透系数资料时,渗漏损失可按下式计算:

$$\sigma = \frac{A}{100} Q_{净}^{1-m} \tag{8-3}$$

式中　σ——自由渗漏情况下每千米渠长的渗漏量,$m^3/(s \cdot km)$;

A、m——渠床土壤透水性系数和指数,可根据表8-2选用;

$Q_{净}$——渠道净流量,m^3/s。

表 8-2　土壤透水性参数

土壤类别	透水性	A	m
重黏土或黏土	弱	0.70	0.30
重黏壤土	中下	1.30	0.35
中黏壤土	中	1.90	0.40
轻黏壤土	中上	2.65	0.45
砂壤土及轻砂壤土	强	3.40	0.50

（二）顶托渗漏情况下的渠道渗漏损失计算

对于无防渗层渠道，这种情况下的渗漏损失一般可按上述自由渗漏公式计算结果，再乘以一个小于 1 的修正系数求得，即：

$$\sigma_w = r_2 \sigma \qquad (8\text{-}4)$$

式中　σ、σ_w——自由渗漏和顶托渗漏情况下每千米渠长的渗漏量，$m^3/(s \cdot km)$；

　　　　r_2——修正系数，根据渠道流量及地下水位确定，其数值见表 8-3。

表 8-3　地下水顶托渗漏量修正系数 r_2

渠道流量 (m^3/s)	地下水埋深（m）					
	<3	3	5	7.5	10	15
0.3	0.82	—	—	—	—	—
1.0	0.63	0.79	—	—	—	—
3.0	0.50	0.63	0.82	—	—	—
10.0	0.41	0.50	0.65	0.79	0.91	—
20.0	0.36	0.45	0.57	0.71	0.82	
30.0	0.35	0.42	0.54	0.66	0.77	0.91
50.0	0.32	0.37	0.49	0.60	0.69	0.84
100.0	0.28	0.33	0.42	0.52	0.58	0.73

（三）防渗渠道的渗漏损失计算

对于有防渗层的渠道，其渗漏损失在上述基础上均再乘以一个渠道渗漏量折减系数 β 即可，其取值见表 8-4。若 $\alpha + \beta = 1$，则 α 为防渗效果，即防渗后减少渗漏的百分比。

表 8-4　各种防渗措施的渗漏量折减系数

防渗措施	β	备注
渠槽翻松夯实（厚度大于 0.5 m）	0.3 ~ 0.2	
渠槽原土夯实（影响深度 0.4 m）	0.7 ~ 0.5	
灰土夯实（即三合土夯实）	0.15 ~ 0.1	
混凝土护面	0.15 ~ 0.05	透水性很强的土壤，挂淤和夯实能使渗漏水量显著减小，可采取较小的 β 值
黏土护面	0.4 ~ 0.2	
人工夯填	0.7 ~ 0.5	
浆砌石	0.2 ~ 0.1	
塑料薄膜、沥青材料护面	0.1 ~ 0.05	

三、灌溉水利用系数与渠道工作制度

（一）灌溉水利用系数

灌溉水利用系数是实际灌入农田的有效水量和渠首引入水量的比值，用符号 $\eta_水$ 表示。它是评价渠系工作状况、灌水技术水平和灌区管理水平的综合指标，可按下式计算：

$$\eta_水 = \eta_{渠系}\eta_田 = \eta_干\,\eta_支\,\eta_斗\,\eta_农\,\eta_田 \tag{8-5}$$

式中　$\eta_水$——灌溉水利用系数；

$\quad\eta_{渠系}$——渠系水利用系数，即灌溉渠系的净流量（或净水量）与毛流量（或毛水量）的比值，等于各级渠道水利用系数的乘积，即 $\eta_{渠系} = \eta_干\,\eta_支\,\eta_斗\,\eta_农$；

$\quad\eta_干、\eta_支、\eta_斗、\eta_农$——干渠、支渠、斗渠、农渠渠道水利用系数，即相应渠道的净流量（或净水量）与毛流量（或毛水量）的比值；

$\quad\eta_田$——田间水利用系数，即实际灌入田间的有效水量 $W_{田净}$（蓄存在烟田计划湿润层中的灌溉水量）和末级固定渠道（农渠）放出水量 $W_{农净}$ 的比值，即 $\eta_田 = W_{田净}/W_{农净}$，一般取 $0.9 \sim 0.95$。

（二）渠道工作制度

渠道的工作制度就是渠道的供水秩序，又叫渠道的配水方式，分为轮灌和续灌两种。

续灌即上一级渠道同时向所有下一级渠道供水，在一次灌水延续时间内，自始至终连续输水的渠道称为续灌渠道。

轮灌即上一级渠道向下一级渠道按预先设计的轮灌组轮流供水。轮灌方式有集中轮灌和分组轮灌两种形式。划分轮灌组时，应使各组灌溉面积相近，以利配水。轮灌组数目不宜过多，宜取 $2 \sim 3$ 组，各轮灌组的供水量宜协调一致。

轮灌的优点是渠道流量集中，同时工作的渠道长度短，输水时间短，输水损失小，有利于与农业措施结合和提高灌水工作效率；缺点是渠道流量大，渠道和建筑物工程量大，流量过于集中，会造成灌水和耕作时劳力紧张，在干旱季节还会影响各用水单位受益均衡。续灌的优、缺点与轮灌则相反。

选择配水方式，应根据灌区实际情况，因地制宜地确定。为了减少输水损失，节省工程量，便于管理和满足各用水单位的用水要求，一般万亩以上灌区应采用干、支渠续灌，斗、农渠轮灌。当渠首引水流量低于正常流量的 $40\% \sim 50\%$ 时，干、支渠也应进行轮灌。当上一级渠道来水流量较小时，多采用集中轮灌；当上一级渠道来水较大时，一般多采用分组轮灌。

四、各级渠道设计流量的推算

推算灌溉系统各级渠道的设计流量。在干、支渠续灌，斗、农渠轮灌的情况下，由于干渠上支渠数量较多，各支渠的情况大体相同，如采用自下而上逐一推算的方法求各级渠道设计流量，工作量较大，所以通常是选择一条或几条有代表性的典型渠道（作物种植、土壤性质、灌溉面积等影响渠道流量的主要因素具有代表性）进行推求，算出典型支渠的灌溉水利用系数，然后用此系数作为扩大指标再推求其他支渠的设计流量。对于干渠设计流量的推求则采用各支渠设计流量相加再逐段加上干渠的损失流量，最后得到渠首设计流量。下面针对支渠为末级固定续灌渠道，斗、农渠集中编组轮灌的渠道工作制度进行各级渠道设计流量的推算，步骤如下。

（一）自上而下分配末级续灌渠道（典型支渠）的田间净流量

计算支渠的设计田间净流量：

$$Q_{支田净} = A_{典支} \cdot q_净 \tag{8-6}$$

对于纯烟草灌区：

$$q_{净} = \frac{10^4 \, m}{86\,400\,T} \tag{8-7}$$

式中　$Q_{支田净}$——典型支渠的田间净流量，m^3/s；

　　　$A_{典支}$——典型支渠控制的灌溉面积，万亩；

　　　$q_{净}$——设计净灌水率或设计灌水模数，$m^3/(s \cdot 万亩)$；

　　　m——典型年（干旱年或中等干旱年）烟草用水高峰时段或最大一次灌水定额，$m^3/亩$；

　　　T——灌水延续时间，全灌区灌一次水所需延续天数，d。

　　灌水延续时间越短，烟草对水分要求越容易得到满足，但将加大渠道设计流量，增加工程造价，并造成灌水时劳动力过分紧张；反之则相反。对于面积较小的灌区，灌水延续时间可相应减小。烟草的灌水延续时间一般不超过 5~10 d。

　　若同时工作的斗渠有 n 条，每条斗渠同时工作的农渠为 k 条，则由支渠分配到每条农渠的田间净流量为

$$Q_{农田净} = \frac{Q_{支田净}}{nk} \tag{8-8}$$

式中　$Q_{农田净}$——农渠的田间净流量，m^3/s。

　　但是，若轮灌渠道的灌溉面积不相等，就不能按上述平均分配净流量的方法进行，而应按各轮灌渠道所需灌溉的净面积比例来分配轮灌净流量。

　　考虑到田间水量损失，应把农渠的田间净流量换算成农渠净流量，即：

$$Q_{农净} = \frac{Q_{农田净}}{\eta_{田}} \tag{8-9}$$

式中　$Q_{农净}$——农渠净流量，m^3/s；

　　　$\eta_{田}$——田间水利用系数，一般取 0.9~0.95。

（二）自下而上推求典型支渠及以下各级渠道的设计流量（毛流量）

　　有了末级（农渠）轮灌渠道的净流量，再加上沿渠输水损失，便可以自下而上地逐级推算渠道的设计毛流量，直到渠首河流的供水流量。注意，下一级渠道的毛流量即上一级渠道的净流量。

$$Q_{毛} = Q_{净} + \sigma L = Q_{净} + \frac{A}{100}Q_{净}^{1-m} \cdot L \tag{8-10}$$

式中　$Q_{毛}$——渠道（农、斗、支）的毛流量，m^3/s；

　　　$Q_{净}$——渠道（农、斗、支）的净流量，m^3/s；

　　　σ——每千米渠长的渗漏量，见式(8-3)，$m^3/(s \cdot km)$；

　　　L——最下游一个轮灌组灌水时渠道的平均工作长度，km，计算农渠毛流量时，可取农渠长度的一半计算；

　　　A、m——渠床土壤透水系数和指数，可根据表8-2选用。

（三）计算典型支渠的灌溉水利用系数

　　计算典型支渠的灌溉水利用系数按下式计算：

$$\eta_{支水} = \frac{Q_{支田净}}{Q_{支毛}} \tag{8-11}$$

式中　$\eta_{支水}$——支渠的灌溉水利用系数；

　　$Q_{支毛}$、$Q_{支田净}$——支渠的毛流量、田间净流量，m^3/s。

（四）推求其他支渠的设计流量

推求其他支渠的设计流量按下式计算：

$$Q_支 = \frac{A_支 \cdot q_净}{\eta_{支水}} \qquad (8\text{-}12)$$

式中　$Q_支$——支渠的设计流量，m^3/s；

　　$A_支$——该支渠控制的灌溉面积，万亩；

　　$q_净$——设计净灌水率或设计灌水模数，$m^3/(s \cdot 万亩)$。

（五）推求上一级续灌渠道（干渠）设计流量

一般干渠流量较大，其上、下游流量相差悬殊，这就要求分段推算设计流量，以便各渠段设计不同的断面尺寸，以节省工程量。由于渠道水利用系数的经验值是根据渠道全部长度的输水损失情况统计出来的，它反映出不同流量在不同渠段上运行时输水损失的综合情况，而不能代表某个具体渠段的水量损失情况。所以，在分段推算干渠设计流量时，一般不用灌溉水利用系数估算输水损失水量，而是根据已经求出的各支渠的设计流量，按支渠口的位置对干渠进行分段，自下游逐段加损失流量，分段推算。其计算公式如下：

$$Q_{段设} = Q_{段净} + \sigma L_段 \qquad (8\text{-}13)$$

【例8-1】　某烟草灌区灌溉面积 $A = 3.17$ 万亩，灌区有一条干渠，长5.7 km，下设三条支渠，各支渠的长度及灌溉面积见表8-5。全灌区土壤、水文地质等自然条件相近，第三支渠灌溉面积适中，可作为典型支渠，该支渠有六条斗渠，斗渠间距800 m、长1 800 m，每条斗渠有十条农渠，农渠间距200 m、长800 m，干、支渠实行续灌，斗、农渠进行轮灌。渠系布置及轮灌组划分情况见图8-1，灌区土壤为中黏壤土。试推求干、支渠道的设计流量。

表8-5　支渠长度及灌溉面积

渠别	一支	二支	三支	合计
长度（m）	4.2	4.6	4.0	—
灌溉面积（万亩）	0.85	1.24	1.08	3.17

解：（1）自上而下分配典型支渠（三支渠）的田间净流量。

典型年烟草最大一次灌水定额取 $m = 40$ $m^3/$亩，灌水延续时间取5 d，田间水利用系数取0.95，则：

$$Q_{三支田净} = A_{三支} \cdot \frac{10^4 m}{86\,400T} = 1.08 \times \frac{10^4 \times 40}{86\,400 \times 5} = 1.08 \times 0.926 = 1.0(m^3/s)$$

$$Q_{农田净} = \frac{Q_{支田净}}{nk} = \frac{1.0}{3 \times 5} = 0.066\,7(m^3/s)$$

$$Q_{农净} = \frac{Q_{农田净}}{\eta_田} = \frac{0.066\,7}{0.95} = 0.07(m^3/s)$$

（2）自下而上推求三支渠及以下各级渠道的设计流量（毛流量）。

灌区土壤属中黏壤土，从表8-2中可查出相应的土壤透水性参数：$A = 1.90$，$m = 0.40$。

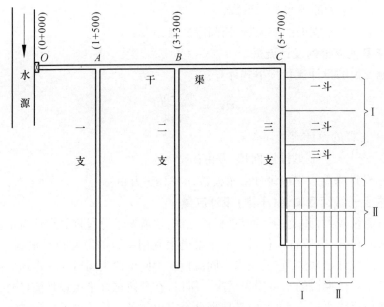

图 8-1　灌溉渠系布置

①农渠毛流量为

$$Q_{农毛} = Q_{农净} + \frac{A}{100}Q_{农净}^{1-m} \cdot L_{农} = 0.07 + \frac{1.90}{100} \times 0.07^{1-0.40} \times 0.4 = 0.0715(\text{m}^3/\text{s})$$

因此：

$$Q_{斗净} = 5 \times Q_{农毛} = 5 \times 0.0715 = 0.3575(\text{m}^3/\text{s})$$

②斗渠平均工作长度取 1.4 km,则斗渠毛流量为

$$Q_{斗毛} = Q_{斗净} + \frac{A}{100}Q_{斗净}^{1-m} \cdot L_{斗} = 0.3575 + \frac{1.90}{100} \times 0.3575^{1-0.40} \times 1.4 = 0.3718(\text{m}^3/\text{s})$$

同理：

$$Q_{三支净} = 3 \times Q_{斗毛} = 3 \times 0.3718 = 1.1154(\text{m}^3/\text{s})$$

③支渠平均工作长度取 3.2 km,则三支渠毛流量为

$$Q_{三支毛} = Q_{三支净} + \frac{A}{100}Q_{三支净}^{1-m} \cdot L_{支} = 1.1154 + \frac{1.90}{100} \times 1.1154^{1-0.40} \times 3.2 = 1.1803(\text{m}^3/\text{s})$$

(3)计算三支渠的灌溉水利用系数：

$$\eta_{三支水} = \frac{Q_{三支出净}}{Q_{三支毛}} = \frac{1.0}{1.1803} = 0.847$$

(4)推求其他支渠的设计流量(毛流量)：

$$Q_{一支毛} = \frac{A_{一支} \cdot q_{净}}{\eta_{三支水}} = \frac{0.85 \times 0.926}{0.847} = 0.9293(\text{m}^3/\text{s})$$

$$Q_{二支毛} = \frac{A_{二支} \cdot q_{净}}{\eta_{三支水}} = \frac{1.24 \times 0.926}{0.847} = 1.3557(\text{m}^3/\text{s})$$

(5)推求干渠各段设计流量。

①BC 段设计流量：

$$Q_{BC净} = Q_{三支毛} = 1.1803(\text{m}^3/\text{s})$$

$$Q_{BC毛} = Q_{BC净} + \frac{A}{100}Q_{BC净}^{1-m} \cdot L_{BC} = 1.180\ 3 + \frac{1.90}{100} \times 1.180\ 3^{1-0.40} \times 2.4 = 1.230\ 7(\mathrm{m^3/s})$$

②AB 段设计流量：

$$Q_{AB净} = Q_{BC毛} + Q_{二支毛} = 1.230\ 7 + 1.355\ 7 = 2.586\ 4(\mathrm{m^3/s})$$

$$Q_{AB毛} = Q_{AB净} + \frac{A}{100}Q_{AB净}^{1-m} \cdot L_{AB} = 2.586\ 4 + \frac{1.90}{100} \times 2.586\ 4^{1-0.40} \times 1.8 = 2.646\ 9(\mathrm{m^3/s})$$

③OA 段设计流量：

$$Q_{OA净} = Q_{AB毛} + Q_{一支毛} = 2.646\ 9 + 0.929\ 3 = 3.576\ 2(\mathrm{m^3/s})$$

$$Q_{OA毛} = Q_{OA净} + \frac{A}{100}Q_{OA净}^{1-m} \cdot L_{OA} = 3.576\ 2 + \frac{1.90}{100} \times 3.576\ 2^{1-0.40} \times 1.5 = 3.637\ 4(\mathrm{m^3/s})$$

五、渠道纵、横断面设计

已知灌溉渠道设计流量之后，即可进行渠道纵、横断面设计。两者相互联系，需要交替进行，最后得出合理的断面尺寸和成果。

(一)渠道横断面设计

渠道横断面的形式一般有梯形、矩形、多边形、抛物线形、弧形、U 形及复式断面等，其中梯形断面应用比较广泛，其优点是施工简单，边坡稳定，便于应用各种防渗措施。U 形渠目前应用较广泛，适用于地区条件不太好或冻土地区的的中小型渠道，一般采用混凝土衬砌断面，水力条件较好，占用土地少，随着新型施工机械的发展，应用前景比较好。矩形断面适用于坚固岩石中开凿的石渠，如傍山渠道以及渠宽受限制时，有时为了减少渠道占地也采用矩形断面。

《灌溉与排水工程设计规范》(GB 50288—99)规定，渠道横断面应根据灌溉面积、沿线地形地质条件以及边坡稳定的需要和是否衬砌等因素按接近水力最佳断面进行设计，土渠宜采用梯形断面，混凝土或石渠宜采用矩形或梯形断面。

渠道横断面设计的任务是确定横断面尺寸，即定出渠道底宽和水深，选择合理的断面结构。下面以梯形横断面设计为例，在已知设计流量 $Q_设$、渠道比降 i、边坡系数 m、糙率系数 n，以及不冲不淤流速等条件下，试算确定过水断面的水深 h 和底宽 b 的数值。

第一步：假设 b、h 值。方法是假定底宽 b 和宽深比 β，则 $h = b/\beta$，通过变化 β 值进行试算。对于中小型渠道，宽深比 β 可按表 8-6 进行选用。

表 8-6　适宜的渠道断面宽深比

设计流量(m³/s)	<1	1 ~ 3	3 ~ 5	5 ~ 10
宽深比 β	1 ~ 2	1 ~ 3	2 ~ 4	3 ~ 5

第二步：计算渠道过水断面的水力要素。

$$A = (b + mh)h$$

$$\chi = b + 2h\sqrt{1 + m^2}$$

$$R = A/\chi$$

$$C = \frac{1}{n}R^{1/6}$$

式中　m——渠道边坡系数，是表示渠道边坡倾斜程度的指标，m 太大，渠道工程量大，占地多，输水损失大，m 太小，边坡不稳定，容易坍塌，不仅管理维修困难，而且影响渠道正常输水，具体取值要求可参见文献[9]；

n——渠床糙率系数，是反映渠床粗糙程度的指标，具体取值要求可参见文献[9]；

A——过水断面面积，m^2；

χ——湿周，m；

R——水力半径，m；

C——谢才系数，$m^{1/2}/s$。

第三步：计算渠道流量。

$$Q = AC\sqrt{Ri} \tag{8-14}$$

式中　Q——渠道设计流量，m^3/s；

i——渠底比降，当渠道流量一定时，渠底比降大，过水断面面积小，工程量小，但比降大，渠道水位降落大，控制灌溉面积减少，而且流速大，还可能引起渠道冲刷，反之则相反，可参照相似灌区的经验数值，初选一个渠底比降，再进行水力计算和流速校核，若满足水位和不冲不淤要求，便可采用，否则应重新选择比降，再进行计算、校核，直至满足要求，干渠及较大支渠，上下游渠段流量变化较大时，可分段选择比降，而且下游段的比降应大些，支渠以下的渠道一般一条渠道只采用一个比降，具体取值要求可参见文献[9]。

第四步：校核渠道流量。

上面计算出来的渠道流量(Q)是与假设的 b、h 值相应的输水能力，一般不等于渠道的设计流量($Q_设$)。通过试算，反复修改 b、h 值，直至渠道计算流量等于或接近渠道设计流量。要求误差不超过 5%。

在试算过程中，如果计算流量和设计流量相差不大，只需修改 h 值，再进行计算。若二者相差很大，就要修改 b、h 值，再进行计算。为了减少重复次数，常用图解法配合：底宽不变的条件下，用三次以上的试算结果绘制 $h \sim Q$ 关系曲线进行插值求算。

第五步：校核渠道流速。

设计断面尺寸不仅要满足设计流量的要求，还要满足稳定渠道的流速要求，即满足不冲不淤要求：

$$\left.\begin{array}{l} v_d = Q_d/A \\ v_{cd} < v_d < v_{cs} \end{array}\right\} \tag{8-15}$$

式中　v_d——经流量校核选择的渠道断面通过设计流量时所具有的流速，m/s；

v_{cd}、v_{cs}——不淤流速、不冲流速，一般土渠的不冲流速为 0.6～0.9 m/s，混凝土护面的渠道允许流速可以达到 12 m/s，但考虑渠床稳定性，无钢筋的混凝土衬砌渠道的流速不应超过 2.5 m/s，对于含沙量很小的清水渠，为了防止渠道长草，影响过水能力，通常要求大型渠道的平均流速不小于 0.5 m/s，小型渠道的平均流速为 0.3～0.4 m/s，具体取值要求可参见文献[9]。

如不满足流速校核条件式，就要改变最初假设的底宽 b 值，重新按以上步骤进行计算，直到既满足流量校核条件又满足流速校核条件。

【例8-2】 某梯形渠道,设计流量 $Q_设 = 3.2$ m³/s,边坡系数 $m = 1.5$,比降 $i = 0.000\,5$,渠床糙率系数 $n = 0.025$,渠道不冲流速 0.8 m/s,允许最小流速 0.4 m/s,试设计渠道过水断面尺寸。

解:(1)初设 $b = 2$ m,$h = 1$ m。

(2)计算渠道断面各水力要素。代入 $m = 1.5$、$i = 0.000\,5$、$n = 0.025$,计算得:

$$A = (b + mh)h = 3.5(\text{m}^2)$$

$$\chi = b + 2h\sqrt{1 + m^2} = 5.61(\text{m})$$

$$R = A/\chi = 0.624(\text{m})$$

$$C = \frac{1}{n}R^{1/6} = 36.98(\text{m}^{1/2}/\text{s})$$

(3)计算渠道流量。代入 $A = 3.5$ m²、$C = 36.98$ m^{1/2}/s、$R = 0.624$ m、$i = 0.000\,5$,计算得:

$$Q_{计算} = AC\sqrt{Ri} = 2.286(\text{m}^3/\text{s})$$

(4)校核渠道流量:

$$\left|\frac{Q_{计算} - Q_设}{Q_设}\right| = \left|\frac{2.286 - 3.2}{3.2}\right| = 0.286 > 0.05$$,不满足精度要求,更换 h 值重新计算,结果见表8-7。

表8-7 梯形渠道横断面试算过程(底宽 $b = 2.0$ m)

水深 h(m)	过水断面面积 A(m²)	水力半径 R(m)	谢才系数 C(m^{1/2}/s)	渠道流量 Q(m³/s)
1.0	3.5	0.624	36.98	3.286
1.1	4.02	0.673	37.45	2.76
1.15	4.28	0.696	37.66	3.01
1.22	4.67	0.730	37.96	3.39

根据表8-7,绘制 $h \sim Q$ 关系曲线,插值求得 $Q = 3.2$ m³/s 时,相应的 $h = 1.185$ m。

(5)校核渠道流速。

当 $b = 2.0$ m、$h = 1.185$ m 时,$A = 4.476$ m²,因此渠道流速 $v = Q/A = 0.715$ m/s,显然 0.4 m/s < v < 0.8 m/s,满足不冲不淤要求。

因此,确定渠道断面最终尺寸为 $b = 2.0$ m、$h = 1.185$ m。

(二)渠道纵断面设计

设计灌溉渠道,一方面要使渠道能通过设计流量和保持渠床稳定,对自流灌区还要保证水位满足自流灌溉的要求。渠道纵断面设计的任务:一是和横断面设计相配合,确定渠道的设计水位;二是定出渠底挖深和堤顶填高。所以,当确定了渠道的过水断面尺寸以后,结合渠道所通过的地形条件,将一些分段设计的孤立的设计断面,通过渠道中心线的平面位置,使其相互联结起来,并结合渠道中线两侧的地形、土壤和地质条件,进一步确定渠道设计水位线,同时根据渠道各桩号地面高程确定出渠底的挖、填高程和堤顶的填方高程。下面结合某水库灌区渠系平面布置实例(见图8-2)说明渠道的纵断面设计。

1. 渠系的水位控制

为了使渠道所控制的面积都能得到自流灌溉,在各级渠道的分水口处要有要求的控制

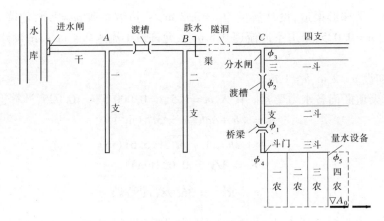

图 8-2　某水库灌区渠系布置简化图

水位高程。这些高程是根据渠道的沿程水头损失、通过渠系建筑物的局部水头损失和所灌土地的地面高程自下而上逐渐推算得出的。

如以 $H_\text{分}$ 表示支渠分水口要求的控制水位,则:

$$H_\text{分} = A_0 + h + \sum Li + \sum \phi \qquad (8\text{-}16)$$

式中　A_0——末级固定渠道灌溉范围内有代表性的地面参考点高程(不包括灌水较困难的局部高地),可根据地形、地面坡度及供水距离选定,一般地,沿渠平均地面坡度大于渠道比降时,距分水口最近处最难控制,应在其附近选择参考点,反之,最远处最难控制,应在较远处选取参考点;

　　h——末级固定渠道放水口处水面与参考点地面的高差,一般取 $0.1 \sim 0.2$ m;

　　L——各级渠道长度,m;

　　i——各级渠道比降;

　　ϕ——水流通过渠系建筑物的水头损失,参见表 8-8。

表 8-8　渠系建筑物水头损失参考值

建筑物	干、支渠进水闸	斗、农口	节制闸	公路桥	渡槽(隧洞、涵洞)	
					局部损失	沿程损失
水头损失(m)	0.20	0.10	$0.05 \sim 0.10$	$0.05 \sim 0.10$	$0.10 \sim 0.20$	Li

根据式(8-16)可求得四个支渠分水点要求的水位高程,结果记为 H_1、H_2、H_3、H_4。据此,便可参照水源引水高程和干渠比降试定干渠的设计水位线。具体方法是:首先根据横断面设计时所采用的干渠比降,定出干渠设计水位线如图中①线(见图 8-3);若发现水源引水高程不足,不能满足四支渠分水口高程的要求,则必须调整,有两种调整方案:

方案一:保持原干渠比降将①线平行下移到③线。这样可以适应水源引水高程,但须放弃四支渠部分灌溉面积。

方案二:修改原干渠设计比降,以水源引水高程为准,将③线比降放缓变成②线,这样既可适应水源引水高程,又可满足四支渠分水口高程的要求。但这样做必须按改变后的比降重新计算干渠横断面,并校核流速。

由此可见,渠道纵、横断面设计互为条件并相互制约,设计时须反复进行,最后求得既经

· 142 ·

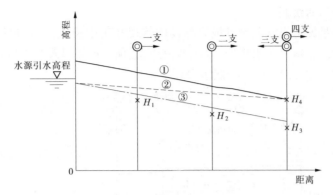

图 8-3　干渠设计水位线图

济又合理的结构断面形式。

2. 渠道纵断面的水位衔接

渠道纵断面的水位衔接是指渠道变断面处、建筑物处、上下级渠道连接处的水位连接。良好的水位衔接是渠道控制面积能否实现自流灌溉的重要环节。

（1）变断面处的水位衔接。渠道沿程分水后流量逐段变小，过水断面也应随之减小。为此，应减小水深或底宽（一般减小底宽），并应尽量把变断面布置在建筑物处，以保证水流平顺连接和减少工程量。

（2）建筑物处的水位衔接。渠道水位通过渠系建筑物时必定有水头损失，过建筑物后的水位必定降低。纵断面设计时，必须估算这些水头损失，并在纵断面图上表示出来，才能得到渠道的正确水位。若建筑物较短，可将全部水头损失集中画在建筑物的中心位置；若建筑物较长，则应根据进、出口的位置，分别画出进、出口段的水头损失，中间段按建筑物的实际比降绘制。

（3）上、下级渠道的水位衔接。渠道分水口处的水位衔接有两种处理方案：一种是按上、下级渠道均通过相应的设计流量，依上级渠道的设计水位 $H_设$ 减去过闸水头损失 ϕ 来确定下级渠道分水口处的水位 $H_设$ 和渠底高程。这种情况，当上级渠道通过最小流量时，其相应的水位 $H_最小$ 就可能满足不了下级渠道引水要求的水位 $h_最小$，这时，需修建节制闸，抬高上级渠道的水位到 H_0'，使闸前、后的水位差为 δ，以使下级渠道引取最小流量，如图 8-4（a）所示。另一种是按上、下级渠道均通过相应的最小流量，闸前、后的水位差为 δ，来确定下级渠道的渠底高程。这种情况，当上、下级渠道都通过设计流量时，将有较大的水位差 ΔH，需用分水闸的不同开度来控制进入下级渠道的设计流量，如图 8-4（b）所示。

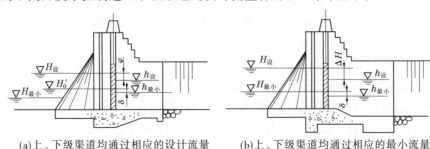

(a)上、下级渠道均通过相应的设计流量　　　(b)上、下级渠道均通过相应的最小流量

图 8-4　分水闸前后水位衔接示意图

3. 渠道纵断面图的绘制

渠道纵断面图是渠道纵断面设计成果的具体体现和集中反映,主要包括沿渠地面高程线、渠道设计水位线、渠道最小水位线、渠底高程线、堤顶高程线以及分水口和渠系建筑物的位置与形式等内容,如图 8-5 所示,绘制步骤如下:

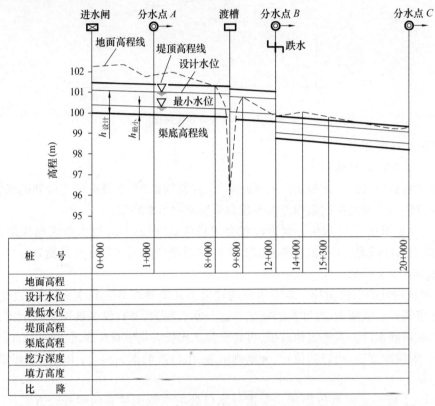

图 8-5　渠道纵断面设计图

(1)选择比例尺。高程一般采用 1:100 或 1:200,视地形高差大小而定;距离一般采用 1:5 000 或 1:10 000,视渠道距离长短而定。

(2)绘制地面高程线。地面高程线可根据渠道中心线的水准测量成果进行绘制。若无定线测量成果,亦可根据地形图上渠道平面布置图的沿渠距离及其相应的地面高程进行绘制。

(3)绘制设计水位线。根据各分水点要求的水位和水源或上级渠道的水位,考虑沿渠地形和地质条件以及建筑物的水头损失,选择适宜的渠道比降,按照前面讲述的渠道设计水位线的分析、确定方法,即可绘出设计水位线。

(4)绘制渠底高程线、最小水位线和堤顶高程线。从设计水位线向下,以设计水深为间距,绘制设计水位线的平行线,即为渠底高程线。从渠底高程线向上,分别以最小水深和加大水深与安全超高之和为间距,绘制渠底线的平行线,即为最小水位线和堤顶高程线。

(5)标出挖深和填高。沿渠各桩号的挖深和填高数,可由地面高程与渠底高程之差求出,即:

$$挖方深度 = 地面高程 - 渠底高程$$

填方高度 = 渠底高程 − 地面高程

(6)标出建筑物的位置和形式。根据需要确定出建筑物的位置和形式,按图8-6所示的图例在纵断面图上标出。

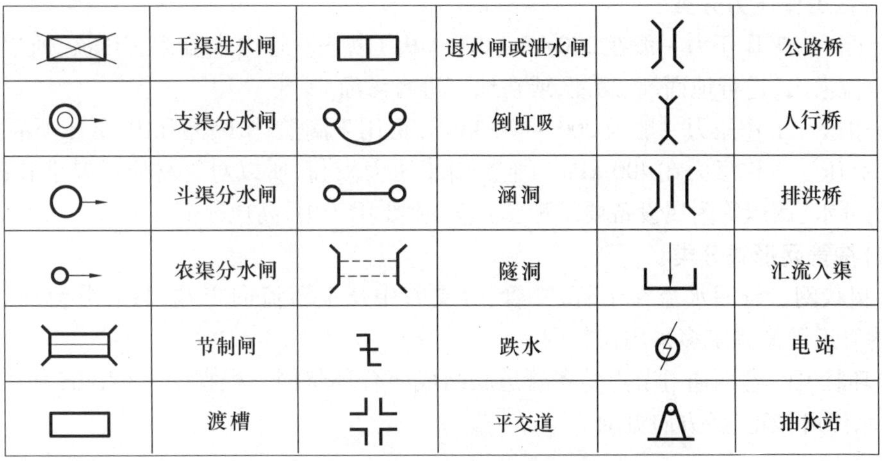

⊠	干渠进水闸	▭	退水闸或泄水闸	)〔	公路桥
◉→	支渠分水闸	◡	倒虹吸	〉〔	人行桥
○→	斗渠分水闸	•—•	涵洞	)〔〔	排洪桥
○→	农渠分水闸	〕- - -〔	隧洞	↓	汇流入渠
▭	节制闸	卞	跌水	⊘	电站
▭	渡槽	卌	平交道	⋀	抽水站

图8-6 渠系建筑物图

第二节 管网工程规划设计

管网工程是以管道代替明渠输水灌溉的一种工程形式,通过一定的压力,将灌溉水由分水设施输送到田间。其特点是出水口流量较大,出水口所需压力较低,管道不会发生堵塞。

完整的管网工程一般由水源、首部枢纽、输配水管网、田间灌水系统等四大部分组成。其中,输配水管网一般是指支管(或毛管)以上的管网,包括管网系统中的各级管道、分水设施、保护装置和其他附属设施。在面积较大的灌区,输配水管网可由干管、分干管、支管、分支管等多级管道组成。本节仅介绍输配水管网的规划设计方法。

一、管网系统分类

(一)按压力来源分类

(1)自压管道灌溉系统。在渠道位置较高的自流灌区多采用这种形式,利用地形高差满足自流压力要求。

(2)机压管道灌溉系统。有两种形式,一种是水泵直接输水至田间给水栓(分水口);另一种是水泵输水至高位蓄水池,然后自压供水。

(二)按可移动程度分类

(1)固定式。管灌的各级管道及分水设施均埋于地下,给水栓或分水口直接分水进入田间沟、畦,没有软管连接。田间毛渠较短,管道密度大,一次投资大,但管理方便,灌水均匀。

(2)移动式。除水源外,管道及分水设备都可移动,机泵有的固定,有的也可移动,管道多采用软管,简便易行,一次性投资低,多在井灌区临时抗旱时应用。但是劳动强度大,管道易破损。

（3）半固定式。输水管道及给水栓（分水口）是固定的，而地面软管接于出水口上，通过软管送水入沟、畦进行灌溉，是目前管网系统使用最广泛的类型。

（三）按工作压力分类

（1）低压。工作压力一般在 200 kPa（0.2 MPa）以下。管内水流为有压流，所以水能从出流口自流溢出，进行地面灌、滴灌，或在地下进行渗灌。

（2）中压。工作压力一般为 200～400 kPa。可用于滴灌、微喷灌和中、低压喷灌。

（3）高压。工作压力在 400 kPa 以上。由于压力较高，所以对管材质量要求较高，管道系统中的分水、调压等附属设备要求配套齐全，主要用于中、高压喷灌。

（四）按管网形式分类

（1）树状网。管网水流在干管、支管、分支管中从上游流向末端，只有分流而无汇流。目前国内管道灌溉系统多采用树状网。

（2）环状网。管网通过节点将各管道联结成闭合环状网。根据给水栓位置和控制阀启闭情况，水流可作正、逆方向流动。

二、管网系统规划布置

管网布置的合理与否，对工程投资、运行状况和管理维护有很大影响。因此，对管网规划布置方案应进行反复比较，最终确定合理方案，以减小工程投资并保证系统运行可靠。

（一）规划布置原则

（1）井灌区的管网宜以单井控制灌溉面积作为一个完整系统；渠灌区应根据地形条件、地块形状等分区布置，尽量将压力接近的地块划分在同一分区。

（2）规划时首先确定给水栓的位置。给水栓的位置应当考虑到灌水均匀。若不采用连接软管灌溉，向一侧灌溉，给水栓纵向间距可在 40～50 m 之间，横向间距一般按 80～100 m 布置。在山丘区梯田中，应考虑在每个台地中设置给水栓，以便灌溉管理。

（3）在已确定给水栓位置的前提下，力求管道总长度最短。

（4）管线尽量平顺，减少起伏和折点。

（5）最末一级固定管道的走向应与烟草种植方向一致，移动软管或田间垄沟垂直于种植行。在山丘区，干管应尽量平行于等高线、支管垂直于等高线布置。

（6）管网布置要尽量平行于沟、渠、路、林带，顺田间生产路和地边布置，以利耕作和管理。

（7）充分利用已有的水利工程，如穿路倒虹吸管和涵管等。

（8）充分考虑管路中量水、控制和保护等装置的适宜位置。

（9）尽量利用地形落差实施重力输水。

（10）各级管道尽可能采用双向供水。

（二）规划布置步骤

（1）根据地形条件分析确定管网类型。

（2）确定给水管件的适宜位置。

（3）按管道总长度最短原则，确定管网中各级管道的走向与长度。

（4）在纵断面图上标注各级管道桩号、高程、给水装置、保护设施、连接管件及附属建筑物的位置。

（5）对各级管道、管件、给水装置等,列表分类统计。

(三)管网布置形式

（1）水源位于地块一侧的较短边中央,适合布置圭字形、∏形(或梳齿形)、一字形等,如图8-7和图8-8所示。

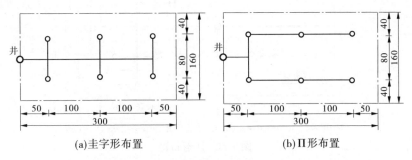

(a)圭字形布置　　　　　　　　(b)∏形布置

图 8-7　给水栓向两侧分水示意图　（单位:m）

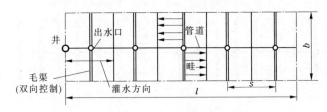

l—田块长,m;b—田块宽,m

图 8-8　一字形布置

（2）水源位于地块一侧的较长边中央,适合布置 T 形,如图8-9所示。

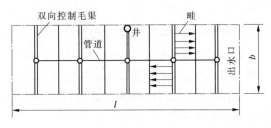

l—田块长,m;b—田块宽,m

图 8-9　T 字形布置

（3）水源位于边角,适合布置 L 形,如图8-10所示。

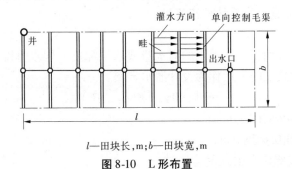

l—田块长,m;b—田块宽,m

图 8-10　L 形布置

（4）水源位于地块中央，适合布置 H 形（或鱼骨形）、长一字形等，如图 8-11 和图 8-12 所示。

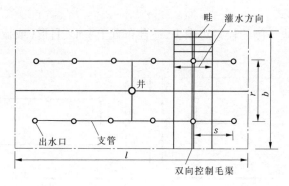

l—田块长，m；b—田块宽，m；r—支管间距，m；s—出水口间距，m

图 8-11　H 形布置

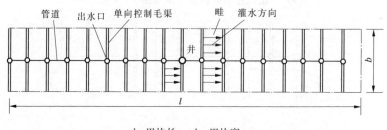

l—田块长，m；b—田块宽，m

图 8-12　长一字形布置

三、管网系统水力计算

管网系统水力计算是在管网布置和各级管道流量已确定的前提和满足约束条件下，计算各级管道的经济管径。对于管道首端水压未知时，根据管径、流量、长度计算水头损失，确定首端工作压力，从而选择适宜机泵；对于管道首端水压已知时，则在满足首端水压条件下，确定管网各级管道的管径。管网系统水力计算的主要内容有管网设计流量的计算、初选管径、管网水头损失的计算以及水泵选型等。

（一）管网设计流量的计算

管网设计流量是水力计算的依据，由灌溉设计流量决定。灌溉规模确定后，根据水源条件、作物灌溉制度和灌溉工作制度计算灌溉设计流量。然后以灌溉期间的最大流量作为管网设计流量，以最小流量作为系统校核流量。

1. 设计灌水定额

灌水定额是指单位面积一次灌水的灌水量或水层深度。烟水管网设计中，采用烟草生育期内各次灌水量中最大的一次作为设计灌水定额。

$$m = 10\gamma_{\pm} h\beta(\beta_1 - \beta_2) \tag{8-17}$$

式中　m——设计净灌水定额，mm；

h——计划湿润层深度，cm；

$\gamma_{\pm}$——计划湿润层土壤容重，g/cm^3；

β——田间持水量(重量%);

β_1、β_2——田间适宜含水量上、下限,分别取田间持水量的 85% ~ 100% 和 60% ~ 65% 。

2. 设计灌水周期

根据烟草灌水临界期内最大日需水量值,按下式计算设计灌水周期:

$$T = m/E_d \qquad (8-18)$$

式中　T——设计灌水周期,d;

　　　m——设计净灌水定额,mm;

　　　E_d——控制区内烟草最大日需水量,mm/d。

3. 灌溉设计流量

根据设计灌水定额、灌溉面积、灌水周期和每天的工作时间可计算灌溉设计流量:

$$Q_{设} = 0.667mA/(\eta Tt) \qquad (8-19)$$

式中　$Q_{设}$——管灌系统灌溉设计毛流量,m³/h;

　　　m——设计净灌水定额,mm;

　　　A——设计灌溉总面积,亩;

　　　η——灌溉水利用系数,取 0.8 ~ 0.9;

　　　T——设计灌水周期,d;

　　　t——每天灌水时间,h,取 18 ~ 22 h,尽可能按实际灌水时间确定。

4. 灌溉工作制度

灌溉工作制度是指管网输配水及田间灌水的运行方式和时间,是根据系统的引水流量、灌溉制度、畦田形状及地块平整程度等因素制定的。主要有续灌和轮灌两种方式。

(1)续灌方式。灌水期间,整个管网系统的出水口同时出流的灌水方式称为续灌。在地形平坦且引水流量和系统容量足够大时,可采用续灌方式。

(2)轮灌方式。在灌水期间,灌溉系统内不是所有管道同时通水,而是将输配水管分组,以轮灌组为单元轮流灌溉。系统同时只有一个出水口出流时称为集中轮灌;有两个或两个以上的出水口同时出流时称为分组轮灌。井灌区管网系统通常采用这种灌水方式。

系统轮灌组数目是根据管网系统灌溉设计流量、每个出水口的设计出水量及整个系统的出水口个数来计算的,当整个系统各出水口流量接近时可进一步简化计算。

$$N = \text{int}\Big[\Big(\sum_{i=1}^{n} q_i \Big)/Q_{设} \Big] \text{ 或 } N = \text{int}(nq_i/Q_{设}) \qquad (8-20)$$

式中　N——轮灌组数;

　　　q_i——第 i 个出水口设计流量,m³/h;

　　　n——出水口总数。

轮灌分组应遵循以下原则:

(1)每个轮灌组内工作的管道应尽量集中,以便控制和管理。

(2)各个轮灌组的总流量尽量接近,离水源较远的轮灌组总流量可小些,但变动幅度不能太大。

(3)地形地貌变化较大时,可将高程相近地块的管道分在同一轮灌组,同组内压力应大致相同,偏差不宜超过 20% 。

（4）各个轮灌组灌水时间总和不能大于灌水周期。

（5）同一轮灌组内作物种类和种植方式应力求相同，以方便灌溉和田间管理。

（6）轮灌组的编组运行方式要有一定规律，以利于提高管道利用率并减少运行费用。

5. 树状管网各级流量计算

一般地，管网正常工作情况下可以不考虑输水损失。所以，无论是续灌或是轮灌，管网中上一级管道流量应等于其下一级各管道实际流量之和。树状管网各级流量按下式计算：

$$Q_{\perp i} = \sum q_i \tag{8-21}$$

式中　$Q_{\perp i}$——上一级管道设计流量，m^3/h；

　　　　q_i——对应下一级管道流量，m^3/h，续灌时，下一级管道上的给水栓全部开启，轮灌时，下一级管道上只有部分给水栓开启。

若井的出水量小于 60 m^3/h，一般按开一个出水口对待，各条管道流量等于井出水量。

【例8-3】　如图8-13所示，若系统灌溉设计流量为 120 m^3/h，出水口设计流量为 30 m^3/h，试计算各管段流量。

解：由系统设计流量和出口设计流量知，该系统必须采用轮灌方式，按分组计算各管段流量。

轮灌组数：

$$N = \mathrm{int}(nq/Q_{设}) = \mathrm{int}(12 \times 30/120) = 3(组)$$

各轮灌组同时开启的出水口数：

$$n/N = 12/3 = 4(个)$$

编组：支$_1$、支$_2$ 为第一轮灌组，支$_3$、支$_4$ 为第二轮灌组，支$_5$、支$_6$ 为第三轮灌组。

各支管入口管段流量均为 60 m^3/h，末端管段流量均为 30 m^3/h，干管各管段流量均为 120 m^3/h。

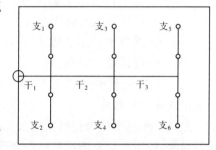

图 8-13　管道输水灌溉系统示例

（二）初选管径

在各级管道流量已确定的前提下，各级管道管径的选取对管网投资和运行费用有很大影响。对于有压输配水管道，当选用的管径增大时，管道流速减小，水头损失减小，相应的水泵提水所需的能耗降低，能耗费用减少，但是管材造价却增大。当选用管径减小时，管道流速增大，水头损失相应增大，能耗随之增高，能耗费用也增大，但管材造价却可降低。在一系列的管径中，可选取在投资偿还期内，管网投资年折算费用与年运行费用之和最小的一组管径，即经济管径。

在井灌区和其他一些非重点的管网工程设计中，多采用计算工作量较小的经济流速法初选出经济管径。该法是根据不同的管材确定适宜流速，然后由管道水力学公式计算出一组比较经济的管径，最后根据商品管径进行标准化修正。无论采用哪种方法进行管径确定，都应满足以下约束条件：

（1）管网任意处工作压力的最大值应不大于该处材料的公称压力。

（2）管道流速应不小于不淤流速（一般取 0.5 m/s），不大于最大允许流速（通常限制在 2.5～3.0 m/s）；

（3）设计管径必须是已生产的管径规格。

(4)树状管网各级管道管径应由上到下逐级逐段变小。

根据经济流速法初选管径的计算公式如下：

$$d = 1\,000\sqrt{\frac{4Q}{3\,600\pi v}} = 18.8\sqrt{\frac{Q}{v}} \tag{8-22}$$

式中　d——管道直径，mm；

　　　Q——计算管段的设计流量，m^3/h；

　　　v——管道内水的经济流速，m/s，经济流速受当地管材价格、使用年限、施工费用及动力价格等因素的影响比较大，若当地管材价格较低，而动力价格较高，经济流速选取较小值，反之选取较大值，因此在选取经济流速时应充分考虑当地的实际情况。

表8-9列出了不同管材的经济流速的参考值。

表8-9　经济流速

管材	钢筋混凝土	混凝土水泥	石棉水泥	水泥土	硬塑料	陶瓷
$v(m/s)$	0.8~1.5	0.8~1.4	0.7~1.3	0.5~1.0	1.0~1.5	0.6~1.1

(三)管网水头损失计算

管道水头损失等于沿程水头损失和局部水头损失之和。

1.沿程水头损失计算

管道沿程水头损失即水流沿流程克服摩擦力做功而损失的水头，可按下式计算：

$$h_f = f\frac{Q^m}{d^b}l \tag{8-23}$$

式中　h_f——沿程水头损失，m；

　　　f——沿程摩阻系数，见表8-10；

　　　Q——管道设计流量，m^3/h；

　　　d——管道内径尺寸，mm；

　　　l——管道长度，m；

　　　m、b——流量指数和管径指数，均与摩阻损失无关，见表8-10。

表8-10　不同管材的f、m、b值

管材		f	m	b
混凝土管、钢筋混凝土管	$n=0.013$	1.312×10^6	2.0	5.33
	$n=0.014$	1.516×10^6	2.0	5.33
	$n=0.015$	1.749×10^6	2.0	5.33
旧钢管、旧铸铁管		6.25×10^5	1.90	5.10
石棉水泥管		1.455×10^5	1.85	4.89
硬塑料管		0.948×10^5	1.77	4.77
钢管、铝合金管		0.861×10^5	1.74	4.71

对于地面移动软管，由于软管壁薄、质软且具有一定的弹性，输水性能与一般硬管不同，

其沿程水头损失影响因素较多,通常采用塑料硬管计算公式计算后乘以一个系数,该系数根据软管布置的顺直程度及铺设地面的平整程度取 1.1 ~ 1.5。

2. 局部水头损失计算

实际管道往往是由许多管段组成的,有时各管段管径并不一样,在各管段之间还用各种形式的管件来连接,如弯管、变径管、三通、四通等;直管上还可能安装有阀门、量水装置、安全阀等。这样,水流在流动过程中,流向或过水断面发生变化,从而引起能量的转换并伴随有能量的损失,由此产生的水头损失为局部水头损失。局部水头损失一般以流速水头乘以局部水头损失系数来表示:

$$h_j = \xi \frac{v^2}{2g} \tag{8-24}$$

式中　h_j——局部水头损失,m;

　　　　ξ——各管件局部损失系数,可查有关书籍;

　　　　v——管道流速,m/s;

　　　　g——重力加速度,取 9.8 m/s²。

管道的总局部水头损失等于管道上各局部水头损失之和。在实际工程设计中,为简化局部水头损失计算,通常取沿程水头损失的 10% ~ 15%。无资料时,给水栓(或出水口)的局部水头损失可按 0.3 ~ 0.5 m 选用。

(四)水泵选型

当管道首端水压已知时,首先应根据各出水口高程及所需水头计算线路中各级管道的水力坡度、各管段设计流量,再计算各级管道管径,然后选择商用管径。对于自压式和机泵已配套的输配水管网系统,选出各支管最不利灌水点作为控制点,计算各支管平均水力坡度,然后按照下式计算管径:

$$d = \left(f \frac{Q^m}{i} \right)^{1/b} \tag{8-25}$$

式中　i——平均水力坡度,管段上下游压差与管段长度的比值;

　　　　其他符号意义同前。

只有当管道首端水压未知时,才需要确定首端工作压力进而选择水泵,剩下的工作主要是推算水泵的设计扬程。

1. 确定管网水力计算的控制点

为满足管灌要求,管网首部应具有足够的水位高程,通常应从最不利的轮灌组向上逐级推算水位高程,这就需要事先确定管网水力计算的控制点。

管网水力计算的控制点是指管网运行时所需最大扬程的出流点,即最不利灌水点。一般应选取离管网首端较远且地面高程较高的地点。在管网中这两个条件不可能同时具备,因此应在符合以上条件的地点中综合考虑,选出一个最不利灌水点为设计控制点。在轮灌方式中,不同的轮灌组应选择各轮灌组的设计控制点。

2. 控制线路各节点水头推算

控制线路即自设计控制点到管网首端的一条管线。输水干管线路中,各节点水压是根据各管段水头损失和节点地面高程自下而上推算得到的。

$$H = Z_下 - Z_上 + \sum h_i + H_剩 \tag{8-26}$$

式中 H——上游节点自由水头，m；

$Z_上$、$Z_下$——上、下游节点高程，m；

$\sum h_i$——上、下游节点间的总水头损失，m；

$H_剩$——下游节点剩余水头，m。

3.管网设计工作水头

根据《农田低压管道输水灌溉工程技术规范》（GB/T 20203—2006），管网设计工作水头宜按最大、最小工作水头的平均值进行取用。

$$H_0 = \frac{H_{max} + H_{min}}{2} \tag{8-27}$$

其中：

$$H_{max} = Z_2 - Z_0 + \Delta Z_2 + \sum h_{f,2} + \sum h_{j,2} + h_0 \tag{8-28}$$

$$H_{min} = Z_1 - Z_0 + \Delta Z_1 + \sum h_{f,1} + \sum h_{j,1} + h_0 \tag{8-29}$$

式中 H_0、H_{max}、H_{min}——管道系统设计工作水头、最大工作水头、最小工作水头，m；

Z_0——管道系统进口高程，m；

Z_1——参考点 1 的地面高程，m，在平原地区，参考点 1 一般为距水源最近的给水栓；

Z_2——参考点 2 的地面高程，m，在平原地区，参考点 2 一般为距水源最远的给水栓；

ΔZ_1、ΔZ_2——参考点 1 与参考点 2 处给水栓出口中心线与地面的高差，m，给水栓出口中心线的高程应为其控制的田间最高地面高程加 0.15 m；

$\sum h_{f,1}$、$\sum h_{j,1}$——管道系统进口至参考点 1 给水栓管路的沿程水头损失和局部水头损失，m；

$\sum h_{f,2}$、$\sum h_{j,2}$——管道系统进口至参考点 2 给水栓的管路沿程水头损失和局部水头损失，m；

h_0——给水栓工作水头，m。

这里，需要说明的是给水栓工作水头。在采用移动软管的系统中，一般采用管径为 50～110 mm 的软管，长度一般不超过 100 m。给水栓工作水头计算如下：

$$h_0 = h_f + h_j + \Delta H + (0.2 \sim 0.3) \tag{8-30}$$

式中 h_0——给水栓工作水头，m；

h_f——移动软管沿程损失，m；

h_j——给水栓局部水头损失；

ΔH——移动软管出口高程与给水栓出口高程之差，m；

0.2～0.3——需要的富余水头，m。

4.水泵设计扬程

灌溉系统的水泵设计扬程按下式计算：

$$H_P = H_0 + Z_0 - Z_d + \sum h_{f,0} + \sum h_{j,0} \tag{8-31}$$

式中 H_P——灌溉系统水泵的设计扬程，m；

H_0——管道系统设计工作水头，m；

Z_0——管道系统进口高程，m；

Z_d——泵站前池水位或机井动水位，m；

$\sum h_{f,0}$、$\sum h_{j,0}$——水泵吸水管进口至管道系统进口之间的管道沿程水头损失和局部水头损失,m。

5.水泵选型与工作点校核

根据以上计算的水泵扬程和管网设计流量选取水泵,然后根据水泵的流量—扬程曲线(水泵性能曲线)和管道系统的流量—水头损失曲线(管道特性曲线)校核水泵工作点。

1)水泵选型

输水管道灌溉系统中的水泵,主要采用叶片泵中的离心泵和井泵。

选用水泵的流量应满足灌溉设计流量的要求,且不大于根据抽水试验确定的机井出水量,扬程应根据灌溉系统设计扬程合理选定,在灌溉系统设计流量下,水泵应工作在高效区。

对于变幅不大的地表水源,扬程较小的可选择轴流泵,扬程较大的可选离心泵或混流泵;对于水位埋深较大的地下水源宜选用潜水电泵,流量较小的可考虑选用单相电机潜水泵。

2)动力机配套

水泵配用电动机时,应根据电源容量大小、电压等级、水泵轴功率、转速以及传动方式等条件来确定电动机的类型、容量、电压和转速等工作参数。

水泵配用柴油机时,应根据水泵的转速和功率选配柴油机速度特性曲线和水泵特性曲线相适应的机型,并根据柴油机的相关特性曲线校核所选机型。

3)水泵工作点校核

水泵工作点指抽水装置所需要的能量与水泵所提供能量的平衡点。应分别校核在管道系统最大工作水头和最小工作水头下,水泵的工作点是否在高效区,若偏离过大应重新选泵或调整管道系统设计。

管道系统各管段的设计工作压力,应为正常运行情况下最大工作压力的1.4倍。

四、管网工程设计实例

淮北中部某新建井灌区,耕地 2 700 亩,灌区沟、路已成系统,每块田为 130 ~ 140 亩。该地区土壤容重为 1.4 g/cm³,田间持水量为 28%(占干土重)。根据灌区的水文地质条件,机井采用无砂混凝土筒井,井深为 30 m,井径 0.7 m,单井出水量 40 ~ 50 m³/h。多年平均地下水位埋深为 3.2 m,连续枯水段末(75%年型)的地下水埋深将降至 5.0 m,机井抽水时的动水位降深 3 m。拟采用管道输水灌溉技术种植烟草,试进行配套管网工程设计。

(一)设计灌水定额

烟草计划湿润层取 $h = 50$ cm,田间适宜含水量上、下限,分别取田间持水量的 90% 和 65%。

$m = 10\gamma_{\pm} h\beta(\beta_1 - \beta_2) = 10 \times 1.4 \times 50 \times 28\% \times (90\% - 65\%) = 49$(mm),合 32.67 m³/亩

(二)灌水周期

烟草最大日需水量取 5.8 mm/d。

$$T = m/E_d = 49/5.8 \approx 8.5(d)$$

取 8 d。

(三)机井数量

每天灌水时间按 16 h 计,灌溉水利用系数取 0.855。

单井控制面积:$A = Q_{设}\eta Tt/m = 45 \times 0.855 \times 8 \times 16/32.67 = 150.74$(亩)

需打机井数：$n = 2\ 700/150 \approx 18$（口）。

（四）管网布置

为尽量缩短管道长度和减少输水水头损失，采用 H 形布置（见图 8-14），机井位于地块中央。

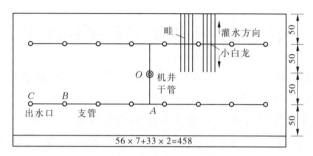

图 8-14　管网 H 形布置实例

（五）工作制度

为管理方便，4 条支管轮灌，在灌水的支管上每次开启 2 个出水口。

（六）初选管径

选用薄壁塑料硬管，经济流速 $v = 1.35$ m/s。

$$d = 18.8\ \sqrt{Q/v} = 18.8 \times \sqrt{45/1.35} = 108.5（mm）$$

根据工作制度，干、支管均采用 110 mm 管径，地面移动软管也采用 110 mm 管径。

（七）计算管网水头损失（按最不利情况）

硬塑料管材取 $f = 0.948 \times 10^5$、$m = 1.77$、$b = 4.77$，管道流量及长度见表 8-11，代入 $h_f = f\dfrac{Q^m}{d^b}l$ 计算沿程水头损失，结果见表 8-11 的最右列。局部水头损失近似地按沿程水头损失的 10% 估计，即 $h_j = 0.3$ m。

表 8-11　管网水头损失

管段	长度 L(m)	管径 d(mm)	流量 Q(m³/h)	沿程水头损失 h_f(m)
干管 OA	50	110	45.0	0.73
支管 AB	140	110	45.0	2.05
支管 BC	56	110	22.5	0.24
地面移动软管	50	110	22.5	0.21
合计	—	—	—	3.23

（八）水泵选型

机井动水位降深 3 m；多年平均地下水位埋深为 3.2 m；管路摩阻损失按最远 2 个出水口放水计算为 $3.23 + 0.3 = 3.53$（m），按最近 2 个出水口计算为 1.59 m，则平均水头损失为 2.56 m；地面移动软管出口工作水头 0.2 m。平均需要的水泵沿程：$H = 3 + 3.2 + 2.56 + 0.2 = 8.96$（m）。水泵流量按机井出水量 45 m³/h 考虑。

根据以上数据，选用 IB 型单级离心泵，型号 IB80 − 50 − 315，其性能参数为 $Q = 50$ m³/h，扬程 $H = 12.5$ m，额定转速 $n = 2\ 900$ r/min，功率 $N = 3.7$ kW，效率 56%，允许吸上真

空高度 3.4 m。考虑农村供电困难,动力机选用 4.41 kW 柴油机。

该水泵的最大吸程 $H_s = 10.0 - 3.4 = 6.6 (m)$,根据连续枯水段末(75% 年型)的地下水埋深将降至 5.0 m,机井抽水时的动水位降深 3 m 可知,机井需要的最大吸程为 8.0 m,因此水泵应考虑落井安装,安置在地面以下 1.4 m。

第三节 排洪渠工程规划设计

要给烟草创造良好的土壤或农田水分条件,除要有完善的灌溉系统外,还必须有完善的排水系统。一个完整的排水系统,一般由田间排水网、各级排水沟道、各类建筑物(闸、涵、桥、泵站等)以及容泄区等部分组成。排水系统中的各级排水沟道一般分为干、支、斗、、农四级固定沟道。干、支、斗三级沟道组成排水沟网,农沟及农沟以下的田间沟道组成田间排水网。农田中过多的地面水、土壤水和地下水先由田间排水网汇集起来,经由各级排水沟道排至容泄区去。

通常,因土壤或农田水分过多造成烟草减产或欠收的现象,统称为水灾。根据土壤或农田水分过多的原因和水分过多的程度,水灾又常分为洪灾、涝灾和渍灾。在烟草生产中,更多的是出现涝灾,治理涝灾(简称治涝)的最基本工程措施是修建排涝用的排水沟道,即排洪渠。本节将重点介绍山丘区排洪渠的规划设计原则与方法。

一、治涝标准

所谓治涝标准,是指低洼易涝地区通过采取各种治涝措施,达到防止涝灾能力的一种定量指标。通常采用流域内发生一定重现期连续若干天的暴雨所产生的多余水量,能够在规定时间内排除而不产生涝灾的一种表达方式。例如,某一地区的除涝标准是"5 年一遇 1 日暴雨,2 天排出",意思是该地区按此标准治涝后,当遇到 5 年一遇或以下的 1 日暴雨时,能够在 2 天内排出多余水量而不会造成涝灾。治涝标准,有的也采用以暴雨量表示的方法。例如,某一地区的治涝标准是"1 日暴雨 200 mm 不受涝",意思是该地区按此标准治涝后,当遇到 1 日暴雨 200 mm 或低于 200 mm 时不会发生涝灾。

治涝标准与作物耐涝能力密切相关。作物耐涝能力是指作物经受水淹而不致引起明显减产的最大淹水深度和淹水时间。烟草的耐涝能力较差,而且在不同生育阶段耐涝能力也有显著差别,烟草生长早期相对耐涝。作物允许淹水时间与淹水深度有关,淹水愈深,允许的淹水时间愈短。此外,高温日晒条件下作物耐涝能力比阴雨天要差,地力肥沃、作物长势壮,都可增强作物的耐涝能力。

治涝设计标准是确定排涝工程规模的依据。标准定得过高,河沟挖得又大又深,工程利用率低,经济上不合算;反之,河沟挖得又浅又小,遇到稍大的暴雨即积水成涝,难以保证农业高产稳产。根据《灌溉与排水工程设计规范》(GB 50288—99)规定,设计暴雨重现期应根据经济效益分析确定,一般采用 5 年一遇到 10 年一遇,经济条件较好或特殊地区取上限。

二、排洪渠的规划布置

进行排洪渠的规划布置,首先要收集排水地区的地形、土壤、水文气象、水文地质、作物、灾情、现有排水设施以及社会经济等各种基本资料,以全面掌握排水地区的特点,从而确定排洪渠应承担的任务,确定治涝设计标准,拟定规划布置的主要原则,在地区农业发展规划和水利规划的基础上进行排洪渠的规划布置。

(一)规划布置原则

排洪渠的规划布置直接影响工程投资、排水效益、工程安全和管理、养护等多方面的问题。对规划布置方案应全面分析、比较,慎重确定,力求做到经济合理、效益显著、安全可靠、管理方便。在规划布置时,应紧密结合排水区的具体条件考虑以下原则:

(1)各级排洪渠要布置在各自控制范围的最低处,以便能排除整个排水地区的多余水量。

(2)尽量做到高水高排,低水低排,自排为主,抽排为辅。即使排水区全部实行抽排,也应根据地形将其划分为高、中、低等片,以便分片分级抽排,节约排水费用和能源。

(3)各级排洪渠要与灌溉渠系的布置、土地利用规划、道路网、林带和行政区划等协调。

(4)排水承泄区为河流时,排洪干渠出口应选在河床稳定且水位较低的地点,以便排水通畅,安全可靠。

(5)尽量利用原有的排水工程或天然河道,以节省工程投资,减少工程占地。

(二)规划布置方法

排洪渠的布置受地形、水文、土质、容泄区以及行政区划和工程现状等许多因素的影响,应与当地规划、灌溉渠道系统的布置同时进行,以求彼此协调。一般是先根据地形和容泄区等条件首先布置好干渠,然后逐级进行其他各级排洪渠的布置。

对于山丘区,地形起伏大,地面坡度陡,耕地零星分散,冲沟发育明显,排水条件好,有排水出路。这类地区,一般是把天然河溪或冲沟作为排洪干、支渠。需要时,只须对天然河沟进行适当的整治,便可顺畅排水。但多雨季节,山洪暴发常对灌区造成威胁。为此,常须沿地形较高的一侧布置山坡截流沟,用以拦截和排泄山洪,确保灌排区安全。

斗、农级的排洪渠布置,应密切结合地形、灌溉、行政区划和田间交通等方面的要求,统筹考虑,紧密结合,全面规划。地形坡向均匀一致时,可采用灌排相邻的布置形式;地形平坦或有微地形起伏时,可采用灌排相间的布置形式。有控制地下水位要求的地区,排洪农渠的间距必须满足控制地下水位的要求。排洪渠的一般规格参见表8-12。

表8-12　排洪渠的一般规格

级别	间距(m)	渠深(m)	边坡系数	底宽(m)
排洪干渠	—	3.8	2.5	3.0~6.0
排洪支渠	1 500	3.0	2.0	1.5
排洪斗渠	500	2.0	2.0	1.0
排洪农渠	50	1.0	1.5	0.5

三、排洪渠工程设计

排洪渠工程设计应根据已批准的当地排水工程总体规划进行。设计的主要内容包括排洪渠设计流量计算,确定排洪渠设计水位;排洪渠纵、横断面设计等。

(一)排洪渠设计流量计算

排洪渠设计流量是指排洪渠为满足治涝标准要求必须保证通过的流量,它是确定排洪渠断面及其各种建筑物规模的主要依据。因此,正确地按照治涝标准计算排洪渠设计流量是排洪渠工程设计的首要任务。

排洪渠设计流量的大小与暴雨总量和强度、排水面积及其特性有关,可按下式进行计算:

$$Q_P = q_p A \tag{8-32}$$

式中 Q_P——排洪渠设计流量,m^3/s;

   q_p——设计排涝模数,$m^3/(s \cdot km^2)$;

   A——排洪渠汇水面积,km^2,可从地形图上直接量得。

现在,关键的问题是如何确定排涝模数。根据《农田排水工程技术规范》(SL/T 4—1999),平原区和山丘区的排涝模数计算方法有所不同,分述如下。

1. 平原区排涝模数计算公式

1)经验公式法

该法适用于大型涝区,其计算公式为

$$q_p = KR^m A^n \tag{8-33}$$

式中 q_p——设计排涝模数,$m^3/(s \cdot km^2)$;

   A——排洪渠汇水面积,km^2,可从地形图上直接量得;

   K——综合系数(反映沟网配套程度、排洪渠坡度、降雨历时及流域形状等因素);

   R——设计暴雨的径流深,mm;

   m——峰量指数(反映洪峰与洪量的关系);

   n——递减指数(反映排涝模数与面积的关系)。

目前,各地区在应用上述公式时,都已根据该地区的治涝设计标准,选用接近设计标准的排水系统实测资料进行统计分析,确定了公式中的各参数(见表8-13),可供规划设计时参考。

表8-13   部分地区排涝模数公式参数值表

地区		适用范围(km^2)	$K_{日平均}$	m	n	设计降雨天数(d)
淮北平原区		500~5 000	0.026	1.00	-0.25	3
河南	豫东及沙颍河平原	—	0.3	1.00	-0.25	1
	金堤河	<1 500	0.215	0.79	-0.43	—
		>1 500	0.096	0.79	-0.43	—
山东沂沭泗地区	湖西	2 000~7 000	0.031	1.00	-0.25	6
	邳苍	100~500	0.031	1.00	-0.25	1
河北黑龙港		>1 500	0.058	0.92	-0.33	3
		200~1 500	0.032	0.92	-0.25	3

地区	适用范围(km²)	$K_{日平均}$	m	n	设计降雨天数(d)
河北平原地区	30 ~ 1 000	0.040	0.92	-0.33	3
山西太原平原区	—	0.031	0.82	-0.25	—
湖北省平原湖区	≤500	0.013 5	1.00	-0.201	3
	>500	0.017	1.00	-0.238	3
辽宁中部平原区	>50	0.012 7	0.93	-0.176	3

推求设计径流深 R,必先确定设计暴雨 P。一般地,对于 $100 ~ 500$ km² 的排水面积,洪峰流量主要由一日暴雨形成;$500 ~ 5 000$ km² 的排水面积,洪峰流量主要由三日暴雨形成。当除涝排水面积较小时,一般可用点雨量代表面雨量;当除涝排水面积较大时,需要用面雨量计算。推算设计暴雨的方法有两种:一种是典型年法,即采用排水地区内某个涝灾严重的年份作为典型年,以这一年的某次最大暴雨作为设计暴雨;另一种是频率法,即当流域内有足够的测站和较长的降雨资料时,用各年最大的一次面平均降雨量,直接进行面雨量的频率计算,求得设计标准的暴雨量。

由设计雨量推求径流深(净雨)R,可查当地降雨径流相关图 $P ~ R$ 或 $P + P_a ~ R$,其中,P 为降雨量,P_a 为前期影响雨量,反映该地区发生暴雨之前的土壤干湿情况。对于小汇水面积,若已知径流系数 α,也可利用 $R = \alpha P$ 或 $R = \alpha(P + P_a)$ 进行推求。

【例 8-4】 河北某平原涝区,设计排水面积为 1 500 km²,10 年一遇 3 d 设计暴雨面雨量为 229 mm,试确定设计排涝模数。

解:第一步:确定设计净雨深。由本区规划分析,得暴雨—径流关系为:

当 $P + P_a \leq 150$ mm 时 $R = 0.945(P + P_a - 90)$

式中 P——3 d 设计面雨量;

P_a——前期影响雨量,取 $P_a = 22$ mm。

代入计算得

$$R = 0.945 \times (229 + 22 - 90) = 152(mm)$$

第二步:确定排涝设计流量及模数。查表 8-13 得:$K = 0.032, m = 0.92, n = -0.25$,则:

$$q_p = 0.032 \times 152^{0.92} \times 1 500^{-0.25} = 0.523(m^3/(s \cdot km^2))$$

2)平均排除法

平均排除法是以排水面积上的设计净雨在规定的排水时间内排除的平均排涝流量或平均排涝模数作为设计排涝流量或排涝模数的方法,平均排除法通常适用于平原地区排水面积在 10 km² 以下的排洪渠道。对于有一定沟道调蓄能力的地区,不论排水面积大小,都是适用的,此法计算简便。

$$q_p = \frac{R}{3.6tT} \tag{8-34}$$

式中 T——设计排除时间,d,按治涝标准确定;

t——每天排水时数,h,自流排水 $t = 24$ h,抽排 $t = 20 ~ 22$ h;

其他符号意义同前。

2. 山丘区排涝模数计算公式

(1)汇水面积 $10\ \text{km}^2 \leqslant A \leqslant 100\ \text{km}^2$ 时：

$$q_p = K_a P_s A^{1/3} \tag{8-35}$$

式中　P_s——设计暴雨强度,mm/h;

　　　K_a——流量参数,按表8-14选取;

　　　其他符号意义同前。

表 8-14　流量系数 K_a 值

汇水区类型	石山区	丘陵区	黄土丘陵区	平原坡水区
地面坡度(‰)	>15	>5	>5	>1
K_a	0.60~0.55	0.50~0.40	0.47~0.37	0.40~0.30

(2)汇水面积 $A \leqslant 10\ \text{km}^2$ 时：

$$q_p = K_b A^{n-1} \tag{8-36}$$

式中　K_b——径流模数,各地不同设计暴雨频率的径流模数可按表8-15选用;

　　　n——汇水面积指数,按表8-15选用,当 $A \leqslant 1\ \text{km}^2$ 时,取 $n=1$;

　　　其他符号意义同前。

表 8-15　山丘区 K_b 和 n 值

地区	不同设计暴雨频率的 K_b 值			n
	20%	10%	4%	
华北	13.0	16.5	19.0	0.75
东北	11.5	13.5	15.8	0.85
东南沿海	15.0	18.0	22.0	0.75
西南	12.0	14.0	16.0	0.75
华中	14.0	17.0	19.6	0.75
黄土高原	6.0	7.5	8.5	0.80

(二)确定排洪渠设计水位

一般地,排洪渠除担负着排涝任务外,同时又担负着防渍、防碱和治碱的任务。因此,排洪渠道的设计水位与排涝设计流量和排渍设计流量相对应,也有排涝设计水位和排渍设计水位两种,它们是排洪渠道设计的重要内容和基本依据。

1. 排渍水位(也称日常水位)

排渍水位是排洪渠通过排渍流量时的水位,也就是渠道中需要经常维持的水位。

为使烟草生长阶段地下水位控制在要求的最小埋深,末级固定排洪渠的日常水位距地面的深度应大于允许的地下水位埋藏深度 0.2~0.3 m 以上,排渍水位以下的渠道断面要保证通过排渍流量。其他各级排洪渠道的排渍水位,应在日常排水条件下,按排水通畅和不产生壅水的要求,根据控制点地面高程、末级固定排洪渠排渍水位、各级渠道的比降和各种局部水头损失逐级进行推算。

在自流排水地区，推算的排洪干渠渠口排渍水位应高于外河的平均枯水位，至少与之持平。否则，可适当减小各级排洪渠道的比降，重新进行计算。对经常受外河水位顶托、无自排条件的地区，应采用抽排，使各级沟道经常维持在排渍水位，以满足控制地下水位和保留滞蓄容积的要求。这时，为减小抽水扬程，各级沟道应采用较小的比降。

2. 排涝水位(也称最高水位)

排涝水位是排洪渠宣泄排涝设计流量(或满足滞涝要求)时的水位。由于各地承泄区水位条件不同，确定排涝水位的方法也不同，但基本上分为下述两种情况：

(1)当承泄区水位一般较低，如汛期干沟出口处排涝设计水位始终高于承泄区水位，此时干沟排涝水位可按排涝设计流量确定，其余支、斗、沟的排涝水位亦可由干沟排涝水位按比降逐级推得；但有时干沟出口处排涝水位比承泄区水位稍低，此时如果仍须争取自排，势必产生壅水现象，于是干沟(甚至包括支沟)的最高水位就应按壅水水位线设计，其两岸常需筑堤束水，形成半填半挖断面。

(2)对于承泄区水位很高、长期顶托无法自流外排的情况，沟道最高水位是分两种情况考虑，一种情况是没有内排站的情况，这时最高水位一般不超出地面，以离地面 0.2~0.3 m 为宜，最高可与地面齐平，以利排涝和防止漫溢，最高水位以下的沟道断面应能承泄除涝设计流量和满足蓄涝要求；另一种情况是有内排站的情况，则沟道最高水位可以超出地面一定高度(如内排站采用坉工泵，超出地面的高度就不应大于 2~3 m)，相应沟道两岸亦需筑堤。

(三)排洪渠横断面设计

当排洪渠的设计流量和设计水位确定后，便可确定沟道的断面尺寸，包括水深与底宽等。在排洪渠工程设计时，一般只对较大的排洪干渠、排洪支渠等进行逐条设计，而对较小的斗、农级排洪渠则通常采用根据当地经验或通过典型区排洪渠设计加以采用，不须逐条去计算。

当自由排水时，一般根据排涝设计流量按恒定均匀流公式计算沟道的断面尺寸。但在承泄区水位顶托发生壅水现象的情况下，往往需要按恒定非均匀流公式推算沟道水面线，从而确定沟道的断面以及两岸堤顶高程等，关于用恒定非均匀流公式推算水面线，请参阅《水力学》等有关书籍。这里，结合排水沟的特点，先讲解如何确定排水沟有关断面因素。

1. 渠底比降 i

渠底比降 i 主要取决于排洪渠沿线的实际地形和土质情况，渠底比降一般要求与渠道沿线所经的地面坡降相近，以免开挖太深。同时，渠底比降要满足沟道不冲不淤的要求，即渠道的设计流速应当小于允许不冲流速(壤土 0.6~1.25 m/s、砂土 0.4~0.6 m/s)和大于允许不淤流速(0.3~0.4 m/s)。

在实际设计中，应按农、斗、支、干各级排洪渠道的顺序采用由大到小的比降。一般平原地区的排洪渠道采用的比降要平缓些，可在下列范围内选用：干渠 1/6 000~1/20 000、支渠 1/4 000~1/10 000、斗渠 1/2 000~1/5 000、农渠 1/800~1/2 000。

2. 边坡系数 m

由于地下水汇入的渗透压力、坡面径流冲刷和沟内滞涝蓄水时波浪冲蚀等，沟坡容易坍塌，所以排洪渠边坡一般比灌溉边坡缓。对于开挖深度小于 5 m 的排洪渠，设计时可参考表 8-16。

表 8-16　土质排洪渠最小边坡系数

土质类别	挖深 < 1.5 m	挖深 1.5 ~ 3 m	挖深 3 ~ 4 m	挖深 4 ~ 5 m
砂土	2.5	3.0 ~ 3.5	4 ~ 5	≥5
砂壤土	2	2.5 ~ 3	3 ~ 4	≥4
壤土	1.5	2 ~ 2.5	2.5 ~ 3	≥3
黏土	1	1.5	2	≥2

3. 糙率 n

由于排洪渠内常年有水或渠坡渠底比较湿润,容易杂草丛生,阻滞水流流动,排洪渠的管理养护一般也不如灌溉渠道。因此,设计时应采用比灌溉渠道大的糙率值,一般采用 0.025 ~ 0.03。

上述断面因素确定之后,即可根据日常设计流量和排涝设计流量进行断面设计。计算步骤如下:

(1)用试算法计算出日常设计流量时所需要的底宽和水深。具体计算方法参见第一节灌溉渠道工程设计中渠道横断面设计。

(2)用日常设计水位减去相应的日常设计水深,得到各点沟底高程。

(3)确定排洪渠通过设计流量时所需要的底宽和水深。方法是先以排涝设计水位减去渠底高程,得到排涝水深,以该水深和通过日常设计流量时计算出的底宽为依据,计算排涝过水断面的流量和流速,如果此流量大于排涝设计流量,且流速小于允许不冲流速,则满足要求,否则应调整渠底宽度或渠底坡降,以满足设计排涝流量和不冲流速的要求。

(四)排洪渠纵断面设计

纵断面设计的主要任务是根据沟道沿线的地面高程、下级沟道的要求水位和横断面的设计尺寸绘制纵横断面图。设计的主要内容是确定沟道的最高水位线、日常水位线和沟底线,并为沟道建筑物提供设计水位、沟底高程和断面要素等资料。

为了有效地控制地下水位,一般要求排除日常流量时不发生壅水现象。因此,上下级排洪渠道的日常水位之间、干沟出口水位与容泄区水位之间要有 0.1 ~ 0.2 m 的水面落差。在通过排涝设计流量时,沟道之间可能会出现短时间的壅水,这是允许的。但在设计时,应尽量使沟道中的最高水位低于两岸地面 0.2 ~ 0.3 m。另外,下级沟道的沟底不应高于上级沟道的沟底,如支沟的沟底不能高于斗沟的沟底。

排水沟纵断面图的绘制步骤如下:

(1)根据排水系统平面布置图,按沟道沿线各桩号的地面高程绘出地面高程线。

(2)根据控制地下水位的要求及选定的沟底比降,逐段绘出沟底高程线。

(3)自日常水位线向下,以日常水深为间距作平行线,绘出沟底高程线。

(4)由沟底高程线向上,以最大水深为间距作平行线,绘出最高水位线。

(5)若沟段有壅水现象需要筑堤束水,还应从排涝设计水位线(或壅水线)往上加一定的超高,定出堤顶线。排水沟纵断面的桩号通常从沟道出口处起算,且一般将水位线和沟底线由右向左倾斜,以与灌溉渠道的纵断面相区别。

第九章　烟路工程设计

第一节　机耕路设计

机耕路是为方便中小型耕作机械通行、田间作业修建的道路。它主要包括机耕路路线设计、路基设计和路面设计三大部分。设计机耕路时,必须以少占耕地、节省投资、合理布局为基本原则;遵从"因地制宜、整体规划、符合需要、方便群众"的原则建设;同时,结合通村公路、烟水配套和烤房群、基本烟田和育苗工场进行统筹规划。

一、基本分类

机耕路主要有主干路和分支路两类。

(一)主干路

主干路是与乡村道路或其他公路连接,用于中小型农业机械通向千亩以上规模的基本烟田道路。设计时,参照《公路工程技术标准》(JTG B01—2003)和《公路路线设计规范》(JTG D20—2006)中的四级公路技术标准进行。

主干路路面宽度一般不超过 4 m,平原地区可根据需要适当增加路宽。

(二)分支路

分支路则是连接主干路,用于烟叶生产、运输、烟田管理和农机具出入烟田的道路。因其不属于等级公路,故可参考四级公路技术标准进行设计。

分支路路面宽度一般不超过 2.5 m,平原地区可根据需要适当增加路宽。

二、机耕路路线设计

机耕路路线设计主要包括四部分内容,即平面设计、纵断面设计、横断面设计和土石方计算。

(一)平面设计

机耕路平面设计是机耕路线形、交叉口、排水设施及各种道路附属设施等平面位置的设计。它主要包括平曲线设计和平面视距两部分。

1. 平曲线设计

平曲线是在平面线形中路线转向处曲线的总称,包括圆曲线和缓和曲线。连接两直线间的线,使车辆能够从一根直线过渡到另一根直线。设计平曲线,重在确定平曲线半径、弯道超高、弯道加宽和直线。

1)平曲线半径

(1)基本概念。当道路由一段直线转到另一段直线上时,其转角的连接部分均采用圆弧形曲线,这种圆弧的半径称为平曲线半径 R。为保证车辆能够在一定车速下安全行驶,必须确定合理的平曲线半径。

（2）设计要求：①对机耕路，采用《公路工程技术标准》（JTG B01—2003）中规定的四级公路的设计速度（20 km/h）确定其平曲线半径。②平曲线原则上应尽可能采用较大半径。一般地，应尽量采用大于等于 30 m（四级公路一般最小半径）的半径；条件许可时，尽可能不设超高半径，以提高机耕路的使用质量，但圆曲线最大半径不能大于 1 000 m；当受条件限制时，方可采用四级公路的极限最小半径 15 m。③在某些特殊地段，如大中桥处，一般应为直线，用较大半径。隧道内应避免设置平曲线。必须设置时，其半径应大于等于不设超高的平曲线最小半径值（如路拱≤2%，不设超高最小半径为 150 m；路拱>2%，取 200 m）。④通过计算得到的平曲线半径值一般应采取整数，即 $R \leqslant 125$ m 时，取 5 m 的整倍数；225 m $\leqslant R \leqslant 250$ m，取 10 m 的整倍数；150 m $\leqslant R \leqslant 1$ 000 m，取 50 m 的整倍数；$R > 1$ 000 m，取 100 m 的整倍数。⑤不同设计速度的设计路段间必须设置过渡段。⑥计算行车速度变更位置时，应选在驾驶员能明显判断情况发生变化的地点，如交叉道口、地形变更处等。

2）弯道超高

弯道超高即在平曲线段，为克服车辆所受离心力，将路面做成向内侧倾斜的单向横坡的断面形式。一般地，当平面曲线小于四级公路不设超高最小半径时，应在曲线上设置弯道超高。

（1）超高横坡度。当机动车辆在弯道上行驶时，会受到横向作用力，为减小该作用力，通常设置超高横坡，这里可用指标超高横坡度表示，即

$$i_b = v^2/127R - \mu \tag{9-1}$$

式中　i_b——超高横坡度；

　　　v——设计速度，km/h；

　　　R——平曲线半径，m；

　　　μ——横向力系数。

另外，最大超高横坡度在一般地区≤8%、积雪和严寒地区≤6%；当 i_b 计算值<路拱坡度时，让其等于路拱坡度超高。实用超高横坡度确定方法，则通过《公路路线设计规范》（JTG D20—2006）查表确定。

（2）超高缓和段。从直线路段的横向坡渐变到曲线路段有超高单向坡的过渡段。因全超高横断面设置在圆曲线范围内，由线段的双坡横断面变为曲线段的单坡断面，中间需设置一段超高缓和段，以便逐渐过渡，故布设该段。

3）弯道加宽

弯道加宽是为减少在弯道处轮轨间的挤压与摩擦和使运行平稳，而将弯道轨距加宽的作业。加宽值随平曲面半径增大而减小。一般地，当 $R \leqslant 250$ m 时，会在平曲线内侧加宽，且加宽的区间在 0.4 ~ 2.5 m。

（1）路面加宽后，路基也要对应加宽。

（2）机耕路路基采用>6.5 m 宽度时，若路面加宽后剩余的路肩宽度≥0.5 m，则路基可不加宽；若路面加宽后剩余的路肩宽度<0.5 m，则要加宽路基且其宽度≥0.5 m。

（3）弯道加宽后，双车道时，路肩宽度应≥0.5 m；单车道时，取 1.5 m；若路肩宽度不足，应使之加宽，且路基加宽值为

$$B_j = b_j - (a - a') \tag{9-2}$$

式中　B_j——路基加宽值，m；

b_j——路面加宽值,m;

a——直线段路肩宽度,m;

a'——弯道处规定的路肩最小宽度,m。

(4)全加宽、加宽缓和段。全加宽是在圆曲线范围内的加宽,属圆曲线上固定不变的值。加宽缓和段则是设置平曲线加宽时,从加宽值为零逐渐加宽到全加宽值的过渡段。加宽缓和段上任一点的加宽值 b_{jx},与该点到加宽缓和段起点的距离 L_x,同加宽缓和段全长 L_j的比值成正比,即

$$b_{jx} = \frac{L_x}{L_j}b_j \qquad\qquad (9\text{-}3)$$

4)直线

同一条机耕路上的直线和曲线长度比例应合理,直线的最大、最小长度均要限制。当设计速度不超过 40 km/h 时,同向曲线面最大直线长度(m)应控制在行车速度(km/h)的 6 倍以内;反向曲线面最小直线长度(m)在 2 倍行车速度以内(km/h)。总之,直线路段的合理布设,须综合考虑路线所处地段的地物、地貌情况,同时结合土地利用、保证行车安全及驾驶员心理状态等进行。

2.平面视距

(1)当行车速度控制在 20 km/h 时,道路在平曲线和纵面上的停车视距≥20 m;会车距≥40 m;超车视距最小为 70 m,通常≥100 m。

(2)对机耕路,要满足会车视距要求,其长度≥2 倍停车视距。

(3)对有双车道的机耕路,既要满足停车视距要求,也应在适当间隔内保证超车视距在"一般值"水平(100 m)的路段。当受其他因素影响时,超车视距≥其低限值 70 m。

(4)在弯道内所有横净距中的最大值称为最大横净距。可通过绘制视距图法、公式法和编制横净距表法等确定。

综上所述,为保证行车安全,还需配合采取清除障碍物、分道行驶、限速等措施。

(二)纵断面设计

机耕路纵断面设计主要确定纵坡、竖曲线和纵断面图等。

1.纵断面设计的基本要求

机耕路纵断面设计过程中,所有的标准均应按四级公路的级别执行。纵断面设计重在确定其最大纵坡、平均纵坡、纵坡长度限制、缓和坡段、纵坡坡段最小长度、纵坡折减和合成坡度等。

1)最大纵坡

最大纵坡即根据道路等级、自然条件、行车要求及临街建筑等因素所限定的纵坡最大值。对机耕路,应根据以下规定设计:

(1)依照四级公路的规定,最大纵坡取 9%。

(2)海拔高于 2 000 m 或严寒地区,最大纵坡≤8%。

(3)小型桥涵的最大纵坡可参阅表 9-1。

(4)大中桥处,宜采用平坡,且桥上纵坡≤4%,桥头引道纵坡≤5%,交通繁忙地段的桥上纵坡和桥头引道纵坡均≤3%。

(5)道路与公路平面交叉地段,应设在水平地段,紧接水平地段的纵坡≤3%,困难地

段≤5%。

（6）道路与铁路平面交叉，道路在平交道口两端钢轨外侧，应设≥16 m的水平路段，该路段不含竖曲线，紧接水平地段的纵坡≤3%，困难地段≤5%。

表9-1 最大坡度

设计速度(km/h)	120	100	80	60	40	30	20
最大坡度(%)	3	4	5	6	7	8	9

2）平均纵坡

平均纵坡指若干坡段的路段两端点的高差与该路段长度的比值。平均纵坡可参阅以下标准设计：

（1）越岭路段相对高差在200～500 m时，平均纵坡以接近5.5%为宜。

（2）相对高差>500 m时，平均纵坡以接近5%为宜。

（3）对任一连续3 km路段，平均纵坡应≤5.5%。

3）纵坡长度限制

道路纵断面上的坡度线一般由许多折线构成，车辆在这些折线处行驶时，会产生冲击颠簸。为确保车辆的动力特性和安全正常，除要满足上述道路的最大纵坡和坡长等，还须考虑纵坡长度限制。

（1）连续纵坡>5%且设计速度不超过20 km/h时，应在不大于一定纵坡长度限制时应设置缓和坡段（见表9-2）。缓和坡段的纵坡≤3%，长度≥60 m。

表9-2 不同纵坡坡度的对应纵坡长度限制值

纵坡坡度(%)	4	5	6	7	8	9
纵坡长度限制值(m)	1 200	1 000	800	600	400	300

（2）设计纵坡时，对纵坡>5%的相邻坡度长度，需按限制坡长折算。

（3）在平曲线小半径纵坡地段，折减后纵坡度和缓和坡度大且相差较大时，可在该地段设置缓坡段，但纵坡段要采用缓和坡段；若二者相差不大，则可作缓和坡段处理且长度应加长。

4）纵坡坡段最小长度

纵坡坡段最小长度即相邻两个变坡点之间的距离。为保证车辆平顺行驶，设置的纵坡长度不宜太短，按四级公路标准，设计速度为20 km/h时，最小坡长取60 m为宜。

若两相邻转坡角较大，最小坡长不小于相邻曲线切线长度之和。在平面交叉、过水路面路段和立交匝道，坡长可不受限制。

5）纵坡折减

纵坡折减即对海拔3 000 m以上的高原地区，降低最大纵坡的规定。一般地，在平曲线半径小的弯道上有较大的纵坡，不利于行车。按规定，当平曲线半径≤50 m时，其最大纵坡可依表9-3的情况进行折减。在长期严寒冰冻区，为防止横向滑移，可适当增加纵坡折减数值。

表 9-3　平曲线纵坡折减值

平曲线半径(m)	15~20	25	30	35	40	45	50
纵坡折减值(%)	4.0	3.5	3.0	2.5	2.0	1.5	1.0

6)合成坡度

合成坡度即平面曲线的公路地段,在横向和纵向所成的最大坡度。依规定,对设有超高的平曲线,超高和纵坡的合成坡度≤10%,在严寒区≤8%。

2. 纵坡设计

纵坡设计需综合多项资料和多方意见,并有定线员操作。具体步骤如下:

(1)根据记录及相关资料,在纵断面图上用符号标出沿线各控制点标高。

(2)依据定线目的,综合考虑地面线、各控制点和经济点的要求,试定纵坡。

(3)将试定的纵坡同野外定线时的坡度对比,二者应基本相等。若有较大差异,需全面分析、查找原因并重新确定。

(4)根据调整过的纵坡,可直接从纵断面格子中确定填挖高度,对重要控制点、填挖较大、挡土墙等重点断面进行检查。

(5)调整合理后,方可确定纵坡度。

纵坡设计除依照上述基本步骤操作外,还须注意以下问题:

(1)尽可能避免竖曲线和急弯重叠,且竖曲线不能插入回头曲线。

(2)在回头线地段,先确定曲线上的坡度,再向两端分定。

(3)对大中桥,不宜设置竖曲线;对小桥、涵洞,则可在斜坡地段与竖曲线上设置。

(4)若因平面线型配合不理想,并难以确定合理纵坡,则可在纸上定线或移线,最后,通过现场改线或依纸上移线资料重新拉坡。

3. 竖曲线

在线路纵断面上,以变坡点为交点,连接两相邻坡段的曲线称为竖曲线。通过设置竖曲线,可将相邻的直线段平滑地连接起来,以使行车比较平稳,避免车辆颠簸,并满足驾驶人员的视线要求。

竖曲线分为凸形与凹形两种。通过设置凸形、凹形竖曲线可分别满足视线视距的要求与车辆行驶平稳(离心力)的要求。

1)两个重要参数

设置竖曲线时,重点要确定好竖曲线最小半径和最小长度。按四级公路要求,它们在设计速度为20 km/h时,曲线的最小长度可设为20 m;而凸形、凹形竖曲线半径的极限值和一般值均分别为100 m和200 m。

2)技术要求

(1)竖曲线设计时,需选择适宜半径,且竖曲线最小长度为20 m,不宜过短。

(2)竖曲线最小半径和最小长度需同时满足要求,才可设计出合理的竖曲线。

(3)竖曲线和平面线组合时,前者以在后者内为宜,且后者要稍长于前者。对凸形曲线的顶部或凹形曲线的底部,应避免插入小半径平曲线或将这些顶点作为反向曲线的转折点。

(4)两相邻竖曲线间可不设直线而径相衔接。

(5)在长平曲线内,若必须设置几个起伏纵坡,需采用透视法检验。

3）竖曲线要素计算

竖曲线计算主要考虑竖曲线半径(R)、竖曲线切线长度(T)、竖曲线长度(L)、竖曲线外距(E)和设计标高等。分别按以下方式计算：

$$T = R(i_1 - i_2)/2 \qquad\qquad (9\text{-}4)$$
$$L = 2T \qquad\qquad (9\text{-}5)$$
$$E = T^2/(2R) \qquad\qquad (9\text{-}6)$$
$$设计标高 = 未计竖曲线的设计标高 \pm Y \qquad\qquad (9\text{-}7)$$

式中　i_1、i_2——相邻纵坡度，以小数计，上坡"＋"、下坡"－"；

　　　Y——曲线上各点的改正值，可查阅《公路竖曲线测设用表》。

4.纵断面图

纵断面图是指纵断面采用直角坐标，以横坐标表示里程桩号、纵坐标表示高程，为明显地反映沿着中线地面起伏形状的道路剖面图。

1）基本组成

纵断面图由上、下两部分内容组成：

（1）上部主要用来绘制地面线和纵坡设计线。基本信息可包括坡度、坡长，沿线桥涵、人工构造物位置、结构类型、孔数和孔径，与道路、铁路交叉的桩号和路名，沿线跨越的河流名称、桩号、常水位和最高洪水位，水准点位置、编号和标高，断链桩位置、桩号及长短链关系等。

（2）下部主要用来填写有关内容。自下而上可填写以下信息，即直线及平曲线，里程桩号，地面高程，设计高程，填、挖高度，土壤地质说明，设计排水沟沟底线及其坡度、距离、标高、流水方向等。

一般地，横坐标比例尺采用1∶2 000、1∶5 000或1∶10 000，对应地，纵坐标采用1∶200、1∶500或1∶1 000。

2）纵断面图绘制步骤

纵断面图绘制时，应按照规定采用统一的标准图纸、格式和纵断面图示例，进而采用以下绘制步骤实施：

（1）选用适当比例，绘制出表示距离的水平坐标和表示高程的垂直坐标。

（2）依据中桩水准测量记录，将地面各点高程绘入图中，通过连接构成地面线。同时绘出各水准点的位置、编号和高程。

（3）将土壤地质、桥涵等资料注入图中。

（4）在直线和平曲线栏内，绘出平曲线位置和转向，并标注出转角、平曲线半径等平曲线资料。

（5）纵坡和竖曲线经设计后，可将其绘入图中，并标明。

（6）注入其他相关资料，并按规定绘制。

（三）横断面设计

道路横断面设计是研究路基横断面结构组成和尺寸的过程。重点在进行路基宽度设计、路拱设计和横断面图绘制。

1. 横断面布置

1) 路基

(1) 定义。路基宽度又称路幅,是指行车道与路肩宽度之和,即左、右路肩外缘间的距离(见图9-1)。一般地,对机耕路,路基宽度主要由路肩和行车道组成,特殊需要时可布设错车道。

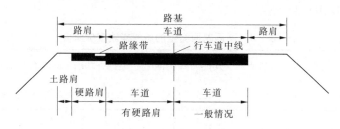

图9-1 机耕路横断面图

(2) 错车道。机耕路采用4.5 m单车道路基时,为错车而在适当距离内(≤300 m)设置的加宽车道称为错车道(见图9-2)。其间距需根据错车时间、视距、交通量等情况确定。若间距过长、错车时间长,通行能力就会下降。故错车道应布设在有利地点,且驾驶员能看到相邻两错车道间驶来的车辆。

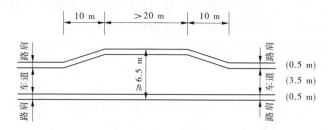

图9-2 错车道

(3) 设计要求:①机耕路路基宽度、路面宽度分别取4.0 m和2.5 m。如有特殊需要,可在适当距离设置错车道。②当交通量较大或有特殊要求时,可布设为双车道且宽度为3.0 m,路基宽度6.5 m。③错车道的路基宽度≥6.5 m时,有效长度≥20 m,为便于错车车辆的驶入,在错车道的两端应设≥10 m的过渡段,有效长度至少能容纳一辆全挂车的长度。

2) 横断面布置形式

道路横断面形式有单幅式、双幅式、三幅式和四幅式四种,它们又分别称为"一块板"断面、"二块板"断面、"三块板"断面和"四块板"断面。

其中,"一块板"断面适用于机动车交通量不大且非机动车较少的次干道、支路,即多用于机耕路,亦即单幅双车道和单车道适用于机耕路。

3) 路拱

(1) 定义。路面的横向断面做成中央高于两侧,具有一定坡度的拱起形状,称为路拱。为便于路面横向排水,路面表面通常做成直线形、抛物线形、折线形或圆曲线形。其中,直线形路拱,平整度和水稳定性较好,适用于高等级公路;抛物线形路拱,有利于迅速排出路表积水,适用于低等级路面;折线形路拱,便于施工且比直线形排水好,故多用于多车道水泥混凝土路面。

(2)路拱横坡度。路拱设计中,路面横向坡度是确保路面能否迅速排水的重要参数,它与路面的粗糙程度有关。路面粗糙度大,路拱的横坡度也较大,虽此时有利于排水,但易引起车轮沿路面横向滑动,不利于行车安全。因此,确定路拱横坡度时,不仅要按照公路工程设计的相关规程、路面宽度、路面类型、纵坡、设计速度和降雨强度情况考虑,同时还要综合考虑行车安全和利于路面排水要求共同确定。一般地,路拱横坡度用"%"表示,且变化区间在1%~4%(见表9-4)。

表9-4 不同路面类型的路拱横坡度参考值

路面类型	沥青、水泥混凝土	其他沥青路面	半整齐块石	碎石、砾石	低级路面
路拱横坡度(%)	1.0~2.0	1.5~2.5	2.0~3.0	2.5~3.5	3.0~4.0

2.横断面设计

1)设计要求

(1)横断面设计需在纵断面设计和路基设计结束后进行。为使纵断面设计合理,必须综合考虑横断面和平面要求,尤其在复杂路段,需反复核对、多次调整。

(2)路基横断面形状及尺寸,应在结合自然条件的基础上,根据公路等级、任务书指定指标、道路使用要求及施工方法等,参照已建成公路的经验综合确定。对于一般地区路基,均按标准横断面图设计;对于特殊地基路基,应视情况特殊设计。

(3)一般地区和特殊地区路基设计、路基边坡设计、边沟和其他沟渠横断面设计、路基加固和防护设计等均可参阅路基设计。

2)绘制步骤

(1)基于路基设计表成果,在已绘制的横断面图上标出填(T)或挖(W)的数值、中桩左右路基宽度(含加宽)及超高数值。若有特殊情况,需注明。

(2)根据调查资料,在横断面图上标示出各断面的土石分界线或覆盖厚度、设计边坡、土石方成分等。

(3)结合上述资料,利用横断面绘出横断面设计线。若有超高断面,需绘出超高横断面坡度;若无,可不绘出路拱横坡度。

(4)对平曲线地段的横断面,应检查其内侧是否能保证视距要求。需设视距台时,应在图上绘出。

(5)计算和注明每一个横断面填、挖的面积。

(6)每一个横断面上应标注的项,一般可注在横断面上或注于图下。

(四)土石方计算

路基土石方工程是公路建设的主要项目,其费用占工程总造价的20%~30%,土石方数量计算的准确与否,直接影响公路建设的投资成本。

1.土石方计算步骤

(1)利用路基土石方数量计算表确定出挖方数量(m^3)和填方数量(m^3),挖方按松土、普通土、硬土、软石、次坚石和坚石分类计算。

(2)将挖方中的土石方进行本桩利用计算。本桩利用的挖方中的土石方按表9-5换算成压实方,若土方不够本桩利用,可用石代土。

表 9-5　路基土石方天然密实方与压石方间的体积换算系数

公路等级	不同土类的土方			石方
	松土	普通土	硬土	
二级及以上公路	1.23	1.16	1.09	0.92
三、四级公路	1.11	1.05	1.00	0.84

(3)计算挖余方与填缺方。挖余方应按土、石分开分别计算,即:

$$挖余方(天然密实方) = 挖方 - 本桩利用方(天然密实方) \tag{9-8}$$

$$填缺方(压实方) = 填方 - 本桩利用方(压实方) \tag{9-9}$$

2.计算方法

计算路基土石方时,可采用路基土石方计算表和路基土石方计算图两种方法,它们均假定相邻两断面间为一个棱柱体,其高度为两断面的中线长度,按平均断面法近似求棱柱体的体积(见图9-3),即:

$$V = (A_1 + A_2)/2L \tag{9-10}$$

式中　V——相邻断面间的体积,m^3;

A_1、A_2——两端的断面面积,m^3;

L——两相邻断面间的中线长度,m。

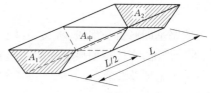

$A_{中}$—$L/2$ 处的断面面积

图 9-3　平均断面法土石方量计算示意图

三、机耕路路基设计

(一)基本概念

1.定义

路基是指按照路线位置和一定技术要求修筑的作为路面基础的带状构造物,是用土或石料修筑而成的线形结构物,属公路的基础。依所处地形条件的不同,分为路堤和路堑两种形式,即填方和挖方。

1)路堤

路堤即在天然地面上用土或石填筑的具有一定密实度的线路建筑物,或指高于原地面的填方路基(见图9-4)。其作用在于支承路面和路床。路床以下的路堤分上下两层,即上路堤和下路堤。这里,上路堤是指路面底面以下的 80~150 cm 范围内的填方部分,下路堤是指上路堤以下的填方部分。

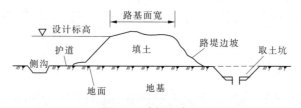

图 9-4　路堤示意图

路堤通常由路基面、边坡、护道、排水沟等组成。一般地,要求路堤修筑在较稳固和较干燥的地基上,若在软弱地基处,必须进行加固和处理。

2）路堑

路堑即全部在原地面开挖而成的路基，或低于原地面的挖方路基（见图9-5）。其主要作用在于缓和道路纵坡或越岭线穿越岭口控制标高。一般地，开挖路堑后，会破坏原地层的天然平衡状态，不利于排水和通风，故设计时要确保其边坡的稳定性较好，同时设置边沟。必要时，为利于排水还须设置截水沟。

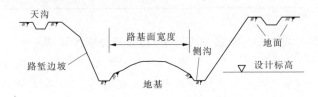

图9-5　路堑示意图

路基属一种土工结构，因使用土石类散体材料居多，易受侵袭和破坏，故抵抗能力较差。所以，路基应保持足够的坚固性、稳定性和耐久性。

2. 基本分类

依地质、地形条件不同，可将路基分为一般路基和特殊路基两种。

1）一般路基

一般路基即修筑在地质、水文、气候条件相对较好的地区的路基。一般地，可结合当地地形、地质情况，直接选用典型横断面图或相关规定设计。若为高填方路堤、深挖方路堑，则需进行单个论证及验算。

2）特殊路基

特殊路基即位于特殊土（岩）地段或不良地质地段的路基，或受水、气候等自然因素影响较为强烈的路基。它主要包括软土地区路基、滑坡地段路基、膨胀土地区路基等。其中，软土地区路基在我国沿海、沿湖、沿河地带分布较为广泛；膨胀土地区路基多分布于全国各地二级及二级以上的阶地与山前丘陵地区。

（二）路基设计要求

为形成良好的排水系统，在设计机耕路路基时，必须结合烟叶生产基础设施的项目，并符合路基设计相关规范、规章要求，才能设置必要的地面排水、地下排水、路基边坡排水等相关设施。

为降低工程投资，机耕路建设应充分利用旧路基，并在此基础上改建、扩建或沟渠挖方修建。尤其在山间低洼处、易受山洪冲刷地段、桥涵路段等确需修建硬化路面和其他类型路面时，不能任意扩大硬化路面的建设规模。一般地，路基宽度以不超过 4.5 m 为宜（不含排水沟 0.5 m）。

四、机耕路路面设计

机耕路路面原则上是砂石路面，但随着机耕路用途的扩展、使用频率的提高及使用期限的加长，又出现了块料路面及硬化路面等。

（一）路面分类及特点

1. 砂石路面

砂石路面是以砂、石等为骨料，以土、水、灰为结合料，通过一定的配比铺筑成的路面。

其优点在于低投资、可随交通量的增加分期改善;缺点是平整度差、易扬尘,雨天时泥结碎石路面易泥泞等。

常见的类型有水结碎石路面、泥结碎石路面、泥灰结碎石路面、填隙碎石路面、级配碎石路面和其他粒料路面。适应的道路等级属四级公路,使用年限为 5 年。

1)水结碎石路面

水结碎石路面是用大小不同的轧制碎石从大到小分层铺筑,经洒水碾压后形成的一种结构。厚度一般为 10~16 cm。要求选用的碎石具有一定的强度、韧性、抗磨耗能力,且具有棱角并近于立方体,同时还应干净、不含泥土杂物等。碾压一般经历稳定期、压实期和成型期三个阶段。

2)泥结碎石路面

泥结碎石路面是以碎石为骨料、泥土为填充剂和黏结料,经压实修筑成的一种结构。其厚度在 8~20 cm。要求选用的石料是长条、扁平状颗粒,还可采用碾石和碎砖等材料。采用灌浆法施工工序铺筑路面。

3)泥灰结碎石路面

泥灰结碎石路面是以碎石为骨料,用一定数量的石灰和土做黏结填缝料的碎石路面。要求石灰与土的用量不应大于混合料总重的 20%。施工程序、质量要求同泥结碎石路面。

4)填隙碎石路面

填隙碎石路面是用单一尺寸的粗碎石做主骨料、用石屑做填隙料并填满碎石间孔隙的路面。碎石基层可采用干压法,要求填缝紧密、碾压坚实;若土基软弱,为防治软土上挤和碎石下陷,应先铺筑低剂量石灰石或砂砾垫层。

5)级配碎石路面

级配碎石路面是由各种骨料(砾石、碎石)和土,按照最佳级配原理修筑而成的路面层或基层。厚度一般在 8~20 cm。所用材料为天然砾石或较软的碎石,形状接近立方体或圆球形,强度不低于Ⅳ级。

2. 块料路面

块料路面是指用块状石料或混凝土预制块铺筑的路面,主要分为天然块料路面和机制块料路面。其优点是施工简单、清洁少尘、坚固耐久、养护修理方便、抗滑性能好等;缺点为用手工铺筑、难以机械化施工、铺筑进度慢、块料间易松动、表面平整性差及建筑费用高等。

1)天然块料路面

天然块料路面即由石料经修琢成块状材料而铺筑的路面,分为整齐块石路面、半整齐块石路面和不整齐块石路面。

(1)整齐块石路面。包括整齐石块路面和整齐条石路面。铺设时,要求石块由Ⅰ级石料加工,形状近似正方体或长方体,并要有质量较高的基层(如 C20 水泥混凝土)和整平层(如 M10 水泥砂浆)。

(2)半整齐块石路面。包括条石和小方石。可铺设在贫水泥混凝土、碎石或稳定基层上。

(3)不整齐块石路面。包含拳石和粗琢块石。可直接铺设在 10~20 cm 的砂或炉渣上,也可用碎砖、碎石、级配砾石等做基层。施工时,先摊铺整平层,再排砌石块,最后嵌缝压实。

2)机制块料路面

机制块料路面是由预制的混凝土小块铺筑的路面。其优点在于可预制成任意形状和颜色的块料,路面平整度易于保证,可使路面更美观。如块砖铺设的路面经久耐用,易于维护和替换。一些用新工艺设计的砖块还可吸收雨水并将其渗入地下,可减少地面积水和改善地下蓄水层状况。

3. 硬化路面

硬化路面即使用水泥或沥青和砂石等混合材料铺筑的路面,属次高级路面,适应的道路等级为二级、三级,使用年限前者为 30 年,后者为 12 年。

(二)路面结构组成

路面一般由面层、基层、底基层、垫层等组成(见图9-6)。

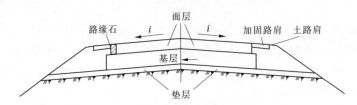

图9-6　路面结构层次示意图

1. 面层

面层即直接承受车辆荷载及自然因素的影响,并将荷载传递到基层的路面结构层。面层应具有较高的强度、刚度、耐磨性、不透水性及高低温稳定性,且表面层还须有良好的平整度和粗糙度。面层可由一层或多层组成,多层时可包括保护层(磨耗层)、上面层和下面层等。

2. 基层

基层设置在面层以下,并与面层一起将车轮荷载的反复作用传递到底基层、垫层、土基,属主要承重作用的结构层。

基层设计时,其材料强度指标应有较高要求,视道路等级或交通量的需要可设置一层或两层。当基层较厚需分两层施工时,可分别称为上基层和下基层。

3. 底基层

底基层即在路面基层下用质量较差的材料铺筑的次要承重层或辅助层。它是与面层、基层一起承受车轮荷载反复作用,起次要承重作用的结构层。

底基层设计时,其材料强度指标要求比基层材料略低。视道路等级或交通量的需要可设置一层或两层。底基层较厚需分两层施工时,可分别称为上底基层和下底基层。

4. 垫层

垫层是介于基层与土基之间的结构层。当土基水温状况不良时,可改善土基水温状况,提高路面结构的水稳性和抗冻胀能力,同时还可扩散荷载以减少土基变形。一般地,在潮湿和过湿状态的路段,以及易产生冰冻危害的路段应设垫层。

综上所述,路面设计过程中,其断面和尺寸不仅要符合《公路工程技术标准》(JTG B01—2003)等相关规程、规章,还必须从稳定性、平整度、强度、刚度、抗滑性能、耐久性、低扬尘性等综合考虑。

第二节　小型桥涵设计

小型桥涵是道路在跨越河沟、溪谷和灌溉渠道时修建较多的排水构造物,是农田水利建设中主要的形式。通常平原区每千米修建 1 ~ 3 座;山区相对较多,为 3 ~ 5 座。

一、基本概念

桥和涵洞统称为桥涵,有单孔跨径和多孔跨径两种。

(一)小型桥梁

桥梁是指为道路跨越小河流、山谷等天然或人工障碍物(如机耕路、人行道等)而建造的构造物,其单孔跨径 $L_0 \geq 5$ m,多孔跨径总长 $L \geq 8$ m。对小型桥涵,若单孔跨径和多孔跨径总长分别满足 5 m $< L_0 <$ 20 m 和 8 m $\leq L \leq$ 30 m,则为小桥。

(二)涵洞

涵洞是指为宣泄地面水流(含小河流)而设置的横穿路基的小型排水构造物,其跨径 <5 m。

小型桥涵设计过程中,需重点进行外业测量、桥涵布置、孔径确定和选择结构形式及选择等,具体如下。

二、外业测量

(1)根据已定路线走向、水流流向确定桥涵中心桩号和桥涵与路线夹角,以确定桥(涵)位置。

(2)洞口附近,补测 1 ~ 2 个断面,距离 50 ~ 100 m,将这些断面在一张米格纸上套绘,以便现场校对时更移桥(涵)位置。

(3)自桥(涵)中心桩号开始,上下游洞口以外各测出一定距离(50 ~ 100 m),同时考虑测点高程、距离均与路线中心桩号联系,以测量河沟纵断面。

(4)勾绘桥(涵)址平面示意图。

(5)现场调查、访问并记录与小型桥涵设计相关的基本信息,如洪水位、洪峰、上下游水利工程修建情况等。

(6)路基设计线确定后,进行现场核对。最后,确定桥涵布置方案、结构类型、孔径、桥(涵)底标高和洞口形式等。

三、小型桥涵布置

(一)布置原则

(1)依据道路功能、等级、通行能力和抗洪防灾等要求,结合水文、地质和环境等因素对小型桥涵进行设计。

(2)小型桥涵水文、水力计算需符合《公路工程水文勘测设计规范》(JTG C30—2002)、《公路工程地质勘察规范》(JTG C20—2011)等相关规定。

(二)布置位置

一般地,小型桥涵位置由路线走向决定。通常可在以下位置布设小型桥涵,即天然排水沟、人工灌排渠道、洪水淹没区、天然排水洼地和积水洼地等。若路线紧靠村庄,为排除村内地面淹水需设置涵洞。

四、小型桥涵孔径确定

小型桥涵孔径是指桥涵下过水净空的大小。通过计算孔径,可解决跨径长度问题。小型桥涵应基于设计洪水流量、河床地质、河床和锥坡加固形式等情况确定。当小型桥涵上游条件允许积水时,可考虑减少依暴雨径流计算的流量,但减少幅度不能大于总流量的1/4。

桥涵孔径确定方法有两种:一是现场孔径确定法;二是估算法。前者较适合确定小型桥涵孔径,后者宜于较大河沟上的桥涵。这里,仅讨论现场孔径确定法。

(1)通过调查、访问当地群众,了解桥涵河段的情况,同时征求设置小型桥涵的意见。

(2)最小孔径。地区不同,对桥涵的最小孔径要求也存在差别(见表9-6)。

表9-6 小型桥涵最小孔径

桥涵名称	涵洞						桥	闸
	平原区	灌溉渠道	灌溉渠道（无淤塞）	山区路线边沟排水	天然河沟跌水	天然河沟		
最小孔径(m)	0.5	0.3	0.5	0.75	0.75	1.0	2	1

(3)桥涵宽度需考虑过车时的最小宽度,一般净宽≥4 m、净高≥3 m。

(4)当路线通过泥石流堆积区时,应先按洪水径流确定孔径,然后结合实际再适当增加;当路线跨越灌排渠道时,其孔径不应压缩渠道过水面积。

(5)在平原区,路线跨越天然排水沟或洼地时,水面较宽、水流较缓,桥涵孔径可允许较大压缩,但应避免涵前壅水过高淹没农田。一般地,桥涵净高应比设计水位产生的桥涵前挡水高度大0.25 m;冬季有淹水高度时,需考虑高于淹水高度0.25 m。

五、小型桥涵结构形式及选择

(一)结构形式

按结构形式分,小型桥梁有板式桥梁、梁式桥梁和拱式桥梁等;涵洞有圆管涵、拱涵、盖板涵、箱涵等。

1. 板式桥梁

板式桥梁简称板桥梁,就是指用钢筋混凝土和预应力混凝土结构做成实心或空心,就地现浇的桥板。一般大跨径采用空心板,小跨径则用实心板,目前预制预应力空心板桥采用较多。它构造简单、受力明确,是公路桥梁中量大面广的常用桥型。钢筋混凝土板式桥、预应力混凝土板桥和预制装配式板桥现阶段采用较多。

2. 梁式桥梁

梁式桥梁是指其结构在垂直荷载作用下,其支座仅产生垂直反力,而无水平推力的桥梁,特点是其桥跨的承载结构由梁组成。它分为简支梁式桥、连续梁式桥、悬臂梁式桥等。

3. 拱式桥梁

用拱作为桥身主要承重结构的桥。拱桥主要承受压力,故可用砖、石、混凝土等抗压性能良好的材料建造。拱桥有跨越能力大、可就地取材、造价低、易于养护维修等优点。

4. 圆管涵

圆管涵由洞身和洞口两部分组成。洞身属过水孔道的主体,主要由管身、基础和接缝组成,通常由钢筋混凝土构成。洞口是洞身、路基和水流三者的连接部位,主要有八字墙和一字墙两种洞口形式。

5. 拱涵

拱涵即洞身顶部呈拱形的涵洞。其中,石拱涵养护费用较低,经久耐用,超载潜力大,砌筑技术易于掌握,便于群众修建,属常用的涵洞形式。

6. 盖板涵

盖板涵主要由盖板、涵台和基础等构成,特点在于受力明确、构造简单、施工方便等。它与单跨简支板梁桥的结构形式基本相同,但其跨径相对较小,如石盖板的跨径易小于 2 m。

7. 箱涵

箱涵不属盖板明渠。它由盖板、涵身和基础组成,属钢筋混凝土浇筑而成的整体,可用于排水、行车,较适用于软土地基,但造价相对较高。

(二)类型选择

小型桥涵类型的选择应根据所在公路的使用任务、性质和未来发展等情况,综合考虑水文、地质、施工、造价、材料、养护和管理等因素,同时结合生产实际,按经济、适用、安全、美观及环保的总原则进行设计。

进一步地,从流量大小、路堤高度、河沟深浅、地基和材料等情况进行桥涵形式选择;选择孔数时,优先选择单孔,在建筑高度受限制时,可采用双孔,尽量不多于 3 孔。

六、小型桥涵基础埋置深度

小型桥涵设计时,须满足足够的设计强度,并从耐久性和稳定性上综合考虑。除选择基础材料,还应确定出合理的基础埋置深度。

综合考虑地基土壤承载力、水流冲刷能力和地基冰冻程度等因素对基础埋置深度的影响,在满足以下要求的情况下设置小型桥涵基础埋置深度。

(1)当地基为基岩时,必须在清除风化层后,才可进行埋置深度设计。当河床铺砌层时,基础宜设置在铺砌顶面以下 1.0 m 处。

(2)当地基为土壤时,埋置深度设为 0.6 m 或 1.0 m。

(3)当地基为淤泥或软弱层时,可采用扩大基础、块石挤淤换土、砂垫层等措施。

(4)小型桥涵基础应低于设计洪水位冲刷线。在无冲刷处,除岩石地基外,应在地面或河床以下至少埋深 1.0 m;若有冲刷,基础埋深应在局部冲刷线以下大于等于 1.0 m 处。

(5)小型桥涵基础应设置在冰冻线以下。当其基础在冻胀土层中时,其基底最少应设置在冰冻线以下 0.25 m 处。对小孔径、长涵身的涵洞,当其基础设置在冻胀的土层中时,靠近洞口 2.0 m 范围内的基底至少也埋入冰冻线以下 0.25 m 处;对涵洞中间部分基础的埋深,可依施工经验而定。

综上所述,在小型桥涵设计过程中,必须是在明确修建桥涵的主要功用的背景下,综合水文、地质、施工、交通、经济和环境等因素,结合与小型桥涵相关且最新的规范、规章布置小型桥涵。

第十章 烟水配套工程概预算

第一节 基本建设工程概预算概念

一、基本建设工程概预算概述

基本建设在国民经济中占有重要的地位。国家每年用于基本建设的投资占财政总支出的40%左右。其中,用于建筑安装工程方面的资金约占基本建设总投资的60%。为了合理而有效地利用建设资金,降低工程成本,充分发挥投资效益,必须对基本建设项目进行科学的管理和有效的监督。

基本建设工程概预算是根据工程项目不同设计阶段的具体内容和有关定额、指标分阶段进行编制的文件。基本建设工程概预算所确定的投资额,实质上是相应工程的计划价格。这种计划价格在实际工作中通常称为概算造价和预算造价,是对基本建设实行宏观控制、科学管理和有效监督的重要手段之一,对于提高企业的经营管理水平和经济效益、节约国家建设资金具有重要的意义。

根据我国基本建设程序的规定,在工程的不同建设阶段,应编制相应的工程造价。

(一)投资估算

投资估算是指在项目建议书阶段、可行性研究阶段对建设工程造价的预测,它应考虑多种可能的需要、风险、价格上涨等因素,要打足投资、不留缺口,适当留有余地。它是设计文件的重要组成部分,是编制基本建设计划、实行基本建设投资大包干、进行建设资金筹措的依据;也是考核设计方案和建设成本是否合理的依据,是可行性研究报告的重要组成部分,是业主为选定近期开发项目、作出科学决策和进行初步设计的重要依据。

(二)设计概算

设计概算是指在初步设计阶段,设计单位为确定拟建基本建设项目所需的投资额或费用而编制的工程造价文件。它是设计文件的重要组成部分。由于初步设计阶段对建筑物的布置、结构形式、主要尺寸以及机电设备型号、规格等均已确定,所以概算是对建设工程造价有定位性质的造价测算。设计单位在报批设计文件的同时,要报批设计概算;设计概算经过审批后,就成为国家控制该建设项目总投资的主要依据,不得任意突破。水利水电工程采用设计概算作为编制施工招标标底、利用外资概算和执行概算的依据。

工程开工时间与设计概算所采用的价格水平不在同一年份时,按规定由设计单位根据开工年的价格水平和有关政策重新编制设计概算,这时编制的概算一般称为调整概算。调整概算仅仅是在价格水平和有关政策方面的调整,工程规模及工程量与初步设计均保持不变。

（三）业主预算

业主预算是在已经批准的初步设计概算基础上,对已经确定实行投资包干或招标承包制的水利工程建设项目,根据工程管理与投资的支配权限,按照管理单位及分标项目的划分,进行投资的切块分配,以便对工程投资进行管理与控制,并作为项目投资主管部门与建设单位签订工程总承包(或投资包干)合同的主要依据。它是为了满足业主控制和管理的需要,按照总量控制、合理调整的原则编制的内部预算,业主预算也称为执行预算。

（四）标底与报价

标底是招标工程的预期价格,主要是以招标文件、图纸为依据,按有关规定,结合工程的具体情况,计算出的合理工程价格。标底应由业主委托具有相应资质的设计单位、社会咨询单位编制完成,包括发包造价、与造价相适应的质量保证措施及主要施工方案、为了缩短工期所需的措施费等。其中主要是合理的发包造价,应在编制完成后报送招标投标管理部门审定。标底的主要作用是招标单位在一定浮动范围内合理控制工程造价、明确自己在发包工程上应承担的财务义务。标底也是投资单位考核发包工程造价的主要尺度。

投标报价,即报价,是施工企业(或厂家)对建筑工程施工产品(或机电、金属结构设备及安装)的自主定价。它反映的是市场价格,体现了企业的经营管理、技术和装备水平。

中标报价是基本建设产品的成交价格。

（五）施工图预算

施工图预算是指在施工图设计阶段,根据施工图纸、施工组织设计、国家颁布的预算定额和工程量计算规则、地区材料预算价格、施工管理费标准、企业利润率、税金等,计算每项工程所需人力、物力和投资额的文件。它应在已批准的设计概算控制下进行编制,是施工前组织物资、机具、劳动力,编制施工计划,统计完成工作量,办理工程价款结算,实行经济核算,考核工程成本,实行建筑工程包干和建设银行拨(贷)工程款的依据。施工图预算是施工图设计的组成部分,由设计单位负责编制,主要作用是确定单位工程项目造价,是考核施工图设计经济合理性的依据。一般建筑工程以施工图预算作为编制施工招标标底的依据。

（六）施工预算

施工预算是指在施工阶段,施工单位为了加强企业内部经济核算、节约人工和材料、合理使用机械,在施工图预算的控制下,通过工料分析,计算拟建工程工、料和机具等需要量,并直接用于生产的技术经济文件。它是根据施工图的工程量、施工组织设计或施工方案及施工定额等资料进行编制。

（七）竣工结算

竣工结算是施工单位与建设单位对承建工程项目的最终结算(施工过程中的结算属于中间结算)。

（八）竣工决算

竣工决算是指建设项目全部完工后,在工程竣工验收阶段,由建设单位编制的从项目筹建到建成投产全部费用的技术经济文件。它是建设投资管理的重要环节,是工程竣工验收、交付使用的重要依据,也是进行建设项目财务总结、银行对其实行监督的必要手段。

竣工结算与竣工决算是完全不同的两个概念,其主要区别在于:一是范围不同,竣工结算的范围只是承建工程项目,是基本建设的局部,而竣工决算的范围是基本建设的整体;二是成本不同,竣工结算只是承包合同范围内的预算成本,而竣工决算是完整的预算成本,它还要计入工程建设的独立费用、建设期融资利息等工程成本和费用。由此可见,竣工结算是竣工决算的基础,只有先办竣工结算才有条件编制竣工决算。

基本建设程序与各阶段的工程造价之间的关系如图 10-1 所示。从图 10-1 中可以看出,从确定建设项目,确定和控制基本建设投资,实施基本建设经济管理和施工企业经济核算,到最后核定项目的固定资产,建设项目估算、概算、预算及决算以价值形态贯穿于整个基本建设过程之中。其中,设计概算、施工图预算和竣工决算,通常简称为基本建设的“三算”,是建设项目概预算的重要内容,三者有机联系,缺一不可。设计要编制概算,施工要编制预算,竣工要编制决算。一般情况下,决算不能超过预算,预算不能超过概算,概算不能超过估算。此外,竣工结算、施工图预算和施工预算一起被称为施工企业内部所谓的“三算”,是施工企业内部进行管理的依据。

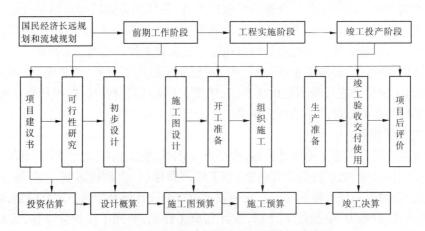

图 10-1　水利工程建设程序与概预算关系简图

建设项目概预算中的设计概算和施工图预算,在编制年度基本建设计划、确定工程造价、评价设计方案、签订工程合同,建设单位据以进行拨款、贷款和竣工结算等方面有着共同的作用,都是业主对基本建设进行科学管理和监督的有效手段,在编制方法上也有相似之处。但由于二者的编制时间、依据和要求不同,它们还是有区别的。

(1)编制费用内容不完全相同。设计概算包括建设项目从筹建开始至全部项目竣工和交付使用前的全部建设费用。施工图预算一般包括建筑工程、设备及安装工程、施工临时工程等。建设项目的设计概算除包括施工图预算的内容外,还应包括独立费用以及移民和环境部分的费用。

(2)编制阶段不同。建设项目设计概算的编制是在初步设计阶段进行的,由设计单位编制。施工图预算是在施工图设计完成后,由设计单位编制的。

(3)审批过程及其作用不同。设计概算是初步设计文件的组成部分,由有关主管部门审批,作为建设项目立项和正式列入年度基本建设计划的依据。只有在初步设计图纸和设计概算经审批同意后,施工图设计才能开始,因此它是控制施工图设计和预算总额的依据。施工图预算是先报建设单位初审,然后送交建设银行经办行审查认定,就可作为拨付工程价款和竣工结算的依据。

(4)概预算的分项大小和采用的定额不同。设计概算分项和采用定额,具有较强的综合性,设计概算采用概算定额。施工图预算用的是预算定额,预算定额是概算定额的基础。

另外,设计概算和施工图预算采用的分级项目不一样,设计概算一般采用三级项目,施工图预算一般采用比三级项目更细的项目。

二、水利工程概预算编制概述

(一)水利工程费用划分

水利工程一般投资多,规模庞大,包括的建筑物及设备种类繁多,形式各异。因此,在编制概预算时,必须深入工程现场,收集第一手资料,熟悉设计图纸,认真划分工程建设包含的各项内容和费用,既不重复又不遗漏。水利工程建设项目费用按现行划分办法包括:工程费(包括建筑及安装工程费、设备费)、独立费用、预备费和建设期融资利息。其中,建筑及安装工程费由直接工程费、间接费、企业利润和税金四部分组成。直接工程费又分为直接费、其他直接费和现场经费;直接费又分为人工费、材料费和施工机械使用费;间接费分为企业管理费、财务费用和其他费用。

编制水利工程概预算,就是在不同的设计阶段,根据设计深度及掌握的资料,按设计要求编制这些费用。因此,针对具体工程情况,认真分析费用的组成,是编制工程概预算的基础和前提。

(二)编制水利工程概预算的程序

在收集各种现场资料、定额、文件等并划分好工程项目以后,应编制工程的人工预算单价,材料预算价格,砂石料预算单价,施工用电、风、水预算单价和施工机械台时费,作为编制概预算单价的基础资料,然后编写分部分项工程概预算,汇总分部分项工程概预算以及其他费用,编制工程总概算。

在选用定额编制工程概预算单价时,应根据施工组织设计规定的施工方法、工艺流程、机械设备配置、运输距离,选定条件相符的定额,乘以各项价格,并计入相关费用,即可求得所需的工程单价。由于每个具体工程项目施工时,实际情况和定额规定的劳动组合、施工措施不可能完全一致,这时应选用定额条件与实际情况相近的规定,不允许对定额水平作修改和变动。当定额条件与实际情况相差较大时,或定额缺项时,应按有关规定编制补充定额,经上级主管部门审批后,作为编制概预算的依据。

随着社会、经济和科学技术的发展,各种定额也是在发展的,在编制概预算时必须选用现行定额。目前,水利工程执行水利部 2002 年颁发的《水利建筑工程概算定额》(上、下册)、《水利水电设备安装工程概算定额》、《水利建筑工程预算定额》(上、下册)、《水利水电设备安装工程预算定额》、《水利工程施工机械台时费定额》,以及《水利工程设计概(估)算编制规定》。

第二节　水利工程费用

一、水利工程费用构成

水利工程建设项目费用,由建筑工程费、安装工程费、设备费和交通工具购置费、小型水库淹没处理补偿费、其他费用和预备费组成。

二、建筑工程费和安装工程费

（1）直接费。由基本直接费和其他直接费组成。
（2）间接费。由施工管理费和其他间接费组成。
（3）计划利润。

三、设备费和交通工具购置费

（1）设备原价。
（2）运杂费。
（3）采购及保管费。

四、水库淹没处理补偿费

（1）农村移民安置迁建费。
（2）城镇迁建补偿费。
（3）专业项目恢复改建费。
（4）库底清理费。
（5）防护工程费。
（6）环境影响补偿费。

五、其他费用

（1）建设管理费。包括建设单位开办费、建设单位经常费、项目管理费、建设及施工场地征用费、联合试运转费。
（2）生产及管理单位准备费。包括生产及管理单位提前进场费、生产职工培训费、管理用具购置费、备品备件购置费、工器具及生产家具购置费。
（3）科研勘测设计费。包括科学研究试验费、前期勘测设计统筹费、勘测费、设计费。
（4）其他。包括特殊技术装备补贴费、专业施工队伍基地建设补偿费、预算定额编制管理费、工程质量监督检测费、供电补贴费、工程保险费、材料价差费、税金（即营业税）。

六、预备费

（1）基本预备费。
（2）价差预备费。

编制水利工程费用时，要针对具体工程，根据不同的设计阶段和设计成果，收集各种现场资料、文件定额等，划分工程项目，编制工程的人工预算单价，材料预算价格，施工用水、用电、用风以及砂石料预算价格，施工机械台班费，然后编制分部分项工程概预算。汇总分部分项工程概预算，形成单位工程或单项工程概预算，汇总单位工程或单项工程概预算以及其他费用，编制总概预算。

第三节　工程定额

一、定额的含义

定额指在一定的生产技术和组织条件下,生产单位或生产者进行生产时,生产质量合格的单位产品所消耗的人力、材料、机具和资金等的数量标准,或指在从事经济活动时对人、财、物的限定标准,如定额(定工日)、定质(定质量)、定量(定数量)、定价(定价格)等。工程建设产品的价格,是根据国家的有关规定,采取特定的方法和形式,由工程建设定额来确定的。

定额由国家、地方、部门或企业颁发,具有经济法规的性质。在指定的执行范围内,任何单位都必须严格执行,不得任意修改。

定额反映一定时期内社会生产力的发展水平,是随着生产力的发展、现代经济管理的发展而产生,并不断加深的,所以定额不是一成不变的。一定时期的定额水平,必须坚持平均先进的原则,也就是在一定的生产条件下,大多数企业、班组或个人,经过努力可以达到或超过的标准。因此,定额必须从实际出发,根据生产条件、质量标准和工人现有的技术水平等,经过测算、统计、分析而制定,并随着上述条件的变化而变化,不断进行补充和修订,以适应生产发展的需要。

工程建设定额是指在工程建设中,消耗在单位产品上的人工材料、机械、资金或工期的规定额度,是建筑安装工程预算定额、综合预算定额、概算定额、概算指标、投资估算指标、施工定额和工期定额的总称。具有以下特点:

(1)定额的科学性。工程建设定额中的各类参数,是在遵循客观规律的条件下,以实事求是的态度,运用科学的方法,认真研究分析后确定的,在技术方法上,吸取了现代科学管理的成就,结构严密,概括性强。

(2)定额的法令性。工程建设定额,一经主管部门的颁发,就具有国家法令性质,各有关职能机构都必须贯彻执行,任何使用单位或个人也都必须遵守,执行定额没有随意性。主管部门要对企业或单位进行必要的监督,使定额的执行具有严肃性和纪律性。

(3)定额的群众性。是指它的制定和执行都具有广泛的群众性:①定额水平高低的取舍,主要取决于广大建筑安装工人的生产能力和创造水平,定额上劳动消耗的数量标准是建筑企业职工的劳动和智慧的综合结晶。②广大群众是测定、编制定额的参加者,定额本身就反映着群众易于掌握的特点。③广大群众是定额的执行者。定额的执行归根结底要依靠广大建筑安装工人在一切技术经济活动中亲自实现它;否则,定额就会变成一纸空文,并失掉它的特有的组织群众、动员群众的力量。④广大群众是定额的拥护者。群众之所以信任它,是因为它把群众的长远利益和眼前利益正确地结合起来,保护了群众的利益。

定额的三大特点是互相联系的,定额的科学性是定额法令性的客观依据,定额的法令性又是贯彻执行定额的重要保证,定额的群众性则是制定和执行定额的可靠基础。

二、工程定额的分类

(一)按物质内容分类

1. 劳动的消耗定额(劳动定额、人工定额)

劳动的消耗定额(劳动定额、人工定额)反映出建筑安装工人劳动生产率的平均先进水平,其表示形式有时间定额和产量定额两种。时间定额是指在合理的劳工组织和施工条件下,生产质量合格的单位产品所需的劳动量;产量定额是指在同样条件下,在单位时间内所生产的质量合格的产品数量。时间定额和产量定额互为倒数关系。

2. 材料消耗定额

材料消耗定额是指在节约与合理使用材料的条件下,生产单位质量合格的产品所需一定规格材料的数量标准(如建筑材料、成品、半成品或配件)。

3. 机械作业定额(机械台班定额)

机械作业定额(机械台班定额)是指施工机械在正常的施工条件下,合理地组织劳动和使用机械时,在单位时间内完成合格产品所需消耗的机械台班数量标准。

(二)按编制程序和用途分类

1. 施工定额

施工定额是用于施工管理的定额,指一种工种完成某一计量单位合格产品所需的人工、材料和施工机械台班消耗量的标准,是用于编制施工预算和施工计划的依据,也是施工企业内部编制作业计划、进行工料分析、签发工程任务单和考核预算成本完成情况的依据。

2. 预算定额

预算定额是由国家主管部门或其授权单位组织编制、审批和颁发的,用于编制设计预算的定额。它确定了一定计量单位的分部分项工程或结构构件的人工、材料(包括成品、半成品)和施工机械台班耗用量以及费用标准。

3. 概算定额或概算指标

概算定额是预算定额的扩大和合并,是确定一定计量单位的工程的人工、材料和施工机械台班费的需要量以及费用标准。

概算指标是以整个建筑物为对象,或以一定数量工程为计量单位,而规定的人工、材料和机械耗用量及其费用标准。

概算定额是介于预算定额和概算指标之间的定额。

4. 投资估算指标

投资估算指标是在可行性研究阶段作为技术经济比较或建设投资估算的依据,由概算定额综合扩大和统计资料分析编制而成的。

(三)按编制单位和执行范围分类

1. 全国统一定额

全国统一定额是根据全国各专业工程的生产技术和组织管理的一般情况而编制的定额,各行业、各部门普遍使用,在全国范围内执行,一般由国家发展和改革委员会或其授权单位编制。

2. 全国行业定额

全国行业定额是在某一部门或几个部门使用的专业定额。

3. 地方定额

地方定额是参照全国统一定额、全国行业定额及国家有关统一规定,由省、自治区和直辖市根据地方工程特点编制的在本地区执行的定额,如河南省水利厅 2006 年颁发的《河南省水利水电概预算定额及设计概(估)算编制规定》。

4. 企业定额

企业定额是指建筑安装企业在其生产经营过程中,在全国统一定额和地方定额的基础上,根据自身积累资料和工程特点,结合本企业具体情况自行编制的定额,供企业内部管理和企业投标报价用。

(四)按费用性质分类

1. 直接费定额

直接费定额由直接进行施工所发生的人工、材料、成品、半成品、机械使用和其他直接费组成,是计算工程单价的基础。

2. 间接费定额

间接费定额指企业为组织和管理施工所发生的各项费用,一般以直接费或人工费作为计算基础。

3. 施工机械台班费定额

施工机械台班费定额是指在施工过程中,为使机械正常运转所发生的机上人工、动力、燃料消耗数量和基本折旧、大修理、经常性修理、安装拆卸和替换设备等费用的定额。

三、工程建设定额的作用

定额是企业管理的基础工作之一,对搞好企业管理具有非常重要的作用。

(1)定额是编制计划的基础。无论是国家或是企业,在制订各种计划时,都直接或间接地以各种定额作为依据计算人力、财力和物力等各项资源需要量。因此,定额是编制计划的基础。

(2)定额是确定工程造价的依据,是评比设计方案合理性的尺度。工程造价是根据设计内容通过工程概预算来确定的,而在编制概预算时,对需要的劳动力、材料和机械设备消耗量是按照有关定额计算的。因此,定额是确定产品成本的依据。同时,同一建筑产品的不同设计方案的成本,反映了不同设计方案的技术经济水平的高低,因此定额是比较和评价设计方案是否经济合理的尺度。

(3)定额是实行投资包干和招标投标承包制的依据。为了提高工程建设的经济效益,大力推行市场经济条件下投资包干和招标投标承包制,工程建设在实施过程中,无论是签订投资包干协议还是编制招标标底或投标报价,都必须以定额为依据。

(4)定额是贯彻按劳分配的尺度。施工企业为了提高经济效益,必须加强科学管理,实行经济核算,而定额正是考核工料消耗与劳动生产率、贯彻按劳分配、实行经济核算的依据。

(5)定额是总结推广先进生产方法的手段。用定额标定方法可以对同一产品在同一操作条件的生产方法进行观察、分析和总结,从而得到一套优化的生产方法,作为施工中推广的范例,使劳动生产率获得普遍的提高。

工程建设中常用的定额,各自又有以下作用:

(1)概算定额的作用:①是编制初步设计概算和修改概算的主要依据。②是筛选设计方案、进行经济比较和分析的必要依据。③是编制建筑工程项目主要材料申报计划的计算基础。④是制定概算指标的计算基础。⑤是工程在施工期中结算的依据。

（2）预算定额的作用：①是编制预算和结算的依据。②是编制单位估价表的依据。③是据以计算工程预算造价和编制建筑工程概算定额及概算指标的依据。④是施工单位评定劳动生产率、进行经济核算的依据。

四、编制定额的原则

为了保证各类定额的质量，在编制定额时，必须遵循下列原则。

（一）平均合理的原则

制定定额时，必须从实际出发，根据定额的性质不同，确定先进合理的定额水平，既不能反映少数先进水平，更不能以后进水平为依据，而只能采用平均先进水平，这样才能代表社会生产力的水平和方向，推动社会生产力的发展。实践证明，定额水平过低，不能促进生产；定额水平过高，会挫伤工人的生产积极性；平均先进水平，既反映了先进经验和操作水平，又从实际出发，区别对待，综合分析有利和不利因素，使定额水平做到先进合理。

（二）简明适用的原则

制定定额时，结构形式要简明适用，主要是指定额项目划分要合理、文字要通俗、计算要简便。具体而言，定额必须简明适用，在保证具有一定的准确性的前提下，简化定额项目，以主体结构项目为主，合并相关部分，进行适当综合和扩大，这样可以简化工程量计算。同时，定额项目单位应尽量和产品计量单位相一致，对定额中章、节编排应方便基层单位使用。

第四节　定额的编制方法及应用

编制水利建筑安装工程定额以施工定额为基础，施工定额由劳动定额、材料消耗定额和机械使用定额三部分组成，在施工定额的基础上，编制预算定额，而概算定额是以预算定额为基础综合扩大编制的。如河南省水利厅于1995年编制的《河南省水利水电建筑工程预算定额》乘以1.03概算系数即为设计概算，投资估算指标按预算定额乘以1.13的估算系数，或按概算定额乘以1.10的估算系数采用。安装定额按水利部颁发的《中、小型水利水电安装工程概算定额和预算定额》执行。

一、编制施工定额的方法

编制施工定额的方法有经验估工法、统计分析法、计算分析法、技术测定法和比较类推法五种。

（一）经验估工法

经验估工法是由有丰富实践经验的施工技术人员、定额专业人员和工人相结合，总结在施工实践中所积累的经验和资料，通过交流、讨论分析和综合平衡拟定定额。其关键是要搜集符合当前生产力水平的经验与资料，并尽可能减少编制过程中的主观片面性。

该方法一般用于品种多、工程量少、施工时间短，以及一些不常出现的项目等一次性定额的制定。

(二)统计分析法

统计分析法是根据一定时期内完成的工程数量和相应的工时消耗、材料消耗、机械台班消耗的统计资料,加以整理,结合当前组织技术和生产条件,分析对比后拟定定额。

统计分析法的关键是要搜集和积累真实、系统、完整、准确的统计资料。

(三)计算分析法

计算分析法是根据施工及验收技术规范和操作规程,确定定额项目的施工方法和质量标准,选择典型图纸,用理论计算方法拟定定额项目单位工程量所需的人工、材料和机械台班耗用量定额。

(四)技术测定法

技术测定法是根据现场测定资料制定定额的一种科学方法。其基本做法是首先对施工过程和工作时间进行科学分析,拟定合理的施工工序,然后在施工实践中对各个工序进行实测、查定,从而确定在合理的生产组织措施下,工人与施工机械的正常生产和合理的材料消耗定额。

技术测定法确定工时定额与机械产量定额通常采用工作日写实记录法和测时法。

工作日写实记录法研究各种性质的工时消耗,包括基本工作时间、辅助工作时间、不可避免的中断时间、准备与结束时间、休息时间和各种损失时间等;测时法主要用于观察循环施工过程中循环组成部分的工时消耗,通过计时观察、写实记录获得制定定额所需的技术数据。

采用技术测定法确定材料消耗定额。常用实验室试验法与现场观测法。

实验室试验法是通过专业的仪器设备来测定满足一定技术要求的单位产品的各种材料消耗量。用试验法确定材料消耗定额,要考虑施工现场各种影响材料消耗的因素。

现场观测法是在合理使用材料的条件下,在施工现场对正常施工的典型结构的完成产品数量和材料消耗量进行实际测算,通过分析法来确定材料消耗定额。

技术测定法有较高的准确性和科学性,是制定新定额和典型定额的主要方法。

(五)比较类推法

比较类推法根据同类型项目或相似项目的定额进行对比分析类推而制定定额。此法在比较的典型定额与相关定额之间呈比例关系时才选用。它常与其他方法结合使用,用于定额编制中某项数据的确定。

上述几种方法是编制劳动定额的基本方法,在编制定额中,可以结合具体情况灵活运用,相互结合,相互借鉴。

二、定额的使用

定额在水利工程建设经济管理工作中起着重要作用,设计单位的概预算工作人员和施工企业的经济管理人员都必须熟练准确地使用定额,为此必须做到以下几点:

(1)首先要认真阅读定额的总说明和分册分章说明,对说明中指出的编制原则、依据、适用范围、使用方法,已经考虑和没有考虑的因素,以及有关问题的说明等,都要通晓和熟悉。

(2)要了解定额项目的工作内容,能根据工程部位、施工方法、施工机械和其他施工条件正确地选用定额项目,做到不错项、不漏项、不重项。

（3）要学会使用定额的各种附录。例如，对于建筑工程，要掌握土壤与岩石分级、砂浆与混凝土配合材料及用量的确定；对于安装工程，要掌握安装费调整和各种装置性材料用量和概算指标的确定等。

（4）要注意定额修正的各种换算关系。当施工条件与定额项目规定条件不符时，应按定额说明和定额表附注中有关规定换新修正。例如，各种运输定额的运距换算、特种系数换算等。除特殊说明外，一般乘系数换算均按连乘计算。使用时还要区分修正系数是全面修正还是只乘以人工工日、材料消耗或机械台班的某一项或几项。

（5）要注意定额单位和定额中数字表示的适用范围。概预算工程项目的计算单位要和定额项目的计量单位一致。要注意区分土石方工程中的自然方和压实方，砂石备料中的成品方、自然方和堆方、码方，砌石工程中的砌体方与石料码方，沥青混凝土的拌和方与成品方等。定额中凡数字后用"以上"、"以外"表示的都不包括数字本身，凡数字后用"以下"、"以内"表示的都包括数字本身。凡用数字上下限表示的，如 500 ~ 1 000 相当于 500 以上到 1 000 以下。

第五节　人工预算单价

在编制水利工程概预算时，要根据工程项目所在地区的有关规定、材料来源、当地的具体条件及施工技术等，编制人工预算单价、材料预算价格、砂石料单价、施工机械台时费和施工用水、电、风预算单价作为计算工程单价的基本依据。这些预算单价统称基础单价。

人工预算单价是在编制概预算中计算各种生产工人人工费时所采用的人工费单价。它是计算建筑安装工程单价和施工机械使用费中人工费的基础单价。在编制概预算时，必须根据工程所在地区工资类别和现行水利水电施工企业工人工资标准及有关工资性津贴标准，按照国家有关规定，正确地确定生产工人人工预算单价。

一、人工预算单价的组成

人工预算单价由基本工资、辅助工资、工资附加费等三项内容组成，划分为工长、高级工、中级工、初级工四个档次。

（一）基本工资

根据现行《水利工程设计概（估）算编制规定》和水利部水利企业工资制度改革办法，并结合水利工程特点，分别确定了枢纽工程、引水工程及河道工程六类工资区分级工资标准。按国家规定享受生活费补贴的特殊地区，可按有关规定计算，并计入基本工资；基本工资包括岗位工资、年功工资和生产工人年应工作天数内非作业天数的工资。基本工资标准（六类工资区）见表10-1。地区工资系数见表10-2。

（二）辅助工资

辅助工资是指工资性津贴，包括地区津贴、施工津贴、夜餐津贴和节日加班津贴。辅助工资标准见表10-3。

（三）工资附加费

工资附加费是指按国家规定计算的职工福利基金、工会经费、养老保险费、医疗保险费、工伤保险费、职工失业保险基金、住房公积金等。工资附加费标准见表10-4。

表 10-1　基本工资标准(六类工资区)

序号	名称	单位	枢纽工程	引水工程及河道工程
1	工长	元/月	550	385
2	高级工	元/月	500	350
3	中级工	元/月	400	280
4	初级工	元/月	270	190

表 10-2　与六类工资区对应的各类工资区地区工资系数

工资区类别	地区系数	工资区类别	地区系数
七类工资区	1.026 1	十类工资区	1.104 3
八类工资区	1.052 2	十一类工资区	1.130 4
九类工资区	1.078 3		

表 10-3　辅助工资标准

序号	项目	枢纽工程	引水工程及河道工程
1	地区津贴	按国家、省、自治区、直辖市的规定	
2	施工津贴	5.3 元/天	3.5~5.3 元/天
3	夜餐津贴	4.5 元/夜班,3.5 元/中班	

注:初级工的施工津贴标准按表中数值的50%计取。

表 10-4　工资附加费标准

序号	项目	费率标准(%)	
		工长、高级工、中级工	初级工
1	职工福利基金	14	7
2	工会经费	2	1
3	养老保险费	按各省、自治区、直辖市规定	按各省、自治区、直辖市规定
4	医疗保险费	4	2
5	工伤保险费	1.5	1.5
6	职工失业保险基金	2	1
7	住房公积金	按各省、自治区、直辖市规定	按各省、自治区、直辖市规定

二、人工预算单价计算

人工预算单价应根据国家有关规定,按水利施工企业工人工资标准和工程所在地工资区类别进行计算。水利行业现执行的是水利部 2002 年制定的人工预算单价计算办法。

根据 2002 年水利部颁布的有关规定,现行人工预算单价(元/工日)包括以下 3 项 12 小项内容,以六类工资区为例,其分项计算方法如下。

(1)基本工资:

$$基本工资(元/工日) = 基本工资标准(元/月) \times 地区工资系数 \times 12 月 \div$$
$$年应工作天数 \times 1.068 \qquad (10-1)$$

(2)辅助工资:

$$地区津贴(元/工日) = 津贴标准(元/月) \times 12 月 \div$$
$$年应工作天数 \times 1.068 \qquad (10-2)$$

$$施工津贴(元/工日) = 津贴标准(元/工日) \times 365 天 \times 95\% \div$$
$$年应工作天数 \times 1.068 \qquad (10-3)$$

$$夜餐津贴(元/工日) = (中班津贴标准 + 夜班津贴标准) \div 2 \times (20\% 或 30\%)$$
$$\qquad (10-4)$$

$$节日加班津贴(元/工日) = 基本工资(元/工日) \times 3 \times 10 \div 年应工作天数 \times 35\%$$
$$\qquad (10-5)$$

(3)工资附加费:

$$职工福利基金(元/工日) = 辅助工资(元/工日) \times 费率标准(\%) \qquad (10-6)$$

$$工会经费(元/工日) = 基本工资(元/工日) + 辅助工资(元/工日) \times$$
$$费率标准(\%) \qquad (10-7)$$

$$养老保险费(元/工日) = [基本工资(元/工日) + 辅助工资(元/工日)] \times$$
$$费率标准(\%) \qquad (10-8)$$

$$医疗保险费(元/工日) = [基本工资(元/工日) + 辅助工资(元/工日)] \times$$
$$费率标准(\%) \qquad (10-9)$$

$$工伤保险费(元/工日) = [基本工资(元/工日) + 辅助工资(元/工日)] \times$$
$$费率标准(\%) \qquad (10-10)$$

$$职工失业保险基金(元/工日) = [基本工资(元/工日) + 辅助工资(元/工日)] \times$$
$$费率标准(\%) \qquad (10-11)$$

$$住房公积金(元/工日) = [基本工资(元/工日) + 辅助工资(元/工日)] \times$$
$$费率标准(\%) \qquad (10-12)$$

需要说明的是,上述费用中的 1.068 为年应工作天数内非工作天数的工资系数;计算夜餐津贴时,式中百分数的选取为:枢纽工程取 30%,引水及河道工程取 20%。

$$人工工日预算单价(元/工日) = 基本工资 + 辅助工资 + 工资附加费 \qquad (10-13)$$
$$人工工日预算单价(元/工日) = 人工工时预算单价(元/工时) \times 日工作时间(工时/工日)$$
$$\qquad (10-14)$$

第六节　材料预算单价

在工程建设过程中,直接为生产某建筑安装工程而耗用的原材料、半成品、成品、零件等统称为材料。水利工程建设中,材料用量大,材料费是构成建筑安装工程投资的主要组成部分;而材料预算价格则是编制建筑安装工程单价材料费的基础单价。

一、主要材料与次要材料的划分

水利工程建筑材料品种繁多,在编制概预算时不可能也没有必要对工程所需全部材料逐一编制预算价格,而是根据工程的具体情况选择用量大或用量小但价格昂贵、对工程投资有较大影响的一部分材料作为主要材料,其他材料则视为次要材料。次要材料是相对主要材料而言的,两者之间并没有严格的界限,要根据工程对某种材料用量的多少及其在工程投资中的比重来确定。一般水利工程可选用水泥、钢材、木材、火工产品、油料、电缆及母线等为主要材料,但要根据工程具体条件增删。如建筑大体积混凝土坝特别是碾压混凝土坝则可增加粉煤灰作为主要材料;大量采用沥青混凝土防渗的工程,可把沥青列为主要材料;石方开挖量很小的工程就不需要编制火工产品预算价格。

二、主要材料预算价格

(一)主要材料预算价格的组成

主要材料的预算价格指材料由供货地点到达工地分仓库或相当于工地分仓库的堆料场的价格。主要材料预算价格的组成一般包括:①材料原价;②包装费;③运杂费;④运输保险费;⑤采购及保管费。其中,材料的包装费并不是对每种材料都可能发生的。例如,散装材料不存在包装费,有的材料包装费已计入出厂价。

主要材料的预算价格计算公式为

$$材料预算价格 = (材料原价 + 包装费 + 运杂费) \times (1 + 采购及保管费率) + 运输保险费 \tag{10-15}$$

(二)主要材料预算价格的计算

1. 材料原价

材料原价也称材料市场价或交货价格,是计算材料预算价的基值,其价格(火工产品除外)一般均按市场调查价格计算。一般水利工程的主要材料原价可按下述方法确定:

1)水泥

水泥产品根据国家发展和改革委员会、国家建筑材料工业局计价管理的规定,从1996年4月1日起,全部执行市场价,水泥产品价格由厂家根据市场供求状况和水泥生产成本自主定价。如设计采用早强水泥,可按设计确定的比例计入。在可行性研究阶段编制投资估算时,水泥市场价可统一按袋装水泥价格计算。

2)钢材

钢材按市场价计算,钢筋预算价格由普通圆钢 A_3 ϕ 15 ~ 18 mm、低合金钢 20MnSi ϕ 19 ~ 24 mm 按设计比例计算。各种型钢、钢板的预算价格按设计要求的代表型号、规格和比例确定。

3)木材

凡工程所需的各种材料,由林区贮木场直接提供的,原则上均执行设计选定的贮木场的大宗市场批发价;由工程所在地木材公司供给的,执行地区木材公司提供的大宗市场批发价。

确定木材市场价的代表规格,按二、三类树木各占50%,Ⅰ、Ⅱ等材各占50%;长度按2.0~3.8 m,原松木径级φ20~28 cm,锯材按中枋中板,杉木径级根据设计由贮木场供应情况确定。

4)汽油、柴油

汽油、柴油全部按工程所在地区市场价计算其预算价格,汽油代表规格为70#,柴油代表规格由工程所在地区气温条件确定。

5)炸药及其他火工产品

炸药及其他火工产品按全部由工程选定的所在地区化工厂供应,统一按国家定价或化工厂的出厂价计算。

2. 材料包装费

材料包装费是指为便于材料的运输或为保护材料而进行包装所发生的费用,包括厂家所通行的包装以及在运输过程中所进行的捆扎、支撑等费用。凡由生产厂家负责包装并已将包装费计入材料市场价的,在计算材料的预算价格时,不再计算包装费。包装费和包装品的价值,因材料品种和厂家处理包装品的方式不同而异,应根据具体情况分别进行计算。一般情况下,袋装水泥的包装费按规定计入出厂价,不计回收,不计押金,散装水泥有专罐车运输,一般不计包装费;钢材一般不进行包装,特殊钢材存在少量包装费,但与钢材价格相比,所占比重很小,编制预算价格时可忽略不计;木材应按实际发生的情况进行计算;火工产品包装费已包括在出厂价中;油料用油罐车运输,一般不存在包装费。

3. 材料运杂费

材料运杂费是指材料由产地或交货地点运往工地分仓库或相当于工地分仓库的材料堆放场所需要的费用,包括各种运输工具的运费、调车费、装卸费、出入库费和其他费用。在编制材料预算价格时,应按施工组织设计中所选定的材料来源和运输方式、运输工具,以及厂家和交通部门规定的取费标准,计算材料的运杂费。

(1)铁路运杂费的计算。委托国有铁路部门运输的材料,在国有线路上行驶时,其运杂费一律按铁道部现行规定计算;属于地方营运的铁路,执行地方的规定。

(2)施工单位自备机车车辆在自营专用线上行驶的运杂费,按列车台时费和台时货运量以及运行维护人员开支摊销费计算。其运杂费计算公式为

$$每吨运费(元/t) = \frac{机车车台时 + 机车车台时之和}{每列火车设计载重量 \times 装载系数 \times 列车每小时行驶次数} +$$
$$每吨装卸费 + 现场管理人员开支的摊销费 \tag{10-16}$$

如果自备机车还要通过国有铁路,还应付给铁路部门过轨费。其运杂费计算公式为

$$每吨运费(元/t) = \frac{机车车台时 + 机车车台时之和 + 列车过轨费}{每列火车设计载重量 \times 装载系数 \times 列车每小时行驶次数} +$$
$$每吨装卸费 + 现场管理人员开支的摊销费 \tag{10-17}$$

列车过轨费按铁道部门的规定计算。

火车整车运输货物,除特殊情况外,一律按车辆标记载重量装载计费。但在实际运输过程中经常出现不能满载的情况,在计算运杂费时,用装载系数来表示。据统计,火车整车装载系数如表10-5所示,供计算时参考。

表 10-5　火车整车运输装载系数

序号	材料名称		单位	装载系数
1	水泥、油料、木材		t/车皮 t	1.00
2			m³/车皮 t	0.90
3	钢材	大型工程	t/车皮 t	0.90
4		中型工程	t/车皮 t	0.80 ~ 0.85
5	炸药		t/车皮 t	0.65 ~ 0.70

铁路运输方式中,要确定每一种材料运输小的整车与零担比例,据以分别计算其运杂费。整车运价较零担运价便宜,所以要尽可能以整车方式运输。根据已建大、中型水利水电工程实际情况,水泥、木材、炸药、柴油、汽油等可以全部按整车计算,钢材则要考虑一部分零担,其比例为大型工程可按 10% ~ 20% 选取,中型工程按 20% ~ 30% 选取,如有实际资料,应按实际资料选取。

(3)公路运杂费的计算。按工程所在地市场价计算,汽车运输轻浮货物时,按实际载重量计价。轻浮货物是指每立方米质量不足 250 kg 的货物。整车运输时,其长、宽、高不得超过交通部门的有关规定,以车辆标记吨位计重。零担运输,以货物包装的长、宽、高各自最大值计算体积,按每立方米折算 250 kg 计价。

(4)水路运输包括内河运输和海洋运输,其运输费按航运部门现行规定计算。

(5)特殊材料或部件运输,要考虑特殊措施费、改造路面和桥梁费等。

4. 材料运输保险费

材料运输保险费是指向保险公司交纳的货物保险费用。

材料运输保险费可按工程所在省、自治区、直辖市或中国人民保险公司的有关规定计算。

5. 材料采购及保管费

材料采购及保管费是指建设单位和施工单位的材料供应部门在组织材料采购、运输保管和供应过程中所需的各项费用。

材料采购及保管费一般按部颁规定进行计算,其计算公式为

材料采购及保管费 = (材料原价 + 包装费 + 运杂费) × 采购及保管费率　　(10-18)

材料采购及保管费率现行规定为 3%。

三、次要材料预算价格

次要材料一般品种较多,其费用在投资中所占比例很小,一般不必逐一详细计算其预算价格。次要材料预算价格可采用工程所在地区就近城市定额预算管理站公布的工业与民用建筑安装工程材料预算价格或信息价格加运到工地的运杂费用(一般可取为预算价格的 5% 左右)来确定。

第十一章 烟水配套工程招标投标

工程招标投标是一种工程交易形式,搞好工程招标投标环节,可以有效地控制工程造价,创造公平、公正的市场环境,营造有序的竞争机制。烟叶生产基础设施建设项目的招标投标工作直接关系到整个工程项目的质量和进度,更关系到烟草行业的社会形象,做好招标投标工作对烟叶生产基础设施建设显得尤为重要。

第一节 概 述

一、招标与采购的概念

(一)采购的含义

1. 采购及项目采购的概念

1)采购的基本概念

采购是指商品流通过程中,政府、企事业单位及个人为获取商品,对获取商品的渠道、方式、质量、价格、数量、时间等进行预测、抉择,把货币资金转化为商品的交易过程。

采购是以各种不同的方式,包括购买、租赁、借贷、交换等,取得货物及服务的所有权或使用权。采购的目的就是要满足采购方的需求,采购工作首先要确定需要什么、需要多少、何时需要,所以采购就其功能来讲不仅仅是采购人员或采购部门的工作,而是整个管理团队的工作,是企业整体供应链的重要组成部分。

2)项目采购

项目采购也称采购项目,是指从系统外部获得标的的整个采办过程,可分为货物采购、工程采购和服务采购。

(1)货物采购属于有形采购,是指购买项目所需要的投入物,如机械、设备、仪器、仪表、办公设备、建筑材料(钢材、水泥、木材)、农用生产资料等,并包括与之相关的服务,如运输、保险、安装、调试、培训、初期维修等。

(2)工程采购也是有形采购,是指通过招标或其他商定的方式选择合格的承包商承担工程项目的建设任务,如修建高速公路、大型水电站、灌溉工程、污水处理厂等。

(3)服务采购属于无形采购,是指聘请咨询公司或单个咨询专家提供各种执行性服务、技术援助或培训服务。其中的工程建设项目服务采购大致可分为四类:项目投资前期的咨询服务,工程设计、招标代理等阶段性服务,项目管理、施工监理等执行性服务,技术援助和培训等辅助性服务。

2. 项目采购的基本原则

1)择优原则

采购主体通过对产品和服务供应的了解、分析和研究,掌握各种工程、货物和服务的供应信息,包括品种、品牌、性能、质量、价格、寿命周期、供应渠道等,在众多的产品和服务中找到最符合自身需要、成本又低的产品和服务,以实现其优良的采购目标。

2)批量原则

批量原则是产品和服务采购的基本原则。对于产品和服务的销售或者采购,一次性批量越大,产品和服务价格就应该越优惠。因此,在采购过程中,采购主体应把可以集中采购的放在一起,以实现增加采购批量、节约采购成本的目标。

3)竞争原则

充分利用竞争机制,是达成采购目标的必然选择。市场经济条件下,供应商为争取到采购者的订单而展开激烈的竞争。对于采购者而言,可以利用供应商之间的销售竞争,取得价格、质量和服务的优势。

4)时机原则

采购工作必须坚持时机原则,根据市场情况变化把握时机,以便采购到满足需要、符合要求的产品和服务。例如,某种产品即将淘汰,或者某种产品即将大幅降价,此时如果大规模地采购,将会带来因技术落后及销售服务日渐困难造成的巨大损失。同样,新产品往往刚上市销售时,价格会偏高,随着产品生产批量扩大,或者生产该产品的商家增多,产品价格会迅速下降,如果采购者在新产品刚投入销售时就采购或大批量采购,将会在短时间内蒙受很大的差价损失。一般而言,产品的最佳采购时机是在产品进入技术成熟与生产批量扩大、销售价出现下降的时期。

5)范围原则

采购范围是指采购者采购货物和服务的选择范围。在采购活动中,采购选择范围的大小是影响采购效果的一个重要因素。显然,如果采购者能在较大的市场空间中选购产品,必然比在狭窄的市场空间中选择有更多的优选机会。因此,许多采购尤其是企业和政府较大额的采购,扩大采购的选择范围,是优化采购目标必须要坚持的原则。

6)专业原则

随着科学技术的迅速发展,各种货物、工程建设项目和服务的性能及价格因素越来越复杂,对采购者也提出了越来越高的要求。因此,对于技术较为复杂、金额较大的采购,应选择委托专业采购人员进行采购,实行内行采购和专家采购。

7)方式原则

要更好地实现采购目标,离不开采购方式的科学化。同样的采购批量,可能会由于采购方式不同,采购程序不同,使其效果出现极大的差别。因此,要想实现采购科学化目标,必须选择最恰当、最科学的采购方式。

(二)采购方式的分类

1.招标采购

招标采购是指买方(招标人)通过公开的方式提出交易条件,并由卖方(投标人)响应该条件而达成货物、工程和服务采购的行为。招标采购是政府和企业采购的基本方式之一,其最大的特点是具有规范的组织性、公平性和公开性,凡是符合规定要求的投标人都有权参加投标。

招标采购方式的优点在于:

(1)能有效地实现物有所值的目标。通过广泛的竞争,使买方能够得到价廉物美的工程、货物和服务。

（2）能促进公平竞争，使所有符合资格的潜在投标人都有机会参加同等竞争。

（3）能促进投标人进行技术改造，提高管理水平，降低成本，提高工程、货物和服务的质量。

（4）公开办理各种采购手续，防止徇私舞弊问题的产生，有利于公众监督，减少腐败现象。

招标采购方式的缺点与不足表现在：

（1）程序和手续较为复杂，耗费时间，从发布招标公告到最后合同的签订可能经过几个月时间，对急需的工程、货物和服务采购难以适应。

（2）招标采购需要的文件非常严谨，如考虑不周则容易发生废标的情况，造成时间的延误。

（3）招标采购最大的特点是不可更改性，这使得招标采购缺乏弹性，有时签订的合同并不一定是招标人的最佳选择。《中华人民共和国招标投标法》（以下简称《招标投标法》）规定，经评标委员会评出排序第一的中标候选人，招标人一般应与或必须与其签订合同，并不得向其提出招标文件中已作明确规定以外的要求。很多情况下，尽管其他一些投标人提供的工程、货物和服务非常好，招标人也愿意购买，但由于该招标人的投标文件经审并没能排序第一，招标人也很难或不能选择该投标人。

（4）可能会出现投标人靠降低工程、货物和服务质量来降低价格的倾向。提供高质量货物、工程和服务的投标人因没有价格竞争力而被限制发展甚至被逐出市场，买方因此而采购到愈来愈劣质的产品和服务。

2. 询价采购

询价采购又称选购，是指采购方向选定的供应商发出询价函，让供应商报价，根据报价来选定供应商的方法。询价采购可以通过对几个供应商的报价进行比较，以确保价格具有竞争性，是一种简单而又快速的采购方法。询价采购是国际上通用的一种采购方法，适用于合同价值较低的一般性货物、工程或服务的采购。

这种采购方式的优点是节省采购时间和采购费用，谈判与调整灵活。其不足之处表现在缺乏程序性规定，操作上随意性较大。

3. 竞争性谈判采购

竞争性谈判采购是指在选定两家以上供应商的基础上，由供应商经几轮报价，最后选择报价最低者的一种采购方式。实质上这是一种供应商有限条件下的招标采购。

这种采购方式的优点是节省采购时间和费用；公开性和透明度较高，能够防止采购"黑洞"；采购过程有规范的制度。其不足之处表现在供应商有限的情况下，可能出现轮流坐庄或恶性抢标的现象，使预期的采购目标无法实现。

4. 议价采购

议价采购是指由买卖双方直接讨价还价实现交易的一种采购行为。议价采购一般不进行公开竞标，仅向固定的供应商定向采购。议价采购一般分两步进行：第一步，由采购方向供应商分发询价表，邀请供应商报价；第二步，如果供应商的报价基本达到预期的价格标准，即可签订采购合同，完成采购活动。议价采购主要适用于需要量大、质量稳定、定期供应的大宗物资的采购。

议价采购的优点是节省采购费用与采购时间；采购中灵活性大，可根据环境变化，对采购规格、数量及价格做灵活的调整;有利于与供应商建立互惠的关系,稳定供需关系。议价采购的缺点是价格可能较高;缺乏公开性,信息不对称,容易形成不公平的竞争。

5. 订价采购

订价采购是指购买的货物数量巨大,无法由一两个厂商全部提供,或当市面上该项货物匮乏时,则可明确订货价格以现款收购。

6. 公开市场采购

公开市场采购是指采购方在公开交易或拍卖场所随时机动的采购,以这种方式采购大宗货物时,价格的变动可能是非常频繁的。

(三)招标采购制度

1. 招标采购概述

招标投标制度最早起源于英国,最初是作为一种"公共采购"或"集中采购"的手段出现。在现代经济发达国家,政府大多数通过立法,在政府出资的项目建设中强制实行招标投标制,如美国的《产品购买法》、欧盟的《公共采购规则》等,虽然立法重点各有侧重,但是总的原则都是一致的,如非歧视性原则、公开透明原则等。由于其公开、公平和公正的特点,招标投标制度在西方发达国家得到了广泛的使用,在货物购买、建设工程承包、租赁、技术转让等领域发挥了重要的作用。

从我国实行招标投标制度十多年的实践看,实行招标投标制度,对于推行投融资和流通体制改革、创造公平竞争的市场环境、提高资金使用效益、节省外汇、保证工程质量、防止采购中的腐败现象都具有重要意义,招标投标方式的先进性和实效性已得到了公认。

招标采购的程序是采购方根据已确定的采购需求,提出招标采购项目的条件,邀请有兴趣的供应商参加投标,最后由招标人通过对各种投标人所提出的价格、质量、交货期限和该投标人的技术水平、财务状况等因素进行综合比较,确定其中最佳的投标人作为中标人,并与之最终签订合同的过程。

从招标采购交易过程来看,必然包括招标和投标两个最基本的环节,前者是招标人提出招标项目,并以一定的方式邀请不特定或一定数量的法人或组织进行投标;后者是投标人响应招标人的要求参加投标竞争。没有招标就不会有供应商或承包商的投标;没有投标,采购方的招标就不会得到响应。在世界各国和有关国际组织的招标采购法律规定中,尽管大都只称招标,但也都对投标作出相应的规定和约束。

一个完整的招标采购过程包括策划、招标投标、开标评标、决标和商签合同五个阶段。

2. 招标采购的方式

《招标投标法》规定的招标采购方式包括公开招标与邀请招标两种方式。

1)公开招标

公开招标亦称无限竞争性招标,其主要含义是指招标活动在公共监督之下进行,通常应当在公共媒体上公开发布招标公告,这种公告表明招标具有广泛性和公开性。凡是愿意参加投标的潜在投标人,都可以按公告中的地址领取(购买)项目招标资料和资格预审文件。只有参加了资格预审和经审查合格的潜在投标人才能购买招标文件和参加投标。公开招标的优点是招标人有较大的选择范围,能更好地形成竞争局面,打破垄断。但这种方式投标人较多,审查投标人资格和投标文件的工作量也很大,招标过程需要较长时间。

2）邀请招标

邀请招标也称有限竞争性招标,是指由招标人向具有承担该项工程、货物和服务相应履约能力的3个以上供应商发出投标邀请书及招标文件,由其进行投标。具体做法主要包括以下几个步骤:

(1)招标人在掌握的具有相应履约能力的供应商中做出初步选择。

(2)招标人向初步选定的潜在投标人征询是否愿意参加投标,并据此制订投标人名单。

(3)向名单上的投标人发出正式投标邀请书和招标文件。

(4)投标人递交投标文件,招标人开标评标选定中标人。

这种方式由于参加投标的投标人数量有限,不仅可以节省招标投标的费用,缩短招标的时间,也增加了投标者的中标概率,对双方都有一定的好处。但这种方法限制了竞争范围,可能会把一些有实力的竞争者排除在外。在国外,私人投资的项目,多采用邀请招标。

(四)行业要求

为了规范烟叶生产基础设施建设项目工程施工、监理、设备采购招标投标活动,保证工程施工质量,提高资金使用效益,根据《中华人民共和国招标投标法》和国家烟草专卖局有关文件精神,要求如下:

(1)招标投标活动的招标人为烟叶基础设施建设项目组,各级烟草部门应对招投标活动进行监督、协调、服务。要指导项目组成立招投标领导小组,统一领导招标投标工作,招标投标工作领导小组要聘任法律顾问,进行必要的法律咨询。对于较分散的建设项目进行招投标时要合理划分标段,标段不宜过多,保证标段项目的完整性,防止标段过小,工程量偏小。

(2)招标内容包括烟水配套工程的施工、监理,以及与工程有关的设备采购(小水窖和烤房土建工程除外),密集式烤房和普通烤房密集式改造的加热、控制设备等。

任何单位和个人不得将必须进行招标的项目化整为零或者以其他任何方式规避招标。

(3)各级烟草公司纪检监察部门按照有关规定对招标投标活动实施监督,依法依纪查处招标投标活动中的违规行为。

(4)招标工作应当执行回避制度。烟草部门各级领导干部、参与工程和设备的招标人员、从事基础设施建设工作人员及其配偶、子女和其他近亲属,不得参与投标活动。

(5)招标方式分为公开招标和邀请招标。必须招标的项目应当公开招标,采用邀请招标的,由省烟草公司批准。

(6)招标项目分两种类型:依法必须进行招标项目和必须招标项目。

达到《工程建设项目招标范围和规模标准规定》(2000年5月1日国家计委第3号令发布)的规模标准规定的项目为依法必须进行招标的项目。

依法必须进行招标项目的招标办法和程序执行以下规章:①工程施工:《工程建设项目施工招标投标办法》(国家计委等七部委第30号令);②设备采购:《工程建设项目货物招标投标办法》(国家发改委等七部委第27号令)。

必须进行招标的项目为低于《工程建设项目招标范围和规模标准规定》(2000年5月1日国家计委第3号令发布)的规模标准规定而又必须进行招标的项目,其招标办法和程序与依法必须进行招标的项目相同。

(7)招标应当委托具有相应资质的招标代理机构代理招标。县公司统一招标,招标代理机构要在市公司备案。市公司统一招标,招标代理机构要在省公司备案。

二、招标投标的法律规定

(一)招标投标的当事人与监督管理

1. 招标人

《招标投标法》规定,招标人是提出招标项目、进行招标的法人或者其他组织。

1)招标人的分类

招标人分为两类:一是法人;二是其他组织。《招标投标法》没有将自然人定义为招标人。

法人是指依法注册登记,具有独立的民事权利能力和民事行为能力,依法享有民事权利和承担民事义务的组织,包括企业法人和机关、事业单位及社会团体法人。其他组织是指合法成立、有一定组织机构和财产,但又不具备法人资格的组织,如依法登记领取营业执照的合伙组织、企业的分支机构等。

2)招标人具备的条件

法人或者其他组织必须具备依法提出招标项目和依法进行招标两个条件后,才能成为招标人。

(1)依法提出招标项目。

招标人依法提出招标项目,是指招标人提出的招标项目必须符合《招标投标法》第九条规定的两个基本条件:一是招标项目按照国家有关规定需要履行项目审批手续的,应当先履行审批手续,取得批准;二是招标人应当有进行招标项目的相应资金或者资金来源已经落实,并应当在招标文件中如实载明。

(2)依法进行招标。

《招标投标法》对招标、投标、开标、评标、中标和签订合同等程序作出了明确的规定,法人或者其他组织只有按照法定程序进行招标才能称为招标人。

2. 投标人

《招标投标法》规定,投标人是响应招标、参加投标竞争的法人或者其他组织。依法招标的科研项目允许个人参加投标的,投标的个人适用《招标投标法》有关投标人的规定。

1)投标人的分类及具备的条件

投标人分为三类:一是法人;二是其他组织;三是具有完全民事能力的个人,亦称自然人。

法人、其他组织和个人必须具备响应招标文件和参加投标竞争两个条件后,才能称为投标人。

(1)响应招标。

法人或其他组织对特定的招标项目有兴趣,愿意参加竞争,并按合法途径获取招标文件,但这时法人或其他组织还不是投标人,只是潜在投标人。所谓响应招标,是指潜在投标人获得了招标信息或者投标邀请书后购买招标文件,接受资格审查,并编制投标文件,按照投标人的要求参加投标的活动。

(2)参与投标竞争。

潜在投标人按照招标文件的约定,在规定的时间和地点递交投标文件,对订立合同正式提出要约。潜在投标人一旦正式递交了投标文件,就成为投标人。

2)投标人的资格条件

法人或者其他组织响应招标、参加投标竞争,是成为投标人的一般条件。要想成为合格投标人,还必须满足两项资格条件:一是国家有关规定对不同行业及不同主体投标人的资格条件;二是招标人根据项目本身的要求,在招标文件或资格预审文件中规定的投标人的资格条件。

(1)国家对不同行业及不同主体的投标人资格条件的规定。

《工程建设项目施工招标投标办法》第二十条规定了投标人参加工程建设项目施工投标应当具备五个条件:①具有独立订立合同的权利;②具有履行合同的能力,包括专业、技术资格和能力,资金、设备和其他物质设施状况,管理能力,经验、信誉和相应的从业人员;③没有处于被责令停业,投标资格被取消,财产被接管、冻结,破产状态;④在最近三年内没有骗取中标和严重违约及重大工程质量问题;⑤法律、行政法规规定的其他资格条件。

(2)招标人在招标公告、招标文件或资格预审文件中规定的投标人资格条件。

招标人可以根据招标项目本身要求,在招标公告、招标文件或资格预审文件中,对投标人的资格条件从资质、业绩、能力、财务状况等方面作出一些规定,并依次对潜在投标人进行资格审查。投标人必须满足这些要求,才能成为合格投标人;否则,招标人有权拒绝其参与投标。同时,《招标投标法》也禁止招标人以不合理的条件限制或排斥潜在投标人,以及对潜在投标人实行歧视待遇。

3.招标投标的监督管理

1)招标投标活动监督体系

《招标投标法》第七条规定:"招标投标活动及其当事人应当接受依法实施的监督。"在招标投标法规体系中,对于行政监督、司法监督、当事人监督、社会监督都有具体规定,构成了招标投标活动的监督体系。

(1)当事人监督即招标投标活动当事人的监督。招标投标活动当事人包括招标人、投标人、招标代理机构、评标专家等。由于当事人直接参与并且与招标投标活动有着直接的利害关系,因此当事人监督往往最积极也最有效,是行政监督和司法监督的重要基础。国家发展和改革委员会等七部委联合制定的《工程建设项目招标投标活动投诉处理办法》具体规定了投标人和其他利害关系人投诉以及有关行政监督部门处理投诉的要求,这种投诉就是当事人监督的重要方式。

(2)行政监督。行政机关对招标投标活动的监督,是招标投标活动监督体系的重要组成部分。依法规范和监督市场行为,维护国家利益、社会公共利益和当事人的合法权益,是市场经济条件下政府的一项重要职能。《招标投标法》对有关行政监督部门依法对招标投标活动、查处招标投标活动中的违法行为作出了具体规定。如第七条规定:"有关行政监督部门依法对招标投标活动实施监督,依法查处招标投标活动中的违法行为"。

(3)司法监督即指国家司法机关对招标投标活动的监督。《招标投标法》具体规定了招标投标活动当事人的权利和义务,同时也规定了有关违法行为的法律责任。如招标投标活动当事人认为招标投标活动存在违反法律、法规、规章规定的行为,可以起诉,由法院依法追究有关责任人相应的法律责任。

(4)社会监督即指除招标投标活动当事人以外的社会公众的监督。"公开、公平、公正"

原则之一的公开原则就是要求招标投标活动必须向社会透明,以方便社会公众的监督。任何单位和个人认为招标投标活动违反招标投标法律、法规、规章时,都可以向有关行政监督部门举报,由有关行政监督部门依法调查处理。因此,社会公众、社会舆论以及新闻媒体对招标投标活动的监督是一种第三方监督,在现代信息公开的社会发挥着越来越重要的作用。

2)行政监督的职责分工

我国招标投标行政监督职责分工的特点是由法律授权,分级管理。我国的立法中,一般都是在法律条文中直接规定主管部门。由于招标投标涉及领域众多,职责分工相对比较复杂,《招标投标法》第七条做了原则性授权规定:"对招标投标活动的行政监督及有关部门的具体职权划分,由国务院规定"。根据这一法律授权,国务院办公厅制定了《国务院有关部门实施招标投标活动行政监督的职责分工意见的通知》,具体规定了国务院各部门的职责分工,同时,又授权"各省、自治区、直辖市人民政府可根据《招标投标法》的规定,从本地实际出发,制定招标投标管理办法",据此,各省级政府相继出台了一些相关规定,逐级确定有关职责分工。目前,各省级地方政府的有关职责分工基本都是参照国务院规定而确定的,只是在机构设置和具体分工方面各有特色。招标投标行政监督职责分工与行政管理层级相对应,中央和地方各级政府有关部门按照各自权限分级负责有关招标投标活动的监督工作。

(二)招标的规定

1. 依法必须招标项目的范围和规模标准

所谓依法必须招标项目,是相关部委按照《招标投标法》的授权发布的范围和规模标准。除此以外,任何地方和行业规定的范围和标准均不应称为依法必须招标项目,可以称为地方和行业必须招标的项目。之所以这样区分,是因为在《招标投标法》中许多条款执行的条件是依法必须招标的项目。比如,《招标投标法》第二十四条规定:招标人应当确定投标人编制投标文件所需要的合理时间;但是,依法必须进行招标的项目,自招标文件开始发出之日起至投标人提交投标文件截止之日止,最短不得少于二十日。这里的"最短不得少于二十日"指的是依法必须招标的项目,达不到依法必须招标项目范围和规模标准的,不一定必须最短不得少于二十日,但招标人应当确定投标人编制投标文件所需要的合理时间。如果投标人认为招标文件给定的投标设计周期不尽合理或不够,可以向招标人提出质疑,申请推迟递交投标文件的截止时间。

1)范围

经国务院批准由原国家计委发布的《工程建设项目招标范围和规模标准规定》,详细规定了工程建设项目必须招标的范围为:①关系社会公共利益、公众安全的基础设施项目;②关系社会公共利益、公众安全的公用事业项目;③使用国有资金投资项目;④国家融资项目;⑤使用国际组织或者外国政府资金的项目。

2)规模标准

《工程建设项目招标范围和规模标准规定》第七条规定:在规定范围内的各类工程建设项目,包括项目的勘察、设计、施工、监理以及与工程建设有关的重要设备、材料等的采购,达到下列标准之一的,必须进行招标:

(1)施工单项合同估算价在200万元人民币以上的。

(2)重要设备、材料等货物的采购,单项合同估算价在100万元人民币以上的。

(3)勘察、设计、监理等服务的采购,单项合同估算价在50万元人民币以上的。

(4)单项合同估算价低于第(1)、(2)、(3)项规定的标准,但项目总投资额在 3 000 万元人民币以上的。

2. 可以不进行招标的建设项目

《中华人民共和国招标投标法实施条例》(以下简称《条例》)第七条规定,除《招标投标法》第六十六条规定的可以不进行招标的特殊情况外,有下列情形之一的,可以不进行招标:

(1)需要采用不可替代的专利或者专有技术。

(2)采购人依法能够自行建设、生产或者提供。

(3)已通过招标方式选定的特许经营项目投资人依法能够自行建设、生产或者提供。

(4)需要向原中标人采购工程、货物或者服务,否则将影响施工或者功能配套要求。

(5)国家规定的其他特殊情形。

《建设项目可行性研究报告增加招标内容以及核准招标事项暂行规定》第五条的规定,属于下列情况之一的建设项目可以不进行招标,但必须在报送可行性研究报告中提出不招标申请,并说明不招标原因:

(1)涉及国家安全或者有特殊保密要求的。

(2)建设项目的勘察、设计,采用特定专利或者专有技术的,或者其建筑艺术造型有特殊要求的。

(3)承包商、供应商或者服务提供者少于三家,不能形成有效竞争的。

(4)其他原因不适宜招标的。

3. 可以不进行招标的工程施工项目

《工程建设项目施工招标投标办法》第十二条规定,需要审批的工程建设项目,有下列情形之一的,经审批部门批准,可以不进行施工招标:

(1)涉及国家安全、国家秘密或者抢险救灾而不适宜招标的。

(2)属于利用扶贫资金实行以工代赈需要使用农民工的。

(3)施工主要技术采用特定的专利或者专有技术的。

(4)施工企业自建自用的工程,且该施工企业资质等级符合工程要求的。

(5)在建工程追加的附属小型工程或者主体加层工程,原中标人仍具备承包能力的。

(6)法律、行政法规规定的其他情形。

对不需要审批但属于依法必须招标的工程建设项目,有上述规定情形之一的,可以不进行施工招标。

4. 招标条件、招标方式和组织形式

1)招标条件

《招标投标法》第九条规定:"招标项目按照国家有关规定需要履行项目审批手续的,应当先履行审批手续,取得批准。招标人应当有进行招标项目的相应资金或者资金来源已经落实"。概括来说,即履行项目审批手续和落实资金来源是招标项目进行招标前必须具备的两项基本条件。

2)招标方式

《招标投标法》第十条规定:"招标分为公开招标和邀请招标。公开招标,是指招标人以招标公告的方式邀请不特定的法人或者其他组织投标。邀请招标,是指招标人以投标邀请书的方式邀请特定的法人或者其他组织投标"。

3）邀请招标的条件

（1）项目技术复杂或有特殊要求，只有少量几家潜在投标人可供选择的。

（2）受自然地域环境限制的。

（3）涉及国家安全、国家秘密或者抢险救灾，适宜招标但不宜公开招标的。

（4）拟公开招标的费用与项目的价值相比，不值得的。

（5）法律法规规定不宜公开招标的。

《工程建设项目施工招标投标办法》第十一条规定："全部使用国有资金投资或国有资金投资占控股或者占主导地位的并需审批的工程建设项目的邀请招标，应当经项目审批部门批准，但项目审批部门只审批立项的，由有关行政监督部门审批"。

4）招标组织形式

招标组织形式分为委托招标和自行招标。依法必须招标的项目经批准后，招标人根据项目实际情况需要和自身条件，可以自主选择招标代理机构进行委托招标；如具备自行招标的能力，按规定向主管部门备案同意后，也可进行自行招标。

5. 招标公告、资格预审公告与投标邀请书

1）招标公告

《招标投标法》第十六条规定："招标人采用公开招标方式的，应当发布招标公告。依法必须进行招标的项目的招标公告，应当通过国家指定的报刊、信息网络或者其他媒介发布"。

招标公告内容应当真实、准确和完整。招标公告一经发出即构成招标活动的要约邀请，招标人不得随意更改。遵照《招标投标法》第十六条的要求："招标公告应当载明招标人的名称和地址、招标项目的性质、数量、实施地点和时间以及获取招标文件的办法等事项"。

2）资格预审公告

资格预审公告是指招标人通过媒介发布公告，表示招标项目采用资格预审的方式，公开选择条件合格的潜在投标人，使感兴趣的潜在投标人了解招标、采购项目的情况及资格条件，前来购买资格预审文件，参加资格预审和投标竞争。

3）投标邀请书

《招标投标法》第十七条规定："招标人采用邀请招标方式的，应当向三个以上具备承担招标项目的能力、资信良好的特定的法人或者其他组织发出投标邀请书"。投标邀请书的内容和招标公告的内容基本一致，只需增加要求潜在投标人"确认"是否收到了投标邀请书的内容。如《标准施工招标文件》中关于"投标邀请书"的条款，就专门要求潜在投标人在规定时间以前，用传真或快递方式向招标人"确认"是否收到了投标邀请书。

6. 资格审查

《招标投标法》第十八条规定："招标人可以根据招标项目本身的要求，在招标公告或者投标邀请书中，要求潜在投标人提供有关资质证明文件和业绩情况，并对潜在投标人进行资格审查；国家对投标人的资格条件有规定的，依照其规定。""招标人不得以不合理的条件限制或者排斥潜在投标人，不得对潜在投标人实行歧视待遇。"

按照《工程建设项目施工招标投标办法》和《工程建设项目货物招标投标办法》等有关规定，资格审查分为资格预审和资格后审两种方式。

1）资格预审

资格预审是指投标前对获取资格预审文件并提交资格预审申请文件的潜在投标人进行资格审查的一种方式。一般适用于潜在投标人较多或者大型、技术复杂的货物项目。

资格预审一般按以下程序进行：

（1）编制资格预审文件。

（2）发布资格预审公告。

（3）出售资格预审文件（资格预审文件自发出之日起至停止之日止，最短不得少于5个工作日）。

（4）资格预审文件的澄清、修改。

（5）潜在投标人编制并提交资格预审申请文件（按《条例》第十七条规定，依法必须进行招标的项目提交资格预审申请文件的时间，自资格预审文件停止发售之日起不得少于5日）。

（6）对资格预审申请文件进行评审并编写资格评审报告。

（7）招标人审核资格评审报告，确定资格预审合格申请人。

（8）向通过资格预审的申请人发出投标邀请书（代资格预审合格通知书），并向未通过资格预审的申请人发出资格预审结果的书面通知。

其中，编制资格预审文件和组织进行资格预审申请文件的评审，是完成资格预审程序中的两项重要内容。

2）资格后审

资格后审是指在开标后对投标人进行的资格审查。按照《工程建设项目施工招标投标办法》第十八条"采取资格后审的，招标人应当在招标文件中载明对投标人资格要求的条件、标准和方法"和《工程建设项目货物招标投标办法》第十六条"资格后审一般在评标过程中的初步评审开始时进行"的规定，资格后审是作为招标评标的一个重要内容在组织评标时由评标委员会负责一并进行的，审查的内容与资格预审的内容是一致的。评标委员会是按照招标文件规定的评审标准和方法进行评审的。对资格后审不合格的投标人，评标委员会应当对其投标作废标处理，不再进行详细评审。

7. 招标文件的构成

按照有关招标投标法律法规与规章的规定，招标文件一般由以下七项基本内容构成：

（1）招标公告或投标邀请书。

（2）投标人须知（含投标报价和对投标人的各项投标规定与要求）。

（3）评标标准和评标方法。

（4）技术条款（含技术标准、规格、使用要求以及图纸等）。

（5）投标文件格式。

（6）拟签订合同主要条款和合同格式。

（7）附件和要求投标人提供的其他材料。

各类招标文件都包括一般构成的七项基本内容。所不同的是，对不同类型项目的招标文件的内容构成，有关部委又结合行业的具体特点进行了一些特殊规定。比如，工程施工招标文件，《工程建设项目施工招标投标办法》增加了"对采用工程量清单招标的，必须提供工程量清单"；勘察设计招标文件《工程建设项目勘察设计招标投标办法》增加了"勘察设计范围"和"对勘察设计进度、阶段与深度要求,勘察设计费用支付方式,对未中标人是否给予补偿及补偿标准"等规定。

8. 招标文件的编制

招标文件应当依照《招标投标法》和相关法律、法规、规章要求,并根据项目特点和需要进行编制。不仅要抓住重点,根据不同需求合理确定对投标人资格审查的标准、投标报价要求、评标标准、评标方法、标段(或标包)、工期(或交货期)和拟签订合同的主要条款等实质性内容,而且应当做到符合法规要求,内容完整无遗漏,文字严密、表达准确。不管招标项目有多么复杂,招标文件在编制过程中都应当做到、做好以下工作:

(1)依法编制招标文件,满足招标人使用要求。

招标文件编制应当依照和遵守《招标投标法》的规定,应当符合国家相关法律、法规,文件的各项技术标准应符合国家强制性标准,满足招标人要求。如《政府采购货物和服务招标投标管理办法》规定:"招标文件规定的各项技术标准应当符合国家强制性标准。招标文件不得要求或者标明特定的投标人或者产品,以及含有倾向性或者排斥潜在投标人的其他内容。"商务部的《进一步规范机电产品国际招标投标活动有关规定》规定:"招标文件内容应当符合国家有关法律法规、强制性认证标准、国家关于安全、卫生、环保、质量、能耗、社会责任等有关规定以及公认的科学理论。违反上述规定的,招标文件相应部分无效。"

(2)合理划分标段或标包。

《工程建设项目施工招标投标办法》规定:"施工招标项目需要划分标段、确定工期的,招标人应当合理划分标段、确定工期,并在招标文件中载明。对工程技术上紧密相连、不可分割的单位工程不得分割标段。招标人不得以不合理的标段或工期限制或者排斥潜在投标人或者投标人"。《工程建设项目货物招标投标办法》规定:"招标货物需要划分标包的,招标人应合理划分标包,确定各标包的交货期,并在招标文件中如实载明"。

(3)明确规定具体而详细的使用与技术要求。

招标人应当根据招标项目的特点和需要编制招标文件,招标文件应载明招标项目中每个标段或标包的各项使用要求、技术标准、技术参数等各项技术要求。《工程建设项目货物招标投标办法》第二十五条规定:"招标文件规定的各项技术规格应当符合国家技术法规的规定。招标文件中规定的各项技术规格均不得要求或标明某一特定的专利技术、商标、名称、设计、原产地或供应者等,不得含有倾向或者排斥潜在投标人的其他内容。如果必须引用某一供应者的技术规格才能准确或清楚地说明拟招标货物的技术规格时,则应当在参照后面加上'或相当于'的字样。"对确属无法精确拟定技术规格的货物招标项目,可按《工程建设项目货物招标投标办法》第三十一条规定,商请招标人采用两阶段招标程序的方法解决,而且应当按照规定只有在先达成一个统一的技术规格后再编制招标文件。《条例》第三十条规定:"对技术复杂或者无法精确拟定技术规格的项目,招标人可以分两阶段进行招标。第一阶段,投标人按照招标公告或者投标邀请书的要求提交不带报价的技术建议,招标人根据投标人提交的技术建议确定技术标准和要求,编制招标文件。第二阶段,招标人向在第一阶段提交技术建议的投标人提供招标文件,投标人按照招标文件的要求提交包括最终技术方案和投标报价的投标文件。招标人要求投标人提交投标保证金的,应当在第二阶段提出"。

(4)规定的实质性要求和条件用醒目方式标明。

按照《工程建设项目施工招标投标办法》和《工程建设项目货物招标投标办法》的规定，招标人应当在招标文件中规定实质性要求和条件，说明不满足其中任何一项实质性要求和条件的投标将被拒绝，并用醒目的方式标明。

（5）规定的评标标准和评标方法不得改变，并且应当公开规定评标时除价格以外的所有评标因素。

按照《工程建设项目施工招标投标办法》和《工程建设项目货物招标投标办法》的规定，招标文件应当明确规定评标时除价格以外的所有评标因素，以及如何将这些因素量化或者据以进行评估。在评标过程中，不得改变招标文件中规定的评标标准、方法和中标条件。评标标准和评标方法不仅要作为实质性条款列入招标文件，而且还要强调在评标过程中不得改变。

（6）明确投标人是否可以提交投标备选方案以及对备选投标方案的处理办法。

按照《工程建设项目施工招标投标办法》和《工程建设项目货物招标投标办法》的规定，招标人可以要求投标人在提交符合招标文件规定要求的投标文件外，提交备选投标方案，但应当在招标文件中作出说明，并提出相应的评审和比较办法，不符合中标条件的投标人的备选投标方案不予考虑。符合招标文件要求且评标价最低或综合评分最高而被推荐为中标候选人的投标人，其所提交的备选投标方案方可予以考虑。

（7）招标文件需要载明踏勘现场的时间与地点。

按照《工程建设项目施工招标投标办法》，"招标人根据招标项目的具体情况，可以组织潜在投标人踏勘项目现场"和"招标人不得单独或者分别组织任何一个投标人进行现场踏勘"的规定，在招标文件中载明踏勘现场的时间和地点。

（8）电子招标文件。

招标人可以通过信息网络或者其他媒介发布电子招标文件，招标文件应明确规定电子招标文件应当和书面纸质招标文件一致，具有同等法律效力。按照《工程建设项目施工招标投标办法》和《工程建设项目货物招标投标办法》规定，当电子招标文件与书面招标文件不一致时，应以书面招标文件为准。

（9）招标文件的售价。

按照《招标代理服务收费管理暂行办法》、《工程建设项目施工招标投标办法》和《工程建设项目货物招标投标办法》规定，对招标文件或者资格预审文件的收费应当合理，可以收取编制成本费，具体定价办法由省、自治区、直辖市价格主管部门按照不得以营利为目的的原则制定。除不可抗力原因外，招标文件或者资格预审文件发出后，不予退还；招标人在发布招标公告、发出投标邀请书后或者发出招标文件或资格预审文件后不得擅自终止招标。因不可抗力原因造成招标终止的，投标人有权要求退回招标文件并收回购买招标文件的费用。

（10）充分利用和发挥招标文件范本的作用。

为了规范招标文件的编制活动和提高招标文件质量，国务院有关部委组织专家和有经验的招标投标工作者编制了一系列招标文件范本。在编制招标文件过程中，应当充分利用和发挥招标文件范本的积极作用，按规定执行（或参照执行）范本编制招标文件，保证和提高招标文件的质量。

目前，推广使用的招标文件范本主要有：《标准施工招标资格预审文件》、《标准施工招标文件》、《水利水电工程施工合同和招标文件示范文本》(GF—2000—0208)、《机电产品采购国际竞争性招标文件》(2008 版)、《房屋建筑和市政基础设施工程施工招标文件范本》、《公路工程国内招标文件范本》和《世界银行贷款项目(货物)国际招标文件》等。

(三)投标的规定

投标是指投标人根据招标文件的要求,编制并提交投标文件,响应招标、参加投标竞争的活动。投标是招标投标活动的第二阶段,投标人作为招标投标法律关系的主体之一,其投标行为的规范与否将直接影响到最终的招标效果。为了规范投标人行为,国务院及相关部门在有关招标投标的法律、法规及规范性文件中,对投标人参加投标活动的各个方面进行了规定,具体包括投标文件、投标有效期、投标保证金、联合体投标以及对投标人参与投标的限制性规定等。

1. 投标文件的构成

《招标投标法》第二十七、三十条对投标文件规定:"投标人应当按照招标文件的要求编制投标文件。投标文件应当对招标文件提出的实质性要求和条件作出响应。招标项目属于建设施工的,投标文件的内容应当包括拟派出的项目负责人与主要技术人员的简历、业绩和拟用于完成招标项目的机械设备等。投标人根据招标文件载明的项目实际情况,拟在中标后将中标项目的部分非主体、非关键性工作进行分包的,应当在投标文件中载明"。

按此原则,国务院有关部门对不同类型项目的投标文件内容及构成进行了具体规定。

1)工程建设施工项目

按照《工程建设项目施工招标投标办法》第三十六条的规定,工程建设施工项目投标文件的构成一般包括:①投标函;②投标报价;③施工组织设计;④商务和技术偏差表。

2)工程建设货物项目

根据《工程建设项目货物招标投标办法》第三十三条的规定,工程建设货物项目的投标文件一般包括:①投标函;②投标一览表;③技术性能参数的详细描述;④商务和技术偏差表;⑤投标保证金;⑥有关资格证明文件;⑦招标文件要求的其他内容。

2. 投标文件的送达与签收

《招标投标法》第二十八条规定:"投标人应当在招标文件要求提交投标文件的截止时间前,将投标文件送达投标地点。招标人收到投标文件后,应当签收保存,不得开启。""在招标文件要求提交投标文件的截止时间后送达的投标文件,招标人应当拒收。"

1)投标文件的送达

对于投标文件的送达,应注意以下几个问题:

(1)投标文件的提交截止时间。投标文件必须在招标文件规定的投标截止时间之前送达。

(2)投标文件的送达方式。投标人递送投标文件的方式可以是直接送达,即投标人派授权代表直接将投标文件按照规定的时间和地点送达,也可以通过邮寄方式送达。邮寄方式送达应以招标人实际收到时间为准,而不是以"邮戳为准"。

(3)投标文件的送达地点。投标人应严格按照招标文件规定的地址送达,特别是采用邮寄送达方式。投标人因为递交地点发生错误而逾期送达投标文件的,将被招标人拒绝接收。

2）投标文件的签收

投标文件按照招标文件的规定时间送达后,招标人应签收保存。《工程建设项目施工招标投标办法》第三十八条和《工程建设项目货物招标投标办法》第三十四条均规定:"招标人收到投标文件后,应当向投标人出具标明签收人和签收时间的凭证,在开标前任何单位和个人不得开启投标文件"。

3）投标文件的拒收

如果投标文件没有按照招标文件要求送达,招标人可以拒绝受理。

《工程建设项目施工招标投标办法》第五十条和《工程建设项目货物招标投标办法》第四十一条均规定:"投标文件有下列情形之一的,招标人不予受理:①逾期送达的或者未送达指定地点的;②未按招标文件要求密封的"。

3. 投标保证金

投标保证金是指为了避免因投标人投标后随意撤回、撤销投标或随意变更应承担相应的义务给招标人和招标代理机构造成损失,要求投标人提交的担保。投标人在提交投标文件的同时,应按招标文件规定的金额、方式、时间向招标人提交投标保证金,并作为其投标文件的一部分。

投标保证金的金额通常有相对比例金额和固定金额两种方式。相对比例是取投标总价作为计算基数。为避免招标人设置过高的投标保证金额度,不同类型招标项目对投标保证金的最高额度均有相关规定。

1）工程建设项目

《工程建设项目施工招标投标办法》和《工程建设项目货物招标投标办法》规定:"投标保证金一般不得超过投标总价的百分之二,但最高不得超过八十万元人民币"。

2）勘察设计项目

《工程建设项目勘察设计招标投标办法》第二十四条规定:"招标文件要求投标人提交投标保证金的,保证金数额一般不超过勘察设计费投标报价的百分之二,最多不超过十万元人民币。"

4. 投标的限制性规定

为了维护招标的公正性、合法性,有关部门规章针对不同情况,对投标人参与投标以及其投标行为作出了一些限制性规定。

1）对投标人参与投标的限制性规定

《工程建设项目施工招标投标办法》第三十五条规定,在工程建设项目施工招标时,招标人的任何不具独立法人资格的附属机构（单位）,或者为招标项目的前期准备或者监理工作提供设计、咨询服务的任何法人及其任何附属机构（单位）,都无资格参加该招标项目的投标。

《机电产品国际招标投标实施办法》第三十六条规定,在机电产品国际招标时,投标人及其制造商与招标人、招标机构有利害关系的将被废标。

《工程建设项目货物招标投标办法》第三十二条规定,在工程建设项目货物招标时,法定代表人为同一个人的两个及两个以上法人,母公司、全资子公司及其控股公司,都不得在同一货物招标中同时投标。一个制造商对同一品牌同一型号的货物,仅能委托一个代理商参加投标,否则应作废标处理。

2）对投标人投标行为的限制性规定

招标投标活动应当遵循公开、公平、公正和诚实信用的原则。禁止投标人以不正当竞争行为破坏招标投标活动的公正性，损害国家、社会及他人的合法权益。根据《招标投标法》的规定，此类行为主要包括：

（1）投标人之间相互串通投标报价，排挤其他投标人的公平竞争，损害招标人或者其他投标人的合法权益。

（2）与招标人串通投标，损害国家利益、社会公共利益或者他人的合法权益。

（3）以向招标人或者评标委员会成员行贿的手段谋取中标。

（4）以低于成本的报价竞标。

（5）以他人名义投标或者以其他方式弄虚作假，骗取中标。

《条例》第三十九条　禁止投标人相互串通投标。

有下列情形之一的，属于投标人相互串通投标：

（1）投标人之间协商投标报价等投标文件的实质性内容；

（2）投标人之间约定中标人；

（3）投标人之间约定部分投标人放弃投标或者中标；

（4）属于同一集团、协会、商会等组织成员的投标人按照该组织要求协同投标；

（5）投标人之间为谋取中标或者排斥特定投标人而采取的其他联合行动。

《条例》第四十条　有下列情形之一的，视为投标人相互串通投标：

（1）不同投标人的投标文件由同一单位或者个人编制；

（2）不同投标人委托同一单位或者个人办理投标事宜；

（3）不同投标人的投标文件载明的项目管理成员为同一人；

（4）不同投标人的投标文件异常一致或者投标报价呈规律性差异；

（5）不同投标人的投标文件相互混装；

（6）不同投标人的投标保证金从同一单位或者个人的账户转出。

《条例》第四十一条　禁止招标人与投标人串通投标。

有下列情形之一的，属于招标人与投标人串通投标：

（1）招标人在开标前开启投标文件并将有关信息泄露给其他投标人；

（2）招标人直接或者间接向投标人泄露标底、评标委员会成员等信息；

（3）招标人明示或者暗示投标人压低或者抬高投标报价；

（4）招标人授意投标人撤换、修改投标文件；

（5）招标人明示或者暗示投标人为特定投标人中标提供方便；

（6）招标人与投标人为谋求特定投标人中标而采取的其他串通行为。

《条例》第四十二条　使用通过受让或者租借等方式获取的资格、资质证书投标的，属于招标投标法第三十三条规定的以他人名义投标。

投标人有下列情形之一的，属于招标投标法第三十三条规定的以其他方式弄虚作假的行为：

（1）使用伪造、变造的许可证件；

（2）提供虚假的财务状况或者业绩；

（3）提供虚假的项目负责人或者主要技术人员简历、劳动关系证明；

（4）提供虚假的信用状况；

（5）其他弄虚作假的行为。

（四）开标和评标的规定

开标、评标是招标投标活动公开性、公正性的重要体现，国家有关部门法律法规及规定对开标、评标阶段的程序及当事人行为进行了具体规范。

1. 开标

开标，即在招标投标活动中，由招标人主持，在招标文件预先载明的开标时间和开标地点，邀请所有投标人参加，公开宣布全部投标人的名称、投标价格及投标文件中其他主要内容，使招标投标当事人了解各个投标的关键信息，并且将相关情况记录在案。开标是招标投标活动中"公开"原则的重要体现。

1）开标时间和地点

开标时间和提交投标文件截止时间应为同一时间，应具体确定到某年某月某日的几时几分，并在招标文件中明示。法律之所以如此规定，是为了杜绝招标人和个别投标人非法串通，在投标文件截止时间之后，视其他投标人的投标情况，修改个别投标人的投标文件，从而损害国家和其他投标人利益的情况。招标人和招标代理机构必须按照招标文件中的规定，按时开标，不得擅自提前或拖后开标，更不能不开标就进行评标。

开标地点应在招标文件中具体明示。开标地点可以是招标人的办公地点或指定的其他地点。开标地点应具体确定到要进行开标活动的房间，以便投标人和有关人员准时参加开标。

2）开标参与人

《招标投标法》第三十五条规定："开标由招标人主持，邀请所有投标人参加。"对于开标参与人，应注意以下问题：

（1）开标由招标人主持，也可以委托招标代理机构主持。在实际招标投标活动中，绝大多数委托招标项目，开标都是由招标代理机构主持的。

（2）投标人自主决定是否参加开标。《工程建设项目货物招标投标办法》第四十条明确规定："投标人或其授权代表有权出席开标会，也可以自主决定不参加开标会。"招标人邀请所有投标人参加开标是法定的义务，投标人自主决定是否参加开标会是法定的权利。

（3）其他依法可以参加开标的人员。根据项目的不同情况，招标人可以邀请除投标人以外的其他方面相关人员参加开标。

3）开标的程序和内容

《招标投标法》第三十六条规定："开标时，由投标人或者其推选的代表检查投标文件的密封情况，也可以由招标人委托的公证机构检查并公证；经确认无误后，由工作人员当众拆封，宣读投标人名称、投标价格和投标文件的其他主要内容。招标人在招标文件要求提交投标文件的截止时间前收到的所有投标文件，开标时都应当当众予以拆封、宣读。开标过程应当记录，并存档备查。"通常，开标的程序和内容包括密封情况检查、拆封、唱标及记录存档等。

（1）密封情况检查。当众检查投标文件密封情况。检查由投标人或者其推选的代表进行。如果招标人委托了公证机构对开标情况进行公证，也可以由公证机构检查并公证。如果投标文件未密封，或者存在拆开过的痕迹，则不能进入后续的程序。

（2）拆封。当众拆封所有的投标文件。招标人或者其委托的招标代理机构的工作人员应把在投标文件截止时间之前收到的合格的投标文件在开标现场当众拆封。

（3）唱标。招标人或者其委托的招标代理机构的工作人员应当根据法律规定和招标文件要求进行唱标，即宣读投标人名称、投标价格和投标文件的其他主要内容。没有开封并进行唱标的投标文件，不应进入评标。

（4）记录并存档。招标人或者其委托的招标代理机构应当场制作开标记录，记载开标时间、地点、参与人、唱标内容等情况，并由参加开标的投标人代表签字确认，开标记录应作为评标报告的组成部分存档备查。

2. 评标

评标，即招标投标活动中，由招标人依法组建的评标委员会，根据法律规定和招标文件确定的评标方法和具体评标标准，对开标中所有拆封并唱标的投标文件进行评审，根据评审情况出具评标报告，并向招标人推荐中标候选人，或者根据招标人的授权直接确定中标人的过程。对评标原则、评标程序、编写评标报告的要求、推荐中标候选人的原则等，招标投标法律制度均作了具体规定。

1）评标原则

评标原则是招标投标活动中相关各方应遵守的基本规则。每个具体的招标项目，均涉及招标人、投标人、评标委员会、相关主管部门等不同主体，委托招标项目还涉及招标代理机构。评标原则主要是关于评标委员会的工作规则，但其他相关主体对涉及的原则也应严格遵守。根据有关法律规定，评标原则可以概括为以下四个方面：

（1）公平、公正、科学、择优。

《招标投标法》第五条规定：“招标投标活动应当遵循公开、公平、公正和诚实信用的原则。”《评标委员会和评标方法暂行规定》第三条规定：“评标活动遵循公平、公正、科学、择优的原则。”第十七条规定：“招标文件中规定的评标标准和评标方法应当合理，不得含有倾向或者排斥潜在投标人的内容，不得妨碍或者限制投标人之间的竞争。”为了体现“公平”和“公正”的原则，招标人和招标代理机构应在制作招标文件时，依法选择科学的评标方法和标准；招标人应依法组建合格的评标委员会；评标委员会应依法评审所有投标文件，择优推荐中标候选人。

（2）严格保密。

《招标投标法》第三十八条规定：“招标人应当采取必要的措施，保证评标在严格保密的情况下进行。”严格保密的措施涉及多方面，包括：评标地点保密；评标委员会成员的名单在中标结果确定之前保密；评标委员会成员在封闭状态下开展评标工作，评标期间不得与外界有任何接触，对评标情况承担保密义务；招标人、招标代理机构或相关主管部门等参与评标现场工作的人员，均应承担保密义务。

（3）独立评审。

《招标投标法》第三十八条规定：“任何单位和个人不得非法干预、影响评标的过程和结果。”评标是评标委员会受招标人委托，由评标委员会成员依法运用其知识和技能，根据法律规定和招标文件的要求，独立对所有投标文件进行评审和比较，以评标委员会的名义出具评标报告，推荐中标候选人的活动。评标委员会虽然由招标人组建并受其委托评标，但是，一经组建并开始评标工作，评标委员会即应依法独立开展评审工作。不论是招标人，还是有关主管部门,均不得非法干预、影响或改变评标过程和结果。

(4)严格遵守评标方法。

《招标投标法》第四十条规定:"评标委员会应当按照招标文件确定的评标标准和方法,对投标文件进行评审和比较;设有标底的,应当参考标底。"《评标委员会和评标方法暂行规定》第十七条规定:"评标委员会应当根据招标文件规定的评标标准和方法,对投标文件进行系统的评审和比较。招标文件中没有规定的标准和方法不得作为评标的依据。"评标工作虽然在严格保密的情况下,由评标委员会独立评审,但是,评标委员会应严格遵守招标文件中确定的评标标准和方法。

2)评标程序

评标程序是评标委员会依法按照招标文件确定的评标方法和具体评标标准,对开标中所有拆封并唱标的投标文件进行审查、评价,比较每个投标文件对招标文件要求的响应情况。根据《评标委员会和评标方法暂行规定》的规定,投标文件评审包括评标的准备、初步评审、详细评审、提交评标报告和推荐中标候选人。

对于划分有多个单项合同的招标项目,招标文件允许投标人为获得整个项目合同而提出优惠的,评标委员会可以对投标人提出的优惠进行审查,以决定是否将招标项目作为一个整体合同授予中标人。将招标项目作为一个整体合同授予的,整体合同中标人的投标应当最有利于招标人。

提交评标报告和推荐中标候选人。每个招标项目评标程序的最后环节都是由评标委员会签署并向招标人提交评标报告,推荐中标候选人。有的招标项目,评标委员会还可以根据招标人的授权,直接按照评标结果确定中标人。

评标报告由评标委员会全体成员签字。对评标结论持有异议的评标委员会成员可以书面方式阐述其不同意见和理由。评标委员会成员拒绝在评标报告上签字且不陈述其不同意见和理由的,视为同意评标结论。评标委员会应当对此作出书面说明并记录在案。向招标人提交书面评标报告后,评标委员会即告解散。评标过程中使用的文件、表格以及其他资料应当即时归还招标人。《工程建设项目勘察设计招标投标办法》规定,依法必须进行勘察设计招标的项目,评标委员会决定否决所有投标的,还应在评标报告中详细说明理由。

3)评标专家

《招标投标法》第三十七条规定:"评标专家应当从事相关领域工作满八年并具有高级职称或者具有同等专业水平,由招标人从国务院有关部门或者省、自治区、直辖市人民政府有关部门提供的专家名册或者招标代理机构的专家库内的相关专业的专家名单中确定;一般招标项目可以采取随机抽取方式,特殊招标项目可以由招标人直接确定。评标委员会成员的名单在中标结果确定前应当保密。"也就是说,评标委员会成员的名单既不能在开标会上介绍,也不能在评标结果公示中出现。

4)评标方法

评标方法是评审和比选投标文件、判断哪些投标更符合招标文件要求的方法。如何科学地选择评标方法,直接影响到投标人提交何种投标价格、技术和其他商务条件。具体招标项目应结合项目需要,依法选择适合的评标方法。

根据《评标委员会和评标方法暂行规定》、《工程建设项目施工招标投标办法》、《工程建设项目货物招标投标办法》等规定,评标方法分为经评审的最低投标价法、综合评估法及法律法规允许的其他评标方法。

（1）经评审的最低投标价法。

根据经评审的最低投标价法，能够满足招标文件的实质性要求，并且经评审的最低投标价的投标，应当推荐为中标候选人。

经评审的最低投标价法一般适用于具有通用技术、性能标准或者招标人对其技术、性能没有特殊要求的招标项目。对于工程建设项目货物招标项目，根据《工程建设项目货物招标投标办法》规定，技术简单或技术规格、性能、制作工艺要求统一的货物，一般采用经评审的最低投标价法进行评标。技术复杂或技术规格、性能、制作工艺要求难以统一的货物，一般采用综合评估法进行评标。

采用经评审的最低投标价法的，评标委员会应当根据招标文件中规定的评标价格调整方法，以所有投标人的投标报价以及投标文件的商务部分作必要的价格调整；中标人的投标应当符合招标文件规定的技术要求和标准，但评标委员会无须对投标文件的技术部分进行价格折算。

（2）综合评估法。

根据综合评估法，最大限度地满足招标文件中规定的各项综合评价标准的投标，应当推荐为中标候选人。

工程建设项目勘察设计招标项目，根据《工程建设项目勘察设计招标投标办法》规定，一般应采取综合评估法进行。

衡量投标文件是否最大限度地满足招标文件中规定的各项评价标准，可以采用折算为货币的方法、打分的方法或者其他方法。需量化的因素及其权重应当在招标文件中明确规定。评标委员会对各个评审因素进行量化分析时，应当将量化指标建立在同一基础或者同一标准上，使各投标文件具有可比性。对技术部分和商务部分量化后，计算出每一投标的综合评估价或者综合评估分。

需要注意的是，《房屋建筑和市政基础设施工程施工招标投标管理办法》规定，采用综合评估法的，应当对投标文件提出的工程质量、施工工期、投标价格、施工组织设计或者施工方案、投标人及项目经理业绩等，能否最大限度地满足招标文件中规定的各项要求和评价标准进行评审和比较。以评分方式进行评估的，对于各种评比奖项不得额外计分。

（3）其他方法。

《评标委员会和评标方法暂行规定》规定，评标方法还包括法律、行政法规允许的其他评标方法。事实上，对专业性较强的招标项目，相关行政监督部门也规定了其他评标方法。招标人在实际招标项目操作中，应注意结合使用。

3.废标、否决所有投标和重新招标

1）废标

所谓废标，一般是评标委员会履行评标职责过程中，对投标文件依法作出的取消其中标资格、不再予以评审的处理决定。

废标应注意以下几个问题：

（1）除非法律有特别规定，废标是评标委员会依法作出的处理决定。其他相关主体，如监督人、招标人或招标代理机构，无权对投标作废标处理。

（2）废标应符合法定条件。评标委员会不得任意废标，只能依据法律规定及招标文件的明确要求,对投标进行审查决定是否应予废标。

（3）被作废标处理的投标,不再参加投标文件的评审,也完全丧失中标的机会。相关部门规章规定了具体的废标情况和条件。

2）否决所有投标

《招标投标法》第四十二条规定:"评标委员会经评审,认为所有投标都不符合招标文件要求的,可以否决所有投标。"《评标委员会和评标方法暂行规定》规定:评标委员会否决不合格投标或者界定为废标后,因有效投标不足三个使得投标明显缺乏竞争的,评标委员会可以否决全部投标。

从上述规定可以看出,否决所有投标包括两种情况:

（1）所有的投标都不符合招标文件要求,因每个投标均被界定为废标、被认为无效或不合格,所以评标委员会否决了所有的投标。

（2）部分投标被界定为废标、被认为无效或不合格之后,仅剩余不足3个的有效投标,评标委员会认为剩余有效投标明显缺乏竞争的,评标委员会可以否决全部投标;如果评标委员会认为剩余有效投标没有明显缺乏竞争,应当继续评标。

3）重新招标

《招标投标法》第二十八条规定:"投标人少于三个的,招标人应当依照本法重新招标。"第四十二条规定:"依法必须进行招标的项目的所有投标被否决的,招标人应当依照本法重新招标。"

重新招标是一个招标项目发生法定情况,无法继续进行评标、推荐中标候选人,当次招标结束后,如何开展项目采购的一种选择。所谓法定情况,包括于投标截止时间到达时投标人少于3个、评标中所有投标被否决或其他法定情况。应注意的是,相关部门规章对不同类别项目重新招标的法定情况作出了具体规定。

（1）《评标委员会和评标方法暂行规定》第二十七条规定:"投标人少于三个或者所有投标被否决的,招标人应当依法重新招标。"

（2）《工程建设项目勘察设计招标投标办法》第四十八条规定:在下列情况下,招标人应当依照本办法重新招标:①资格预审合格的潜在投标人不足三个的;②在投标截止时间前提交投标文件的投标人少于三个的;③所有投标均被作废标处理或被否决的;④评标委员会否决不合格投标或者界定为废标后,因有效投标不足三个使得投标明显缺乏竞争,评标委员会决定否决全部投标的;⑤根据第四十六条规定,同意延长投标有效期的投标人少于三个的。

（3）《工程建设项目货物招标投标办法》第三十四条规定:"提交投标文件的投标人少于三个的,招标人应当依法重新招标。重新招标后投标人仍少于三个的,必须招标的工程建设项目,报有关行政监督部门备案后可以不再进行招标,或者对两家合格投标人进行开标和评标。"第二十八条规定:"同意延长投标有效期的投标人少于三个的,招标人应当重新招标。"第四十一条规定:"评标委员会对所有投标作废标处理的,或者评标委员会对一部分投标作废标处理后其他有效投标不足三个使得投标明显缺乏竞争,决定否决全部投标的,招标人应当重新招标。"第五十五条规定:招标人或者招标代理机构有下列情形之一的,有关行政监督部门责令其限期改正,根据情节可处三万元以下的罚款:①未在规定的媒介发布招标公告的;②不符合规定条件或虽符合条件而未经批准,擅自进行邀请招标或不招标的;③依法必须招标的货物,自招标文件开始发出之日起至提交投标文件截止之日止,少于二十日的;④应当公开招标而不公开招标的;⑤不具备招标条件而进行招标的;⑥应当履行核准手续而未履行的;⑦未按审批部门核准内容进行招标的;⑧在提交投标文件截止时间后接收投标文件的;⑨投标人数量不符合法定要求不重新招标的;⑩非因不可抗力原因,在发布招标公告、发出投标邀请书或者发售资格预审文件或招标文件后终止招标的。具有前款情形之一,且情节严重的,应当依法重新招标。

(五)中标与签约的规定

1. 中标

中标是指在招标投标程序中,评标结束后招标人从中标候选人中确定签订合同当事人的环节。被确定为合同当事人的民事主体是中标人。

1)确定中标人的原则

(1)确定中标人的权利归属招标人的原则。《招标投标法》第四十条规定:"招标人根据评标委员会提出的书面评标报告和推荐的中标候选人确定中标人。"因此,在一般情况下,评标委员会只负责推荐合格中标候选人,中标人应当由招标人确定。确定中标人的权利,招标人可以自己直接行使,也可以授权评标委员会直接确定中标人。

(2)确定中标人的权利受限原则。虽然确定中标人的权利属于招标人,但这种权利受到很大限制。按照国家有关部门规章规定,使用国有资金投资或者国家融资的工程建设勘察设计和货物招标项目、依法必须进行招标的工程建设施工招标项目、政府采购货物和服务招标项目、机电产品国际招标项目,招标人只能确定排名第一的中标候选人为中标人。

2)中标结果公示

为了体现招标投标中的"公平、公正、公开"原则,且便于社会的监督,确定中标人后,中标结果应当公示或者公告。《条例》第五十四条规定,依法必须进行招标的项目,招标人应当自收到评标报告之日起 3 日内公示中标候选人,公示期不得少于 3 日。

3)发出中标通知书

公示结束后,招标人应当向中标人发出中标通知书,告知中标人中标的结果。《招标投标法》第四十五条规定:"中标人确定后,招标人应当向中标人发出中标通知书,并同时将中标结果通知所有未中标的投标人。"应注意,中标通知书发出后,合同即成立。

4)中标通知书

(1)中标通知书的性质。

按照合同法的规定,发出招标公告和投标邀请书是要约邀请,递交投标文件是要约,发出中标通知书是承诺。投标符合要约的所有条件:它具有缔结合同的主观目的;一旦中标,投标人将受投标书的约束;投标书的内容具有足以使合同成立的主要条件。而招标人向中标的投标人发出的中标通知书,则是招标人同意接受中标的投标人的投标条件,即同意接受该投标人的要约的意思表示,属于承诺。因此,中标通知书的发出不但是将中标的结果告知投标人,还将直接导致合同的成立。

(2)中标通知书的法律效力。

《招标投标法》第四十五条规定:"中标通知书对招标人和中标人具有法律效力。中标通知书发出后,招标人改变中标结果的,或者中标人放弃中标项目的,应当依法承担法律责任。"中标通知书发出后,合同在实质上已经成立,招标人改变中标结果,或者中标人放弃中标项目,都应当承担违约责任。需要注意的是,与《中华人民共和国合同法》(以下简称《合同法》)一般性的规定"承诺生效时合同成立"不同,中标通知书发生法律效力的时间为发出后。由于招标投标是合同的一种特殊订立方式,因此《招标投标法》是《合同法》的特别法,按照"特别法优于普通法"的原则,中标通知书发生法律效力的规定应当按照《招标投标法》执行,即中标通知书发出后即发生法律效力。

中标人一旦放弃中标项目,必将给招标人造成损失,如果没有其他中标候选人,招标人一般需要重新招标,完工或者交货期限肯定要推迟。即使有其他中标候选人,其他中标候选人的条件也往往不如原定的中标人。因为招标文件往往要求投标人提交投标保证金,如果中标人放弃中标项目,招标人可以没收投标保证金,实质是双方约定投标人以这一方式承担违约责任。如果投标保证金不足以弥补招标人的损失,招标人可以继续要求中标人赔偿损失。因为按照《合同法》的规定,约定的违约金低于造成的损失的,当事人可以请求人民法院或者仲裁机构予以增加。

招标人改变中标结果,拒绝与中标人订立合同,也必然给中标人造成损失。中标人的损失既包括准备订立合同的支出,甚至有可能有合同履行准备的损失。因为中标通知书发出后,合同在实质上已经成立,中标人应当为合同的履行进行准备,包括准备设备、人员、材料等。但除非在招标文件中明确规定,我们不能把投标保证金同时视为招标人的违约金,即投标保证金只有单向的保证投标人不违约的作用。因此,中标人要求招标人承担赔偿损失的责任,只能按照中标人的实际损失进行计算,要求招标人赔偿。

中标人确定后,招标人不但应当向中标人发出中标通知书,还应当同时将中标结果通知所有未中标的投标人。招标人的这一告知义务是《招标投标法》要求招标人承担的。规定这一义务的目的是让招标人能够接受监督,同时,如果招标人有违法情况,损害中标人以外的其他投标人利益的,其他投标人也可以及时主张自己的权利。

2. 签订合同

招标人和中标人应当按照招标文件和中标人的投标文件确定合同内容。招标文件与投标文件应当包括合同的全部内容。所有的合同内容都应当在招标文件中有体现:一部分合同内容是确定的,不容投标人变更的,如技术要求等,否则就构成重大偏差;另一部分是要求投标人明确的,如报价。投标文件只能按照招标文件的要求编制,因此如果出现合同应当具备的内容,招标文件没有明确,也没有要求投标文件明确,则责任应当由招标人承担。书面合同订立后,招标人和中标人不得再行订立背离合同实质性内容的其他协议。对于建设工程施工合同,最高人民法院的司法解释规定,当事人就同一建设工程另行订立的建设工程施工合同与经过备案的中标合同实质性内容不一致的,应当以备案的中标合同作为结算工程价款的根据。

第二节　工程建设项目的从业资格制度及合同条件

一、招标代理制度

20 世纪 80 年代初,我国开始利用世界银行贷款进行建设。按照世界银行的要求,采购必须实行招标投标,由于当时许多项目单位对招标投标知之甚少,缺乏专门人才和技能,为满足项目单位的需要从事招标代理业务的机构应运而生。

随着招标投标事业的不断发展,我国相继出现了工程建设项目招标、进口机电设备招标、政府采购招标、中央投资项目招标等方面的专职招标机构。这些招标代理机构作为专职机构,拥有专业的人才和较丰富的招标经验,能为招标人提供招标采购代理服务,对促进我国招标投标事业的发展起到了积极的推动作用。

(一)招标代理机构性质

《招标投标法》第十三条规定:"招标代理机构是依法设立、从事招标代理业务并提供相关服务的社会中介组织。"

依法设立是指招标代理机构设立的目的和宗旨符合国家和社会公共利益的要求,其组织机构、设立方式、经营范围、经营方式符合法律的要求,依照法律规定的审核和登记程序办理有关成立手续。招标代理机构作为社会中介组织,其服务宗旨是为招标人提供代理服务,招标代理机构应当在招标人委托的范围内办理招标事宜。

作为社会中介组织,招标代理机构与行政机关和其他国家机关不得存在隶属关系或其他利益关系;否则,就会形成政企不分,会对其他代理机构构成不公平待遇。

(二)招标代理机构职责

招标代理机构职责,是指招标代理机构在代理业务中的工作任务和所承担责任。《招标投标法》第十五条规定:"招标代理机构应当在招标人委托的范围内办理招标事宜,并遵守关于招标人的规定"。据此,《工程建设项目施工招标投标办法》进一步规定,招标代理机构可以在其资格等级范围内承担下列招标事宜:①拟订招标方案;②编制和出售资格预审文件、招标文件;③审查投标人资格;④编制标底;⑤组织投标人踏勘现场;⑥接受投标,组织开标,评标,协助招标人定标;⑦草拟合同;⑧招标人委托的其他事项。招标人委托的招标代理机构承办所有事项,都应当在委托协议或委托合同中明确规定。

(三)招标代理机构分类

按照国家有关规定,需要具备相应招标资格才能进行招标代理的主要有:中央投资项目、工程建设项目、机电产品国际招标项目、政府采购项目。另外,药品采购、科技项目等招标采购的代理业务也实行资格管理。

1. 中央投资项目招标代理机构

《中央投资项目招标代理机构资格认定管理办法》规定,获得中央投资项目招标代理资格的,可以从事中央投资项目招标代理业务。国家发展和改革委员会负责从事中央投资项目招标代理业务机构资格的认定工作。

中央投资项目是指全部或部分使用中央预算内投资资金(含国债)、专项建设基金、国家主权外债资金和其他中央财政性投资资金的固定资产投资项目。

2. 工程建设项目招标代理机构

《工程建设项目招标代理机构资格认定办法》规定,获得工程建设项目招标代理资格的,可从事各类工程建设项目招标代理业务。建设部负责从事各类工程建设项目招标代理机构资格的认定工作。

工程建设项目是指土木工程、建筑工程、线路管道和设备安装工程及装饰装修工程项目。工程建设项目招标代理是指工程招标代理机构接受招标人的委托,从事工程的勘察、设计、施工、监理以及与工程建设有关的重要设备(进口机电设备除外)、材料采购招标的代理业务。

3.机电产品国际招标机构

《机电产品国际招标机构资格审定办法》规定,获得机电产品国际招标机构资格的,可从事机电产品国际招标代理业务。商务部负责从事利用国外贷款和国内资金进行国际采购机电产品的国际招标机构资格的认定工作。

4.政府采购代理机构

依据《政府采购代理机构资格认定办法》,获得政府采购项目的采购代理机构资格,可从事政府采购项目的采购代理业务。财政部负责从事政府采购招标代理业务机构资格的认定工作。

政府采购代理机构代理政府采购事宜是指从事政府采购货物、工程和服务的招标、竞争性谈判、询价等采购代理业务,以及政府采购咨询、培训等相关专业服务。需要注意的是,对政府设立的集中采购机构,不实行资格认定制度。

5.药品招标代理机构

《药品招标代理机构资格认定及监督管理办法》规定,获得药品招标代理机构资格的,可从事药品招标采购代理业务。其资格认定方式,是由省、自治区、直辖市药品监督管理部门受理并报国家药品监督管理局和卫生部备案。

6.科技项目招标代理机构

依据科技部《科技评估、科技项目招标投标工作资格认定暂行办法》规定,科技部负责科技项目招标代理机构的资格管理,负责全国范围内科技评估、科技项目招标投标资格认定工作的组织、管理和监督指导,并具体负责国家科技计划中重大项目科技评估;科技项目招标投标工作的资格认定。

(四)招标代理机构业务范围

1.中央投资项目招标

《中央投资项目招标代理机构资格认定管理办法》规定,甲级资格招标代理机构可以从事所有中央投资项目的招标代理业务,乙级资格招标代理机构只能从事总投资2亿元及以下的中央投资项目的招标代理业务。

2.工程建设项目招标

《工程建设项目招标代理机构资格认定办法》规定,甲级工程招标代理机构可承担各类工程的招标代理业务,乙级工程招标代理机构只能承担工程总投资1亿元以下的工程招标代理业务,暂定级工程招标代理机构,只能承担工程总投资6 000万元以下的工程招标代理业务。

3.机电产品国际招标

《机电产品国际招标机构资格审定办法》规定,企业从事利用国外贷款和国内资金采购机电产品的国际招标业务应当取得机电产品国际招标资格。机电产品国际招标机构的资格等级分为甲级、乙级和预乙级。

甲级国际招标机构从事机电产品国际招标业务不受委托金额限制;乙级国际招标机构只能从事一次性委托金额在4 000万美元以下的机电产品国际招标业务;预乙级国际招标

机构只能从事一次性委托金额在 2 000 万美元以下的机电产品国际招标业务。

4.政府采购招标

《政府采购代理机构资格认定办法》规定,政府采购代理机构的认定分为确认和审批两种方式。

招标代理机构经财政部门确认资格后,可以从事原招标代理业务范围以内的政府采购项目的招标代理事宜;也可经财政部门审批资格后,从事原招标代理业务范围以外的政府采购项目的采购代理事宜。

招标代理机构以外的机构经财政部门审批资格后,可以从事招标代理机构业务范围以外的政府采购项目的采购代理事宜;也可以在依法取得招标代理机构资格后,从事招标代理机构业务范围以内的政府采购项目的招标代理事宜。

取得乙级资格的政府采购代理机构只能代理单项政府采购预算金额 1 000 万元以下的政府采购项目。

5.药品和科技项目招标

按照国家有关部门的规定,药品招标代理机构可以从事城镇职工基本医疗保险(或公费医疗)药品目录中的药品、医疗机构临床使用量比较大的药品的招标。科技项目招标代理机构可以从事涉及政府财政拨款投入为主的技术研究开发、技术转让推广和技术咨询服务等目标内容明确、有明确的完成时限、能够确定评审标准的科技项目,以及研究目标和研究内容明确、完成时限和评审标准确定的国家科研计划课题的招标。

(五)招标代理机构服务收费

招标代理服务收费是指招标代理机构接受招标人委托,从事编制招标文件(包括编制资格预审文件和标底)、审查投标人资格,组织投标人踏勘现场并答疑,组织开标、评标、定标,以及提供招标前期咨询、协调合同的签订等业务所收取的费用。招标代理机构收取服务费用,应按照国家发展和改革委员会《招标代理服务收费管理暂行办法》和《关于招标代理服务收费有关问题的通知》规定的具体收费方式和标准进行。

1.收费方式

招标代理服务收费实行政府指导价,招标代理服务收费采用差额定率累进计费方式,上下浮动幅度不超过20%。具体收费额由招标代理机构和招标委托人在规定的收费标准和浮动幅度内协商确定。招标代理服务费用应由招标人支付,招标人、招标代理机构与投标人另有约定的,从其约定。

2.收费标准

招标代理服务收费标准计算方法和范例如下:

(1)招标代理服务收费标准见表11-1。

(2)按表11-1费率计算的收费为招标代理服务全过程的收费基准价格,单独提供编制招标文件(有标底的含标底)服务的,可按规定标准的30%计收。

(3)招标代理服务收费按差额定率累进法计算。例如,某工程招标代理业务中标金额为 6 000 万元,计算招标代理服务收费额如下:

$100 \times 1.0\% = 1$(万元)

$(500 - 100) \times 0.7\% = 2.8$(万元)

$(1 000 - 500) \times 0.55\% = 2.75$(万元)

$(5\ 000 - 1\ 000) \times 0.35\% = 14(万元)$

$(6\ 000 - 5\ 000) \times 0.2\% = 2(万元)$

合计收费 $= 1 + 2.8 + 2.75 + 14 + 2 = 22.55(万元)$

表 11-1 招标代理服务收费标准

中标金额(万元)	不同服务类型的费率(%)		
	货物招标	服务招标	工程招标
100 以下	1.5	1.5	1.0
100 ~ 500	1.1	0.8	0.7
500 ~ 1 000	0.8	0.45	0.55
1 000 ~ 5 000	0.5	0.25	0.35
5 000 ~ 10 000	0.25	0.1	0.2
10 000 ~ 50 000	0.05	0.05	0.05
50 000 ~ 100 000	0.035	0.035	0.035
100 000 ~ 500 000	0.008	0.008	0.008
500 000 ~ 1 000 000	0.006	0.006	0.006
1 000 000 以上	0.004	0.004	0.004

另外,对于外国政府贷款项目的收费,按照财政部发布的《外国政府贷款项目采购公司招标办法》和《外国政府贷款项下采购工作管理暂行规定》有关规定执行。贷款项目合同金额在 500 万美元及其以下的,收取 1% 手续费;合同金额超过 500 万美元的,其 500 万美元以内部分收取 1% 手续费,超过部分按 0.5% 收取手续费。日本政府贷款项下土建合同或其他合同中的土建部分,均按 0.3% 收取手续费。

二、建筑施工企业资质规定

建筑业企业资质分为施工总承包、专业承包和劳务分包三个序列。取得施工总承包资质的企业,可以承接施工总承包工程。施工总承包企业可以对所承接的施工总承包工程内各专业工程全部自行施工,也可以将专业工程或劳务作业依法分包给具有相应资质的专业承包企业或劳务分包企业。取得专业承包资质的企业,可以承接施工总承包企业分包的专业工程和建设单位依法发包的专业工程。专业承包企业可以对所承接的专业工程全部自行施工,也可以将劳务作业依法分包给具有相应资质的劳务分包企业。取得劳务分包资质的企业,可以承接施工总承包企业或专业承包企业分包的劳务作业。

施工总承包资质、专业承包资质、劳务分包资质序列按照工程性质和技术特点分别划分为若干资质类别。各资质类别按照规定的条件划分为若干资质等级。

三、勘察、设计企业资质规定

从事建设工程勘察、工程设计活动的企业,应当按照其拥有的注册资本、专业技术人员、技术装备和勘察设计业绩等条件申请资质,经审查合格,取得建设工程勘察、工程设计资质证书后,方可在资质许可的范围内从事建设工程勘察、工程设计活动。

工程勘察资质分为工程勘察综合资质、工程勘察专业资质、工程勘察劳务资质。工程勘察综合资质只设甲级;工程勘察专业资质设甲级、乙级,根据工程性质和技术特点,部分专业可以设丙级;工程勘察劳务资质不分等级。取得工程勘察综合资质的企业,可以承接各专业(海洋工程勘察除外)、各等级工程勘察业务;取得工程勘察专业资质的企业,可以承接相应等级相应专业的工程勘察业务;取得工程勘察劳务资质的企业,可以承接岩土工程治理、工程钻探、凿井等工程勘察劳务业务。

工程设计资质分为工程设计综合资质、工程设计行业资质、工程设计专业资质和工程设计专项资质。工程设计综合资质只设甲级;工程设计行业资质、工程设计专业资质、工程设计专项资质设甲级、乙级。根据工程性质和技术特点,个别行业、专业、专项资质可以设丙级,建筑工程专业资质可以设丁级。取得工程设计综合资质的企业,可以承接各行业、各等级的建设工程设计业务;取得工程设计行业资质的企业,可以承接相应行业相应等级的工程设计业务及本行业范围内同级别的相应专业、专项(设计施工一体化资质除外)工程设计业务;取得工程设计专业资质的企业,可以承接本专业相应等级的专业工程设计业务及同级别的相应专项工程设计业务(设计施工一体化资质除外);取得工程设计专项资质的企业,可以承接本专项相应等级的专项工程设计业务。

四、监理企业资质规定

从事建设工程监理活动的企业,应当按照《工程监理企业资质管理规定》取得工程监理企业资质,并在工程监理企业资质证书许可的范围内从事工程监理活动。

工程监理企业资质分为综合资质、专业资质和事务所资质。其中,专业资质按照工程性质和技术特点划分为若干工程类别。综合资质、事务所资质不分级别。专业资质分为甲级、乙级;其中,房屋建筑、水利水电、公路和市政公用专业资质可设立丙级。

综合资质可以承接所有专业工程类别建设工程项目的工程监理业务。

专业甲级资质可承接相应专业工程类别建设工程项目的工程监理业务。专业乙级资质可承接相应专业工程类别二级以下(含二级)建设工程项目的工程监理业务。专业丙级资质可承接相应专业工程类别三级建设工程项目的工程监理业务。

事务所资质可承接三级建设工程项目的工程监理业务,但是国家规定必须实行强制监理的工程除外。

工程监理企业可以开展相应类别建设工程的项目管理、技术咨询等业务。

五、自然人从业资格制度

自然人从事建设工程活动的从业资格包括注册建筑师、注册结构工程师、注册建造师、注册造价工程师、注册监理工程师等方面的资格。下面重点介绍注册建造师、注册造价工程师、注册建筑师、注册监理工程师的从业资格规定。

(一)注册建造师制度

注册建造师是指通过考核认定或考试合格取得建造师资格证书,并按照规定注册,取得建造师注册证书和执业印章,担任施工单位项目负责人及从事相关活动的专业技术人员。注册证书和执业印章是注册建造师的执业凭证,由注册建造师本人保管、使用。注册证书与执业印章有效期为 3 年。未取得注册证书和执业印章的,不得担任大中型建设工程项目的施工单位项目负责人,不得以注册建造师的名义从事相关活动。

注册建造师分为一级注册建造师和二级注册建造师。取得资格证书的人员应当受聘于一个具有建设工程勘察、设计、施工、监理、招标代理、造价咨询等一项或者多项资质的单位,经注册后方可从事相应的执业活动。注册建造师可以从事建设工程项目总承包管理或施工管理,建设工程项目管理服务,建设工程技术经济咨询,以及法律、行政法规和国务院建设主管部门规定的其他业务。注册建造师不得同时担任两个及以上建设工程施工项目负责人,发生下列情形之一的除外:①同一工程相邻分段发包或分期施工的;②合同约定的工程验收合格的;③因非承包方原因致使工程项目停工超过 120 d(含),经建设单位同意的。担任建设工程施工项目负责人的注册建造师对其签署的工程管理文件承担相应责任。注册建造师签章完整的工程施工管理文件方为有效。

(二)注册造价工程师制度

注册造价工程师是指通过全国造价工程师执业资格统一考试或者资格认定、资格互认,取得中华人民共和国造价工程师执业资格,并按照规定注册,取得中华人民共和国造价工程师注册执业证书和执业印章,从事工程造价活动的专业人员。未取得注册证书和执业印章的人员,不得以注册造价工程师的名义从事工程造价活动。注册造价工程师实行注册执业管理制度。取得执业资格的人员,经过注册方能以注册造价工程师的名义执业。

注册造价工程师执业范围包括:

(1)建设项目建议书、可行性研究投资估算的编制和审核,项目经济评价,工程概算、预算、结算、竣工结(决)算的编制和审核。

(2)工程量清单、标底(或者控制价)、投标报价的编制和审核,工程合同价款的签订及变更、调整、工程款支付与工程索赔费用的计算。

(3)建设项目管理过程中设计方案的优化、限额设计等工程造价分析与控制,工程保险理赔的核查。

(4)工程经济纠纷的鉴定。

注册造价工程师应当在本人承担的工程造价成果文件上签字并盖章。修改经注册造价工程师签字盖章的工程造价成果文件,应当由签字盖章的注册造价工程师本人进行;注册造价工程师本人因特殊情况不能进行修改的,应当由其他注册造价工程师修改,并签字盖章;修改工程造价成果文件的注册造价工程师对修改部分承担相应的法律责任。

(三)注册建筑师制度

注册建筑师是指依法取得注册建筑师证书并从事房屋建筑设计及相关业务的人员。注册建筑师分为一级注册建筑师和二级注册建筑师。国家实行注册建筑师全国统一考试制度。注册建筑师考试合格,取得相应的注册建筑师资格的,可以申请注册。一级注册建筑师的注册,由全国注册建筑师管理委员会负责;二级注册建筑师的注册,由省、自治区、直辖市注册建筑师管理委员会负责。

注册建筑师的执业范围包括:建筑设计、建筑设计技术咨询、建筑物调查与鉴定、对本人主持设计的项目进行施工指导和监督及国务院建设行政主管部门规定的其他业务。注册建筑师执行业务,应当加入建筑设计单位。一级注册建筑师的执业范围不受建筑规模和工程复杂程度的限制。二级注册建筑师的执业范围不得超越国家规定的建筑规模和工程复杂程度。因设计质量造成的经济损失,由建筑设计单位承担赔偿责任;建筑设计单位有权向签字的注册建筑师追偿。注册建筑师不得同时受聘于 2 个以上建筑设计单位执行业务,不得准许他人以本人名义执行业务。

(四)注册监理工程师制度

注册监理工程师是指经考试取得中华人民共和国监理工程师资格证书,并按照《注册监理工程师管理规定》注册,取得中华人民共和国注册监理工程师注册执业证书和执业印章,从事工程监理及相关业务活动的专业技术人员。未取得注册证书和执业印章的人员,不得以注册监理工程师的名义从事工程监理及相关业务活动。

注册监理工程师实行注册执业管理制度。取得资格证书的人员,经过注册方能以注册监理工程师的名义执业。注册监理工程师依据其所学专业、工作经历、工程业绩,按照《工程监理企业资质管理规定》划分的工程类别,按专业注册。每人最多可以申请 2 个专业注册。

取得资格证书的人员,应当受聘于一个具有建设工程勘察、设计、施工、监理、招标代理、造价咨询等一项或者多项资质的单位,经注册后方可从事相应的执业活动。从事工程监理执业活动的,应当受聘并注册于一个具有工程监理资质的单位。注册监理工程师可以从事工程监理、工程经济与技术咨询、工程招标与采购咨询、工程项目管理服务以及国务院有关部门规定的其他业务。

工程监理活动中形成的监理文件由注册监理工程师按照规定签字盖章后方可生效。修改经注册监理工程师签字盖章的工程监理文件,应当由该注册监理工程师进行;因特殊情况,该注册监理工程师不能进行修改的,应当由其他注册监理工程师修改,并签字、加盖执业印章,对修改部分承担责任。因工程监理事故及相关业务造成的经济损失,聘用单位应当承担赔偿责任;聘用单位承担赔偿责任后,可依法向负有过错的注册监理工程师追偿。

六、工程承包的合同条件

招标投标过程实际上是合同缔约过程。招标文件是要约邀请,投标文件是要约,中标通知书是承诺,承诺一旦发出,合同即成立。从招标本质上讲,招标实际上是在招合同,而不仅仅是在招施工单位(或供货商),这一点一定要弄明白。招标人和中标人不能在中标通知书发出后,再对招标文件和投标文件的实质内容进行谈判,否则要承担法律责任。所以,在编制招标文件时必须包含合同条件。合同条件一般也称合同条款,它是招标文件的重要组成部分。

(一)合同条件的主要内容

合同条件主要是论述在合同执行中,当事人双方的职责范围、权利和义务、监理工程师的职责和授权范围,遇到各类问题(诸如工程进度、质量、检验、支付、索赔、争议、仲裁等)时,各方应遵循的原则及采用的措施等。

(二)合同条件范本和版本

目前在国际上,由于承、发包双方的需要,根据多年积累的经验,已编写了许多合同条件模式,在这些合同条件中有许多通用条件几乎已经标准化、国际化,无论在何处施工都能适应承、发包双方的需要。

在国内,中华人民共和国国家工商行政管理总局与各部委(如水利部、交通部、建设部)参照国际上通用的合同条件和我国工程施工的实际编制了各种范本。

下面分国际和国内分别介绍其各种范本和版本。

1. 国际合同范本和版本

国际上通用的工程合同条件一般分为两大部分,即通用条件和专用条件。前者不分具体工程项目,不论项目所在国别均可适用,具有国际普遍适应性;而后者则是针对某一特定工程项目合同的有关具体规定,用以将通用条件加以具体化,对通用条件进行某些修改和补充。

这种将合同条件分为两部分的做法,既可以节省业主编写招标文件的工作量,又可以方便投标人投标。

各种范本以 FIDIC 编制的系列合同条件最为通用。

四种新版本 FIDIC 合同条件(1999 年第 1 版)介绍如下。

1)《施工合同条件》

《施工合同条件》推荐用于有雇主或其代表(工程师)设计的建筑或工程项目,主要用于单价合同。在这种合同形式下,通常由工程师负责监理,由承包商按照雇主提供的设计施工,也可以包含由承包商设计的土木、机械、电气和构筑物的某些部分。

2)《生产设备和设计 – 施工合同条件》

《生产设备和设计 – 施工合同条件》推荐用于电气和(或)机械设备供货和建筑或工程的设计与施工,通常采用总价合同。由承包商按照雇主的要求,设计和提供生产设备及(或)其他工程,可以包括土木、机械、电气和建筑物的任何组合进行工程总承包,也可以对部分工程采用单价合同。

3)《设计采购施工(EPC)/交钥匙工程合同条件》

《设计采购施工(EPC)/交钥匙工程合同条件》可适用于以交钥匙方式提供工厂或类似设施的加工或动力设备、基础设施项目或其他类型的开发项目,采用总价合同。在这种合同条件下,项目的最终价格和要求的工期具有更大程度的确定性;由承包商承担项目实施的全部责任,雇主很少介入,即由承包商进行所有的设计采购和施工,最后提供一个设施配备完整、可以投产运行的项目。

4)《简明合同格式》

《简明合同格式》适用于投资金额较小的建筑或工程项目。根据工程的类型和具体情况,这种合同格式也可用于投资金额较大的工程,特别是较简单的或重复性的或工期短的工程。在此合同格式下,一般都由承包商按照雇主或其代表工程师提供的设计实施工程,但对于部分或完全由承包商设计的土木、机械、电气和(或)构筑物的工程,此合同也同样适用。

2. 国内合同范本和版本

我国建设部、交通部、国家电力公司等部门在各自编制的招标文件范本中,考虑了国际上通用的合同条件的编写方法,结合我国的特点,将合同条件划分为通用条件和专用条件两部分,因而具有普遍适用性。

建设部与国家工商行政管理局 1999 年 12 月 24 日印发了《建设工程施工合同(示范文本)》《水利水电土建工程施工合同条件》(GF – 2000 – 0208),国家发展和改革委员会等九部委第 56 号文件颁布的《标准施工招标文件》(2008 年 5 月 1 日施行)中的通用条款等。

(三)合同类型

在工程承包合同中,合同有不同的类型,一般按计价方式不同进行区分:总价合同、单价合同、成本加酬金合同。

采用不同的合同类型(见图 11-1)要与设计深度、投标时的竞争结合起来。

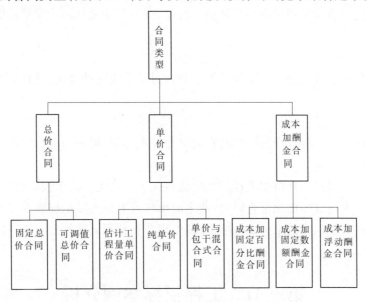

图 11-1 不同合同类型

1. 总价合同

总价合同是指支付给承包商的款项在合同中是一个总价,在招标投标时,要求投标人按照招标文件的要求报出总价,并完成招标文件中规定的全部工作。

1)条件

业主应能够提供详细的规划、图纸和技术规范。

2)优点

(1)选择承包商的程序比较简单。

(2)投标时可确定最终价格(假设不发生图纸和规范的变更或不可预见的情况)。

(3)会计与审计的费用较低。

3)固定总价合同

(1)一口价包死合同。

(2)合同总价的更改。只有当设计或承包范围发生变化时才更改合同总价。

(3)风险。业主承担高价的风险,承包商承担因漏算工程量和一切超支的风险。

4)可调值总价合同

由于通货膨胀等原因造成的费用增加可对合同总价进行相应的调值。

2. 单价合同

单价合同是以单价作为结算的依据,在招标投标时,要求投标人按照招标文件中的工程量清单报出每项的单价。

1）优点

（1）可减少招标准备工作,缩短准备时间。

（2）结算程序简单,减少意外开支。

（3）业主方和承包方风险共担,结算价更为合理。

2）估计工程量单价合同

由业主委托的咨询公司根据图纸暂估工程量,按分部分项列出工程量清单,由投标单位报出单价。

3）纯单价合同

来不及提供图纸或依据图纸不能计算工程量时可采用这种合同。招标文件中只提供项目,不提供数量。

4）单价与包干混合式合同

工程中,有的部分图纸已经很详细,有的部分还不详细,可采用混合式合同。

3．成本加酬金合同

成本加酬金合同是一种根据工程的实际成本加上一笔支付给承包商的酬金作为工程报价的合同方式。采用成本加酬金合同时,业主向承包商支付实际工程成本中的直接费,再按事先议定的方式为承包商的服务支付酬金,即管理费和利润。这种方式较少采用,一般用于抢险救灾项目。

第三节　工程招标案例分析

一、工程施工招标资格审查案例

[背景]

某地政府投资工程采用委托招标方式组织施工招标。依据相关规定,资格预审文件采用《中华人民共和国标准施工招标资格预审文件》编制。招标人共收到了16份资格预审申请文件,其中2份资格申请文件是在资格预审申请截止时间后2 min收到。招标人按照以下程序组织了资格审查:

（1）组建资格审查委员会,由审查委员会对资格预审申请文件进行评审和比较。审查委员会由5人组成,其中招标人代表1人,招标代理机构代表1人,政府相关部门组建的专家库中抽取技术、经济专家3人。

（2）对资格预审申请文件外封装进行检查,发现2份申请文件的封装、1份申请文件封套盖章不符合资格预审文件的要求,这3份资格预审申请文件为无效申请文件。审查委员会认为只要在资格审查会议开始前送达的申请文件均为有效。这样,2份在资格预审申请截止时间后送达的申请文件,由于其外封装和标识符合资格预审文件要求,为有效资格预审申请文件。

（3）对资格预审申请文件进行初步审查。发现有1家申请人使用的施工资质为其子公司资质,还有1家联合体申请人,其中1个成员又单独提交了1份资格预审申请文件。审查委员会认为这3家申请人不符合相关规定,不能通过初步审查。

（4）对通过初步审查的资格预审申请文件进行详细审查。审查委员会依照资格预审文件中确定的初步审查事项，发现有1家申请人的营业执照副本（复印件）已经超出了有效期，于是要求这家申请人提交营业执照的原件进行核查。在规定的时间内，该申请人将其重新申办的营业执照原件交给了审查委员会核查，确认合格。

（5）审查委员会经过上述审查程序，确认了通过以上第（2）、（3）两步的10份资格预审申请文件通过了审查，并向招标人提交了资格预审书面审查报告，确定了通过资格审查的申请人名单。

[问题]

（1）招标人组织的上述资格审查程序是否正确？为什么？如果不正确，给出一个正确的资格审查程序。

（2）审查过程中，审查委员会的做法是否正确？为什么？

（3）如果资格预审文件中规定确定7名资格审查合格的申请人参加投标，招标人是否可以在上述通过资格预审的10人中直接确定，或者采用抽签方式确定7人参加投标？为什么？正确的做法是什么？

[参考答案]

（1）本案中，招标人组织资格审查的程序不正确。

依据《工程建设项目施工招标投标办法》，同时参照《中华人民共和国标准施工招标资格预审文件》，审查委员会的职责是依据资格预审文件中的审查标准和方法，对招标人受理的资格预审申请文件进行审查。本案中，资格审查委员会对资格预审申请文件封装和标识进行检查，并据此判定申请文件是否有效的做法属于审查委员会越权。

正确的资格审查程序为：①招标人组建资格审查委员会；②对资格预审申请文件进行初步审查；③对资格预审申请文件进行详细审查；④确定通过资格预审的申请人名单；⑤完成书面资格审查报告。

（2）审查过程中，审查委员会第（1）、（2）和（4）步的做法不正确。

第（1）步资格审查委员会的构成比例不符合招标人代表不能超过1/3，政府相关部门组建的专家库专家不能少于2/3的规定，因为招标代理机构的代表参加评审，视同招标人代表。

第（2）步中对2份在资格预审申请截止时间后送达的申请文件评审为有效申请文件的结论不正确，不符合市场交易中的诚信原则，也不符合《中华人民共和国标准施工招标资格预审文件》的精神。

第（4）步中查对原件的目的仅在于审查委员会进一步判定原申请文件中营业执照副本（复印件）的有效与否，而不是判断营业执照副本原件是否有效。

（3）招标人不可以在上述通过资格预审的10人中直接确定，或者采用抽签方式确定7人参加投标，因为这些做法不符合评审活动中的择优原则，限制了申请人之间平等竞争，违反了公平竞争的招标原则。

二、投标文件的受理案例

[背景]

某工程施工项目招标，某投标人投标时，在投标截止时间前递交了投标文件，但投标保证金递交时间晚于投标截止时间 2 min 送达,招标人均进行了受理,同意其投标文件参与开标。其他投标人对此提出异议,认为招标人同意该投标文件参加开标会议违背相关规定。

[问题]

(1)招标人应怎样处理该份投标文件?投标保证金晚于投标截止时间 2 min 送达,招标人是否可以接收?为什么?

(2)该投标人的投标文件是否有效?是否为废标?

[分析]

投标保证金作为投标文件的一部分,其作用是保证投标人递交投标文件后,在投标有效期终止前其投标行为的合法性,应在投标截止时间前送达招标人。《工程建设项目施工招标投标办法》第三十七条规定,招标人可以在招标文件中要求投标人提交投标保证金,投标人应当按照招标文件要求的方式和金额,将投标保证金随投标文件提交给招标人。同时规定,投标人不按招标文件要求提交投标保证金的,该投标文件将被拒绝,按废标处理。

[参考答案]

(1)《招标投标法》第三十六条规定,招标人在招标文件要求提交投标文件的截止时间前受理的所有投标文件,开标时都应当当众予以拆封、宣读。本案中,该投标人的投标文件已经在投标截止时间前送达,招标人也进行了受理,故应在开标会议当众进行拆封、宣读。但由于投标保证金晚于投标截止时间 2 min 送达,招标人对其投标保证金不能受理,否则招标人就属于在投标截止时间后接收投标文件,违反《工程建设项目施工招标投标办法》第五十条中关于逾期送达的或者未送达指定地点的投标文件,招标人不予受理的规定。

(2)法规中,无效投标文件一般指招标人不予受理的投标文件。招标人受理后经评标委员会初步评审不合格的投标文件通称为废标。所以,本案中该投标人的投标文件为有效,但由于其投标保证金晚于投标截止时间 2 min 送达,按照《工程建设项目施工招标投标办法》第三十七条规定,属于投标人没按招标文件要求提交投标保证金,评标委员会应当经过初步评审,对该投标文件按废标处理。

三、开标过程及特殊事件处理案例

[背景]

某依法必须进行招标的工程施工项目采用资格后审组织公开招标,在投标截止时间前,招标人共受理了 6 份投标文件,随后组织有关人员对投标人的资格进行审查,查对有关证明、证件的原件。有一个投标人没有派人参加开标会议,还有一个投标人少携带了一个证件的原件,没能通过招标人组织的资格审查。招标人对通过资格审查的投标人 A、B、C、D 组织了开标。

投标人 A 没有递交投标保证金,招标人当场宣布 A 的投标文件为无效投标文件,不进入唱标程序;唱标过程中,投标人 B 的投标函上有两个投标报价,招标人要求其确认了其中一个报价进行唱标;投标人 C 在投标函上填写的报价,大写与小写不一致,招标人查对了其投标文件中工程报价汇总表,发现投标函上报价的小写数值与投标报价汇总表一致,于是按照其投标函上小写数值进行了唱标;投标人 D 的投标函没有盖投标人单位印章,同时又没有法定代表人或其委托代理人签字,招标人唱标后,当场宣布 D 的投标为废标。这样仅剩 B、C 两个人的投标,招标人认为有效投标少于三家,不具有竞争性,否决了所有投标。

[问题]

(1)招标人确定进入开标或唱标,投标人的做法是否正确?为什么?如不正确,正确的做法应是怎样的?

(2)招标人在唱标过程中针对一些特殊情况的处理是否正确?为什么?

(3)开标会议上,招标人是否有权否决所有投标?为什么?给出正确的做法。

[分析]

本案涉及招标人、投标人和行政监督部门在开标会议上的权利问题。《招标投标法》第三十五条和第三十六条分别规定,开标由招标人主持,邀请所有投标人参加。开标时由投标人或者其推选的代表检查投标文件的密封情况,也可以由招标人委托的公证机构检查并公证。经确认无误后,由工作人员当众拆封,宣读投标人名称、投标价格和投标文件的其他主要内容。同时,第三十六条还规定,招标人在招标文件要求提交投标文件的截止时间前收到的所有投标文件,开标时都应当当众予以拆封、宣读。所以在开标会议上,招标人行使的是依据招标文件规定的程序,对受理的投标文件当众开标的权利;投标人、行政监督部门监督招标人开标程序、开标内容等的合法性。在这一过程中,任何一方均没有对投标文件的评审和比较权利,也没有确定一个投标是否满足招标文件要求的权利,因为《招标投标法》将依据招标文件中确定的评标标准和方法,对投标文件进行评审与比较的职责赋予了招标人依法组建的评标委员会。

[参考答案]

(1)本案中,招标人确定进入开标或唱标投标人的做法不正确。《招标投标法》第三十六条规定,招标人在招标文件要求提交投标文件的截止时间前收到的所有投标文件,开标时都应当当众予以拆封、宣读。招标人采用投标截止时间后,先行组织有关人员对投标人进行资格审查,查对有关证明、证件的原件的做法不符合该条规定,因为资格后审属于对投标文件的评审和比较内容,由评标委员会在初步审查过程中完成,所以招标人确定进入开标的投标人的做法不符合《招标投标法》的规定。《招标投标法》第三十五条规定,开标由招标人主持,邀请所有投标人参加。所以,投标人参加开标是一种自愿行为。投标人参加开标的权利是监督招标人开标的合法性,了解其他投标人的投标情况。如果投标人不参加开标,视同其放弃了这项权利,不能以投标人是否参加开标而判定其投标的有效、无效,更不能以此判定其资格合格与否。

(2)招标人开标过程中对一些特殊情况处理不正确。针对 B 的投标函上有两个投标报价,招标人应直接宣读投标人在投标函(正本)上填写的两个报价,不能要求该投标人确认其报价是这中间的哪一个报价,否则其行为相当于允许该投标人二次报价,违反了投标报价一次性的原则;针对 C 在投标函上填写的报价,大写与小写不一致,招标人在开标会议上无须去查对工程报价汇总表,仅需按照投标函(正本)上的大写数值唱标即可;针对投标人 D 的投标函没有盖投标人单位印章,同时又没有法定代表人或其委托代理人签字,招标人仅需按照招标文件约定的唱标内容进行唱标即可,而招标人唱标后宣布 D 的投标为废标的行为属于招标人越权。

(3)招标人在开标会议上没有权利否决所有投标。招标投标法将对投标文件的评审和比较权利依法赋予了招标人依法组建的评标委员会,《招标投标法》第四十二条规定,评标委员会经评审,认为所有投标都不符合招标文件要求的,可以否决所有投标。本案中,招标人否决所有投标的行为违反了法律规定。正确的做法是,招标人应组织接收的 6 份投标文件开标,然后将这 6 份投标文件交由其依法组建的评标委员会进行评审和比较。

四、评标过程中剩余有效标不足 3 个的处理案例

[背景]

甲、乙两个项目均采用公开招标方式确定施工承包人,其中,甲项目为中部地区跨江桥梁施工工程,有工期紧、施工地点偏远、环境恶劣的特点。评标时属于枯水期,距离汛期来临有 1 个多月。开标时仅有 A、B、C 三家投标单位递交投标文件,开标后进入评标阶段,A、B 两家单位的投标文件未能通过初步评审,详细评审之前只剩 C 单位的 1 份投标文件有效,经评标委员会评审,认为其投标有一定的竞争性,故继续评审,以该有效投标文件为依据推荐 C 为中标候选人。乙项目为西北高海拔地区二级公路施工工程,仅每年 4～10 月可进行施工,其他时间因气温太低无法进行施工。评标时为当年 11 月。开标时有 D、E、F 三家投标单位递交投标文件,开标后进入评标阶段,D、E 两家单位的投标文件未能通过初步评审,详细评审之前只剩 F 单位的 1 份投标文件有效,经评标委员会评审,认为 F 单位的投标文件明显缺乏竞争,评标委员会否决投标,建议招标人重新招标。

[问题]

(1)同时出现有效投标文件不足 3 个的情况,但是作出不同的评标结果是否合乎法规?为什么?

(2)分析甲乙两个项目评标结果的合法性。

[分析]

《招标投标法》第四十二条规定,评标委员会经评审,认为所有投标都不符合招标文件要求的,可以否决所有投标。《评标委员会和评标方法暂行规定》第二十七条进一步规定,评标委员会否决不合格投标或者界定为废标后,因有效投标不足三个使得投标明显缺乏竞争的,评标委员会可以否决全部投标。这里,只是规定评标委员会“可以否决全部投标”而没有作出“必须否决投标”的规定,说明评标委员会有权在出现有效投标文件不足三个时,需要依据投标是否具备竞争性而决定是继续评标或否决所有投标。

[参考答案]

(1)《评标委员会和评标方法暂行规定》第二十七条规定,评标委员会否决不合格投标或者界定为废标后,因有效投标不足三个使得投标明显缺乏竞争的,评标委员会可以否决全部投标,将否决投标的权利赋予了评标委员会,即评标委员会有权在出现有效投标文件不足三个时,可以依据投标是否有竞争性而作出评标结论。

(2)依据《评标委员会和评标方法暂行规定》第二十七条规定,通过初步审查的投标人少于三个的,经过评审后评标委员会认为其投标明显缺乏竞争时,可以否决所有投标。本案两个项目均有三个投标人投标,且通过初审的投标人仅剩下一个。甲项目经评标委员会评审,认为通过初步审查的投标人 C 的投标有一定竞争性,故继续评审,并推荐其为中标候选

人;乙项目经评标委员会评审,认为通过初步审查的投标人F的投标文件明显缺乏竞争,进而否决所有投标。均符合上述规定。

五、中标候选人没有实质性响应招标文件案例

[背景]

某依法必须进行招标的公路工程施工项目分为两个标段招标,招标人在对投标文件和评标报告进行审查过程中发现:

标段一,排名第一的中标候选人A没有实质上响应招标文件的要求。招标文件在评标办法一章的前附表中明确规定,投标文件按照工程量清单规定的格式填写相应子目单价及合价,同时满足其中给出的范围及数量要求,否则为非响应性投标。排名第一的中标候选人A对其中一项主要项目的工程量,由招标文件工程量清单中的28 465 m^3 调整为了8 465 m^3,并据此进行了报价。评标委员会对投标人A投标评审的结论是响应性投标,并将其推荐为第一中标候选人。

标段二,评标委员会在评标报告中依次推荐的中标候选人如下。

第一中标候选人:投标人A,最后得分91.10分;

第二中标候选人:投标人B,最后得分89.80分;

第三中标候选人:投标人C,最后得分88.70分。

招标人在对评标报告审查时,发现评标委员会在对投标人最后得分汇总时存在算术性错误,更正算术错误后投标人A、B、C的得分仍然位于前三名,但最后得分有些差异:投标人A,最后得分88.90分;投标人B,最后得分90.60分;投标人C,最后得分88.70分。

[问题]

(1)招标人定标的依据是什么?招标人定标过程中可否修改评标委员会的评标结果?

(2)招标人应如何依法处理上述问题,如何确定标段一和标段二的中标人?

[参考答案]

(1)招标人定标的依据是评标委员会的书面评标报告和其推荐的中标候选人。在定标过程中,招标人无权修改评标委员会的评标结果,除非评标委员会评标违规。

(2)标段一的关键在于评标委员会是否依法按照招标文件中的评标标准和方法,对投标人A的投标进行的评审。评标委员会在对A的投标评审过程中,没能审查出投标人A将工程量清单中的28 465 m^3 调整为了8 465 m^3 并据此进行了报价一事,从而将A的非响应性投标评审为了响应性投标。招标文件中的评标办法明确规定了投标文件按照工程量清单规定的格式填写相应单价及合价,同时满足其中给出的范围及数量要求,否则为非响应性投标,这实际上将审查投标人工程量是否与招标文件中工程量清单给出的数量一致,列为了评标委员会的审查内容。评标委员会将投标人A的非响应性投标评审为响应性投标的结果,没有履行法律赋予其的职责,评标无效,应当依法重新进行评标或者重新进行招标。

标段二应就评标报告中存在影响投标人排序的算术性错误一事,向有关行政监管部门投诉,要求评标委员会更正其在评标报告中存在的算术性错误,进而依据更正后的排序,而不是由招标人自行改正。按照《工程建设项目货物招标投标办法》第四十八条,即招标人应当确定排名第一的中标候选人为中标人、排名第一的中标候选人放弃中标、因不可抗力提出不能履行合同,或者招标文件规定应当提交履约保证金而在规定的期限内未能提交的,招标人可以确定

排名第二的中标候选人为中标人,排名第二的中标候选人因前款规定的同样原因不能签订合同的,招标人可以确定排名第三的中标候选人为中标人的定标原则,确定中标人。

六、招标投标当事人的权利分析案例

[背景]

某招标代理机构受招标人委托,对某城市供热工程施工项目进行公开招标。按照有关程序,在当地建设工程发、承包交易中发布招标公告,并按照招标文件中规定的开标时间在当地建设工程发、承包交易中心举行开标会议。评标专家在当地交易中心现场抽取,评标专家根据评标办法对各投标人进行评审。投标人 A 得 94.64 分,排名第一;投标人 B 得 93.5 分,排名第二;投标人 C 得 92.07 分,排名第三。评标委员会依次推荐了投标人 A、B 和 C 为中标候选人。中标结果当场由当地公证处出具公证书证明。

评标工作结束后,有投标人向招标人反映投标人 A 有不良记录,按照评标办法的规定应扣分。招标人经调查,确定投标人 A 年初被住房和城乡建设部通报批评过,于是在评标结束的第 5 日向当地建设局招标投标管理办公室递交了投诉,要求按照评标办法中的规定扣减投标人 A 的得分。

一周后,当地建设局招标投标管理办公室召开此项目二次定标会,参加会议的有当地建设局、招标办、交易中心、招标人和招标代理机构,会议由建设局某副局长主持,会议最后决定依据评标办法中"投标人每有一项工程项目因违法违规被省级以上建设行政主管部门查处的,自查处之日起,在 12 个月招标投标活动中,每次对投标人扣 1.5 分"的规定,对被住房和城乡建设部通报批评过的投标人 A 的得分扣 1.5 分。这样,投标人 A 的得分变为 93.14 分,根据最终各投标人得分,确定投标人 B 为中标人。

[问题]

(1)当地建设局是否有权利通过召开会议的形式确定投标人 B 为中标人?

(2)经过公证的中标结果能否更改?为什么?

(3)招标人投诉是否有效?投诉对象为谁?为什么?

[分析]

招标投标活动是在《招标投标法》约束下的一种民事缔约行为,在这一过程中,招标人、投标人为招标投标活动的当事人,而地方建设局为行政监督部门。这当中,开标评标时公证部门进行公证,是一种鉴证行为,只是证明评标过程按照相关要求和程序进行的,对评标结果的正确与否不起决定性作用。《招标投标法》第六十五条规定,投标人和其他利害关系人认为招标投标活动不符合法律规定的,有权向招标人提出异议或者向有关行政监督部门投诉,招标人属于这里的"利害关系人",依法可以向有关行政监督部门投诉。《工程建设项目招标投标活动投诉处理办法》第九条规定的投诉时效,即在其知道或者应当知道其权益受到侵害之日起 10 日内提出书面投诉,本案招标人在评标结束后第 5 日提起投诉,在投诉有效期内。

[参考答案]

(1)地方建设局仅有权对招标投标活动当事人的行为进行监督,查处违法违规行为,而无权替代招标人确定中标人。本案地方建设局的行为属于典型的行政干预中标结果。

(2)本案中标结果需要发生变更,招标人需向公证部门发出书面申请,撤销原先的公证并附上相关证明材料,必要时,可要求其对变更后的中标结果重新公证,但这并不影响招标人依法确定中标人。

(3)招标人在招标投标活动中属于法律规定中的"其他利害关系人",所以招标人在评标结束的第5日向当地建设局招标投标管理办公室递交投诉,属于依法保护其自身权益,在投诉有效期内,其投诉有效。

招标人的投诉对象应是评标委员会,即评标委员会没有依据招标文件中的评标标准和方法,对投标文件进行评审和比较,其行为违反了法律赋予其的义务,属于《工程建设项目施工招标投标办法》第七十九条中规定的评标无效情形。

第十二章 烟水配套工程施工技术

第一节 土石方工程施工

一、概述

土石方工程施工方法有人力施工、机械施工、爆破施工及水力机械施工等。土石方工程施工的特点是工程量大,受外界因素干扰较多。施工的主要工序一般是挖掘、运输、填筑等。

土的分类指标很多,目前土的分类体系繁杂多样。根据开挖的难易程度不同,水利水电工程专业中沿用十六级分类法时,通常把前 Ⅰ ~ Ⅳ 级叫土(即土质土),后 Ⅴ ~ ⅩⅥ 级叫岩石。

(一)土的颗粒分类

根据土的颗粒级配,土可分为碎石类土、砂土和黏性土。土按照颗粒的大小分类,如表 12-1 所示。

表 12-1 土的颗粒分类

颗粒名称	粒径(mm)	颗粒名称	粒径(mm)
漂石或块石	>200	砂粒	2.0 ~ 0.05
卵石或碎石	200 ~ 20	粉粒	0.05 ~ 0.005
圆砾或角砾	20 ~ 2.0	黏粒	<0.005

(二)土的工程分级

土的工程分级按照十六级分类法,前四级称为土(见表 12-2)。同一级土中各类土壤的特性有着很大的差异。例如,坚硬黏土和含砾石黏土,前者含黏粒量(粒径 <0.005 mm)在 50% 左右,而后者含砾石量在 50% 左右。它们虽都属Ⅳ级土,但颗粒组成不同,开挖方法也不尽相同。在实际工程中,对土壤的特性及外界条件,应在分级的基础上进行分析研究,认真确定土的级别。

表 12-2 一般工程土壤分级表

土质级别	土壤名称	自然湿容重(kg/m³)	外形特征	开挖方法
Ⅰ	1. 砂土 2. 种植土	1 650 ~ 1 750	疏松,黏着力差或易透水,略有黏性	用锹,有时略加脚踩开挖
Ⅱ	1. 壤土 2. 淤泥 3. 含壤土种植土	1 750 ~ 1 850	开挖时能成块并易打碎	用锹并用脚踩开挖

土质级别	土壤名称	自然湿容重（kg/m³）	外形特征	开挖方法
Ⅲ	1. 黏土 2. 干燥黄土 3. 干淤泥 4. 含少量砾石黏土	1 800 ~ 1 950	黏手,看不见砂粒或干硬	用镐、三齿耙开挖或用锹并用力脚踩开挖
Ⅳ	1. 坚硬黏土 2. 砾质黏土 3. 含砾石黏土	1 900 ~ 2 100	土壤结构坚硬,将土分裂后成块状或含黏粒,砾石较多	用镐、三齿耙等工具开挖

（三）土的松实关系

当 1 m³ 的自然土体松动后,土体将增大,原自然土体积 $V_{自}$ < 松动后的土体积 $V_{松}$;当经过碾压或振动以后,土体中的气体被排出,则压实后的土体 $V_{实}$ < $V_{自}$。那么自然方（$V_{自}$）、实体方（$V_{实}$）和松方（$V_{松}$）三者之间的关系为

$$V_{实} < V_{自} < V_{松} \qquad (12-1)$$

式中　$V_{实}$——经压实后的实体方,m³;

　　　$V_{松}$——经扰动后的松方,m³。

那么自然方的 $\gamma_{自}$、实体方的 $\gamma_{实}$ 和松方的 $\gamma_{松}$ 三者之间的关系为

$$\gamma_{松} < \gamma_{自} < \gamma_{实} \qquad (12-2)$$

式中　$\gamma_{松}$——开挖后的土体容重,t/m³;

　　　$\gamma_{自}$——未扰动的土体容重,t/m³;

　　　$\gamma_{实}$——碾压后的土体容重,t/m³。

对于砾、卵石和爆破后的块碎石,由于它们的块度大或颗粒粗,可塑性远小于土粒,因而它们的 $V_{实}$ < $V_{自}$。

自然状态下的土,经开挖扰动之后,因土体变得松散而使体积增大,这种性质叫作土的松散性,以松散影响系数 K'_p 来表示（指挖土前的实土体积与挖后松土体积的比值）,其大小与土料的等级有关。Ⅰ级土 K'_p 为 0.913 ~ 0.83、Ⅱ级土 K'_p 为 0.88 ~ 0.78、Ⅲ级土 K'_p 为 0.81 ~ 0.71、Ⅳ级土 K'_p 为 0.79 ~ 0.73。

二、土方开挖和运输

土方开挖和运输可分为人工挖运和机械挖运两种类型。

（一）人工土方开挖及运输

1. 人工开挖

小型水利工程量或受施工条件约束不便于机械施工的地方,仍需采用人工挖运作业。挖土用锹铣、镐、三齿耙等工具,运土用筐、手推车、架子车等工具。

开挖是在开挖区按一定的施工程序,将土直接挖起装筐（车）,抬运或用架子车运至弃土区。例如,人工挖渠（河）道采用分段施工的方法,开挖从下游段先行施工,逐渐向上游推进。

2. 人工运输

（1）人工挑、抬及独轮车运输，前者地面坡度不应陡于 1:7 ~ 1:5；后者不应陡于 1:9 ~ 1:12。

（2）架子车运输轻便灵活，每车容量小于 0.2 m³。平地运距以不超过 1 km 为宜；上坝运输当坡度陡于 1:10 时，应用爬坡机牵引上坡。

（3）机动小型翻斗车运输，翻斗车斗容小于 1.0 m³，道路坡度不宜大于 10%。

（二）机械土方开挖及运输

常用的挖土机械有挖掘机、铲运机等。铲运机械分为拖式和自行式两种，另外还有推土机、装载机等。

1. 开挖机械

1）单斗挖掘机

单斗挖掘机是仅有一个铲土斗的挖掘机械，由行驶装置、动力装置和工作装置三大部分组成。按工作装置不同有正向铲、反向铲等。行驶装置有履带式、轮胎式两种。动力装置可分为内燃机拖动、电力拖动和复合拖动等。按操作方式不同，单斗挖掘机可分为机械式（钢索）和液压操纵两种。

（1）单斗正向铲挖掘机。适用于挖掘停机面以上的土方，也可挖掘停机面以下一定深度的土方。它具有稳定性好、挖掘力大、生产效率高等优点，适用于挖掘 I ~ IV 级土及爆破石渣。

挖土机的每一工作循环包括挖掘、回转、卸土和返回共四个过程。它的生产效率主要取决于每斗的铲土量和每斗作业的延续时间。

（2）单斗反向铲挖掘机。适用于开挖停机面以下的土方，多用于开挖深度不大的基槽和水下石渣，适用于挖掘 I ~ III 类土。

2）多斗挖掘机

（1）斗轮式挖掘机。当斗轮转动时，即开始挖土，当铲斗转到最高位置时，借助土料的自重，经溜槽卸至皮带机，然后卸至弃土堆或运输工具上。斗轮转速较快，可连续作业，臂杆的倾角可以改变，挖掘机上部结构安装在转台上，可作 360° 旋转。

（2）链斗式采砂船。构造简单，生产效率较高，适用于大规模采集河道中的砂砾料。

2. 铲运机械

小型水利工程中常用兼有铲土和运土功能的机械有铲运机、装载机和推土机。

1）铲运机

铲运机是一种能综合完成铲土、运土、卸土、铺土和平土等施工工序的综合土方机械。分为轮胎自行式和履带拖拉式两种。铲运机生产效率高、运转费用低，适用于 I ~ III 级土，多用于平整大面积场地，开采石料，开挖大型基坑、河渠，填筑堤坝和路基等。

2）装载机

装载机是一种短程装运结合的机械，运行灵活方便。装载机分为轮胎式和履带式两种。

3）推土机

推土机是在拖拉机上安装推土刀等工作装置（推土铲）而成的一种铲运机械，可独立完成推土、运土及卸土三种作业。推土机用于平整场地、开挖基坑、推平填方、堆积土石料及回填沟槽等作业，适用于 I ~ III 级土的挖运。推土机按行驶装置不同有履带式和轮胎式两类。

3. 运输机械

土石方机械运输的方法有无轨运输、有轨运输、带式运输以及索道运输等四类。

1）无轨运输

无轨运输机械一般采用自卸汽车。汽车运输操纵灵活，机动性大，适应各种复杂的地形。自卸汽车常与挖掘机配套作业。运输线路的布置有双线式和环形式。

2）有轨运输

大型水利工程施工中所用的有轨运输有铁路运输和窄轨铁路运输两种。

窄轨铁路的轨距有 1 000 mm、762 mm、610 mm 几种，其上可行驶 3 m³、6 m³、15 m³ 可倾翻的车箱，用机车牵引。

3）带式运输

带式运输机是一种连续式的运输设备，生产效率高，机身结构简单、轻便，造价低廉。适用于地形复杂、坡度较大的情况，特别适用于运输量大的粒状材料。

带式运输机由胶带（俗称皮带）、两端的鼓筒、承托带条的辊轴、拉紧装置、机架和喂料、卸料设备等部分组成，分为固定式和移动式两种。

4）索道运输

索道运输是一种架空式的运输。在地形崎岖复杂的地区，用支塔架立起空中索道，运料斗沿索道运送土料、砂石料等。

三、土石料开采和压实

（一）土石料的开采与加工

土石料开采前应划定料场范围，分期、分区清理覆盖层，设置排水系统，修建施工道路，修建辅助设施。

1. 土料的开采

土料的开采一般有立采和平采两种。当土层较厚，天然含水量接近填筑含水量，土料层次较多且土质差异较大时，宜采用立面开采方法。在土层较薄，土料层次少且相对均质、天然含水量偏高需翻晒减水的情况下，宜采用平面开采方法。

2. 土料的加工

土料含水量的调整，可以利用挖装运卸中的自然蒸发、翻晒、掺料、烘烤等方法降低土料含水量；也可以利用料场加水，料堆加水，在开挖、装料、运输过程中加水等方法提高土料含水量。

掺合料的加工方法有：①水平互层铺料—立面（斜面）开采掺合法；②土料场水平单层铺放掺合料—立面开采掺合法；③在填筑面堆放掺合法；④漏斗—带式输送机掺合法。其中，较多采用第①、④种方法。

砾质土中超径石含量不多时，用装耙的推土机先在料场中初步清除，然后在填筑面上进行填筑平整时再作进一步清除；当超径石的含量较多时，可用料斗加设蓖条筛（格筛）或其他简单筛分装置加以筛除，还可采用从高坡下料，造成粗细分离的方法清除粗粒料。

若反滤料、垫层料、过渡料等级配合适，可用砂砾石料直接开采或经简易破碎筛分。若无砂砾石料可供使用，则可开采碎石来加工制备。

3. 砂砾石料和堆石料的开采

砂砾石料开采有陆上和水下开采两种方式。陆上开采用一般挖运设备即可，水下开采用采砂船和索铲开采。

块石料的开采要结合建筑物开挖或由石料场开采。开采方法多采用深孔梯段爆破。

4. 超径块石料的处理

超径块石料的处理主要有浅孔爆破法和机械破碎法两种。

（二）土石料的压实

1. 压实机械

土石方的填筑施工采取分层压实的方法。现将几种常用的压实机械及其选择分述如下。

1）羊足碾

羊足碾的碾压滚筒设有交错排列的羊足，在滚筒的侧面设有加载孔。滚筒用框架支撑，与牵引的拖拉机用杠辕相连。

2）气胎碾

气胎碾分单轴和双轴两种。单轴气胎碾由装载荷重的金属车箱和装在轴上的4~6个气胎组成。气胎碾能够通过改变轮胎的充气压力来调节接触应力，以适应压实不同性质土料的要求。

3）振动碾

振动碾由柴油机带动与机身相连的轴旋转，使装在轴上的偏心块也旋转，迫使碾滚产生高频振动。目前，重型振动碾的压实厚度已超过 1 m 以上。振动碾结构简单，制作方便，成本较低、生产效率高。

4）夯实机械

夯实机械是借助于夯体下落的动能来压实土料的，它分大型夯和小型夯两种。

黏性土的压实通常采用羊足碾、凸块碾、气胎碾和夯板等机械。砾质土的碾压设备以气胎碾、羊足碾和夯板为宜，以气胎碾最优。对于堆石、砂砾料等无黏性土的压实，可采用振动碾、夯板，尤其是重型振动碾。对于堆石的压实，宜采用重型振动碾压实。夯实机械可用以夯实黏性土和非黏性土。

2. 土料的压实施工程序

土料的压实施工程序包括基本作业和辅助作业。基本作业包括卸料、平料、压实。辅助作业包括质量检查、刨毛、洒水、清理表面和接缝处理等。

1）铺料

铺料包括卸料和平料两道工序。有进占法、后退法和综合法三种。一般多采用进占法，厚层填筑也可采用综合法铺料。

铺料宜平行于横轴线进行，铺土厚度要均匀，自卸汽车卸料宜用进占法倒退铺土，使汽车始终在松土上行驶。

保证压实质量的关键是按设计厚度铺料。国内不少工程采取"算方上料、定点卸料、随卸随平、定机定人、铺平把关、插杆检查"的措施，使铺料工作取得良好的效果。铺填中不应使作业面起伏不平，避免降雨积水。

在作业面各料区的边界处，铺料会越界，通常做法是以主料区边界线为主，边界外侧铺土距边界线的距离不能超过 50 cm。

2）压实

压实是工程填筑作业的关键工序。碾压遍数和碾压速度应根据碾压试验确定。碾压一般采用进退错距法和圈转套压法。

（1）进退错距法。操作简便，碾压作业和铺土、质量检查等工序容易协调，便于分段流水作业，错距容易掌握，压实质量容易得到保证。

（2）圈转套压法。为单向开行，在工作段两端不停车。在机械转向的部位产生重压过多，而四角又产生严重的漏压，压实质量难以保证。

（3）夯板夯实法。夯板多用于压实黏性土的边、角等小范围部位。施工时，采用限制铺料层厚、粒径和充填细料，用夯击式机械夯实。

3. 土石料的压实标准

土石料压实得越好，物理力学性能指标就越高，土体填筑质量就越有保证。但土石料过分压实，不仅会提高压实费用，而且会产生剪切破坏，反而达不到应有的技术、经济效果。土石料的压实标准是根据工程设计要求和土料的物理力学特性确定的。

黏性土料的压实标准，主要由压实干表观密度 γ_d 和施工含水量这两个指标来控制，非黏性土料（如砂土及砂砾石）由相对密度 D 来控制，而石渣或堆石体则可用孔隙率作为压实指标。

非黏性土由相对密度 D 来控制，控制标准随建筑物的等级不同而异。近年来，由于振动碾的采用，土体相对密度值大为提高，设计边坡更陡，设计断面更为紧凑，设计工程量显著减少。对于填方，一级建筑物可取 $D = 0.70 \sim 0.75$，二级建筑物可取 $D = 0.65 \sim 0.70$。

4. 压实参数的确定

在充分调查掌握各料场土料的物理力学指标的基础上，方可确定土料的压实参数，并选择具有代表性料场进行碾压试验，作为施工过程的控制参数。

压实试验前，先通过理论计算并参照已建类似工程的经验，初选几种碾压机械和拟定几组碾压参数，采用逐步收敛法进行试验。所谓逐步收敛法，是指固定其他参数，变动一个参数，通过试验得到该参数的最优值。将优选的此参数和其他参数固定，再变动另一个参数，用试验确定其最优值。以此类推，通过试验得到每个参数的最优值。最后将这组最优参数再进行一次复核试验。若试验结果满足设计、施工要求，便可作为现场使用的碾压参数。

第二节　钢筋混凝土工程

一、钢筋工程

用于建筑物的钢筋，应先按照钢筋加工单在工厂内加工成型再运到现场绑扎安装。运至工地的钢筋应有出厂证明和试验报告单，并且按照不同等级分批按牌号、直径、长度挂牌标明，分别存放，不得混杂堆放，钢筋应尽量存放在仓库或料棚内。当露天堆放时，要选择干燥处堆放，钢筋下面置放垫木，离地面不少于 20 cm，四周应设排水，钢筋上加覆盖以免锈蚀。钢筋加工前要清除油渍、浮皮或油漆，然后下料、焊接、弯勾成型。

加工前应做抗拉试验和冷弯试验。冷弯试验即在常温下按规定的弯心直径弯到规定的角度,在试件弯曲处及其侧面完好无损,无裂纹、无断裂及起层现象为合格。

钢筋可分为两类:直径≤12 mm 的卷成圆盘,称为轻筋,直径>12 mm 的呈杆状直条,称为重筋。

(一)钢筋加工

将钢筋制备成工程设计要求的形状和尺寸并运至现场安装和绑扎的工序叫钢筋加工。

1.调直

在构件中的钢筋必须直顺,否则会在受力时使构件开裂,且影响构件的受力性能。调直方法分人工调直和机械调直两种。

(1)人工调直:10 mm 以下的钢筋采用绞磨的办法人工调直。粗钢筋人工调直方法之一是在工作台上用手动调直器校直,人工调直用于工程量小又无机械的情况。

(2)机械调直:①钢筋调直机,国产调直机有 GJ4 - 4/14 型和 GJ6 - 4/8 型两种。②数控电子钢筋调直切断机,可以完成调直、剪断工作,并能准确控制断料长度,误差在 1 ~ 2 mm。③弯筋机回直重筋,对直径大于 30 mm 的钢筋可以用钢筋弯曲机回直。

2.除锈

钢筋由于堆存时间过长或受潮后,表面形成锈蚀和污染。铁锈由于锈蚀程度不同,可分为色锈和陈锈。初期锈蚀,呈黄色或淡褐色,并且附着在钢筋上的薄层铁锈,不易去掉,一般称为色锈。锈蚀较重的成为一层氧铁表皮,呈红色或红褐色,用手触摸有微粒感,受碰撞或锤击有锈皮剥落,此种称为陈锈,陈锈对钢筋的握裹力有较大的影响,必须予以清除。

除锈的方法有手工除锈和机械除锈两种,可根据工地条件自行选用。

3.钢筋的冷拉、冷拔

钢筋的冷拉是指在常温下,对钢筋进行强力拉伸,拉应力超过钢筋的屈服点,使钢筋产生塑性变形,以达到调直钢筋,提高强度的目的。冷拉后的钢筋必须仍然具有相应的变形能力(呈软钢性质),可用冷拉应力或冷拉率进行控制。

钢筋的冷拔是使直径 6 ~ 9 mm 的光圆钢筋通过钨合金的拔丝模进行强力拉拔。钢筋通过拔丝模时,受到多向应力的作用,钢筋内部晶格滑移而产生塑性变形,抗拉强度提高,塑性降低,呈硬钢性质。光圆钢筋经冷拔后称为冷拔低碳钢丝。

不是所有钢筋都需要冷加工,是否冷拉、冷拔视工程设计要求而定。

4.钢筋加工单与配料

1)钢筋加工单

加工单是钢筋进行加工的依据。它按照设计提供的配筋图绘出各种形状和规格的单根钢筋图,依次编号,然后根据弯制形状按不同弯曲角度时的伸长值,分别计算出钢筋的下料长度,汇总为钢筋加工单,见表12-3。

半圆弯钩是最常用的一种弯钩,每个钩需增加的钢筋长度为 3.25d(d 为钢筋直径)。直弯钩和斜弯钩多用于钢箍上,螺纹钢筋和受压光面钢筋可不设弯钩。

钢筋弯制时会伸长,所以下料时必须扣除伸长部分。弯筋后伸长的大小与弯曲角度有关,钢筋下料长度计算式:

直钢筋下料长度 = 构件长度 - 保护层厚度 + 弯钩增加长度

弯筋下料长度 = 直筋长度 + 斜段长度 - 弯曲伸长值 + 弯钩增加长度

箍筋下料长度 = 箍筋周长 - 弯钩伸长值 + 弯钩末端长度

表 12-3　钢筋加工单

部位	钢号	编号	形状 设计长度（cm）	直径 （mm）	下料长度 （cm）	根数	总长度 （cm）
梁	A3	①	475	10	485	2	970
梁	A3	②	25　73　10　73　25　45°	25	226	1	226
梁	A3	③	90　60　195　71　90　60	25	652	1	652
梁	A3	④	40　60　295　71　40　60	25	652	1	652
梁	A3	⑤	475　30+d　60+d	25	500	2	1 000
梁	A3	⑥		6	187	18	3 366

完成日期　　　　制表　　　校核

2）钢筋配料

根据钢筋加工单，配料时要做好长短搭配、缺料代换的工作。钢筋代换方法如下：①等面积代换指同钢号的钢筋代换前后的总截面面积相等。②等强度代换指用钢号不同的钢筋代换，二者间的总强度应相等。但钢筋等级的变换不能超过一级，根数不宜改变。

5. 钢筋的下料（画线切断）

画线是按配料单规定，用粉笔在钢筋上画出需要的配料长度，画线后进行切断。

钢筋的切断方法有手工切断和机械切断两种。

手工切断钢筋，劳动强度大，工效低，只是在切断量小或缺少动力设备的情况下才采用，一般也只用来切断ϕ 20 mm 以下的钢筋。手工切断工具主要有断线钳、手压切断器、GJ5Y – 16型手动液压切断机。

机械切断采用电动或液压的钢筋切断机两种专用机械，目前广泛采用的是电动钢筋切断机。国产的电动钢筋切断机定型产品主要有 GJ5 – 40 型和 QJ40 – 1 型，这两种切断机都可以切断直径在 40 mm 以下的钢筋。

6. 钢筋的弯曲成型

钢筋的弯曲成型指按有关规范设计的要求，在弯曲机上，将钢筋制作成相应尺寸、角度的形状的过程，是一道比较复杂的工序。常见的有直筋、箍筋、圆弧筋、牛腿筋、弯起筋（也称元宝筋）、弯钩、门筋及螺旋筋等。

弯曲成型的方法同样有手工操作和机械操作两种。

1）手工弯曲成型

手工弯曲成型所用的工具设备主要有工作台、板柱铁板、扒钉、扳子或套筒扳子等。弯曲成型的操作步骤有弯曲前的准备、划线、试弯、弯曲成型。成型顺序要以操作方便，减少钢筋调头数为原则。当弯曲形状比较复杂的钢筋时，可以首先在工作台上放出实样，用扒钉在工作台上控制钢筋的各个弯转角。

2）机械弯曲成型

机械弯曲成型所用的工具有钢筋弯曲机和钢筋弯箍机。弯曲机可弯曲直径在 40 mm 以下的钢筋,当钢筋直径小于 25 mm 时,可根据弯曲机的性能,同时弯制 4～10 根钢筋。

钢筋弯曲机的操作顺序和手工操作方法有很多相似之处,所以使用弯曲机的人员也应熟悉手工弯曲的方法与步骤。

7. 钢筋连接

钢筋连接,一是指钢筋的接长,二是指安装在混凝土浇筑仓内的钢筋骨架交叉点的连接以及钢筋网交叉点的连接。

在钢筋加工过程中为了合理用料,有时需要长短搭配,把钢筋接长后,再进行弯曲成型,物尽其用、减少浪费。接头应分散布置,接头的截面面积占受力钢筋截面面积的百分率应符合规范的要求。

钢筋骨架在混凝土中准确的位置是混凝土和钢筋共同承受荷载发挥协同作用的保证,所以钢筋骨架(或钢筋网)中的各种型式的钢筋的准确位置必须固定牢固。受力筋是靠箍筋、架立筋等固定其位置的,这样混凝土浇筑后才成为一个整体受力构件。所以,钢筋骨架或钢筋网交叉点的连接固定牢固是十分重要的。

连接接头常用的方法有三种:绑扎连接、焊接连接、机械连接。不论是何种连接接头,接头连接部分要求能够良好地传递和承受内力,并在钢筋设计长度方向上,不致在接头连接部分发生强度削弱。焊接比绑扎要好,所以钢筋的接头连接宜优先采用焊接。直径在 25 mm 以下的钢筋接头,可采用绑扎连接。轴心受拉、小偏心受拉构件和承受震动荷载的构件中,钢筋接头连接不得采用绑扎法连接。

钢筋的绑扎连接指钢筋的搭接处、交叉点等用铁丝按相应的要求扎牢,钢筋接头采用绑扎连接时,搭接接头应有足够的长度,不得小于规定数值。人工绑扎连接仍是钢筋连接的主要手段之一。

钢筋的焊接连接方法分两大类:压焊和熔焊。压焊包括闪光对焊、电阻点焊和气压焊,闪光对焊是利用对焊机使两段钢筋接触,形成对焊接头,广泛用于钢筋纵向连接及预应力钢筋与螺丝端杆的焊接。熔焊是将基本金属(母材)在连接处局部加热至熔融状态,并附加熔化的填充金属使金属分子互相结合而成为整体(形成接头)。

钢筋的机械连接分为冷压套筒连接和锥螺纹套筒连接。冷压套筒连接是在钢筋的接头处外加套筒,横向加高压使套筒产生塑性变形,形成连接接头,主要用于不允许见明火的特殊工程和一些重要工程;锥螺纹套筒连接是将两待接钢筋端头,用套丝机做出锥形外丝,然后用带锥形内丝的套筒将钢筋两端拧紧而完成接头。

钢筋连接接头不论采用何种方式连接,接头均不应集中布置,应符合规范规定。钢筋加工应尽量减小偏差,偏差需控制在允许的范围。

(二)钢筋安装

钢筋安装是把在钢筋加工厂(或车间)加工成型的钢筋,安放在混凝土浇筑仓内,按照设计要求固定在预定的位置,必须做到安装位置准确,安置牢固,保证在混凝土浇筑过程中,不产生变形和位移。

钢筋安装的方法有两种:①整装法:是在加工厂中制作成钢筋骨架,运到工地安装。

②散装法:是把加工成型的单根钢筋运到现场,在立好的模板仓内现场绑扎或焊接成钢筋骨架。

钢筋安装大多数是以散装法为主,散装法主要施工程序为:放样划线、排筋定位、检查校正、绑扎或焊接、垫撑铁和垫保护层垫块、检查校正(位置)、固定(包括预埋料)等。不论散装或整装均应满足规范规定。

二、模板工程

模板工程是指混凝土浇筑时使之成型的模具及其支承体系的工程。制作模板耗用大量优质木材与钢材,模板工程的费用占混凝土工程总费用的比例较大,一般占整个工程总费用的15%～30%。所以,合理选择与使用模板,降低模板的费用对降低工程投资和造价有重要意义。

(一)模板的分类

模板的种类很多,按不同的划分方法可有不同的种类:

(1)按材料分类可分为木模板、钢模、钢木模板、混凝土或钢筋混凝土模板、预制混凝土模板、土模(地模)。

(2)按形状分类可分为平面模板和曲面模板、部分异形模板。

(3)按使用特点分类可分为固定式模板、拆移式模板、移动式模板、滑动式模板、真空作业或真空软吸垫模板、保温模板和钢模台车等。

(4)按受力条件分类可分为承重模板和非承重模板,前者需承受混凝土的重力,后者只承受混凝土的侧压力。

(5)按结构组装形式分类可分为支撑式(包括斜拉、对拉)、重力式、悬臂式和半悬臂式模板。

(二)模板的安装

模板安装的工艺程序为:放线、立模、支撑、校核、检查、调正加固、仓内整理、检查等。

模板安装必须按设计图纸测量放样,对重要结构应多设控制点,以利检查校正,且保持足够的固定设施,以防模板倾覆。支架必须支承在稳固的地基或已凝固的混凝土上,有足够的支承面积以防止滑动。支架的立柱必须在两个互相垂直的方向上,用撑拉杆固定,以确保稳定。对于大体积混凝土浇筑块,成型后的偏差不应超过木模安装允许偏差,加工时,模板的允许误差应符合规定。

(三)模板的拆除

模板的拆除工作是模板工程中的一个重要环节。对工程进度、工程质量和模板的周转都有直接的影响。拆模工作应按一定程序进行,本着先装后拆、后装先拆,先拆除非承重部分、后拆除承重部分的原则,有步骤地拆除。一般规定:对于不承重的直立侧面模板,在混凝土凝固的强度已能保证其表面和棱角不致因拆模而损坏时,或混凝土已经达到 25×10^5 Pa 以上的强度时,即可拆卸。但应注意,对于边墙、柱等细长薄壁结构的直立模,因具有保护混凝土结构不致倾倒的作用,或因要负担上部结构的自重和活荷重,所以其拆卸时间与底板、大梁等的侧模板并非一样,而应根据其承重程度不同,分别延长拆模时间。按有关规定,对于承重模板,应使混凝土达到表12-4所列强度百分数的天数时才能够拆模。

表 12-4　承重模板拆模时间参考表

结构类别	混凝土拆模时达到的设计强度	水泥品种	强度等级	硬化昼夜的平均温度(℃)					
				5	10	15	20	25	30
				混凝土达到拆模强度需要的天数(d)					
跨度在 2 m 及 2 m 以下的板及拱的模板	50%	普通水泥	C35	12	8	6	4	3	3
			C45	10	7	6	5	4	3
		火山灰质及矿渣水泥	C35	18	12	10	8	7	6
			C45	16	11	9	8	7	6
跨度为 2 m 以上至 8 m 的板及拱的模板;跨度在 8 m 及 8 m 以下的梁的底模板;跨度在 2 m 及 2 m 以下的悬臂梁及板	70%	普通水泥	C35	28	20	14	10	8	7
			C45	20	14	11	8	7	6
		火山灰质及矿渣水泥	C35	32	25	17	14	12	10
			C45	30	20	15	13	12	10
跨度在 8 m 以上的承重结构的模板;跨度在 2 m 以上的悬臂梁和板	100%	普通水泥	C35	55	45	35	28	21	18
			C45	50	40	30	28	20	18
		火山灰质及矿渣水泥	C35	60	50	40	28	24	20
			C45	60	50	40	28	24	20

三、混凝土工程

(一)砂石骨料生产加工系统

砂石骨料是构成混凝土的主要材料,占混凝土重量的 80% 以上。砂石料的规格、质量对混凝土的各种性能和水泥的用量有很大影响。通常,生产 1 m³ 混凝土需要 1.3～1.5 m³ 的松散砂石骨料。

砂石骨料分为细骨料和粗骨料。岩石颗粒粒径 ≤5 mm 称为细骨料。岩石颗粒粒径为 5～150 mm 称为粗骨料。骨料的质量要求包括:强度、抗冻性、化学成分、颗粒形状、级配和杂质含量等。

骨料加工由破碎、筛分、清洗程序组成。天然骨料的加工主要是指筛分和清洗。如果需要人工骨料,大块石需经过破碎,然后进行筛分和清洗。

(二)混凝土的制备生产过程

(1)储料。为了保证生产的连续性,调节材料供求的不平衡,把混凝土的各种组成材料运到拌和地点附近,放在堆场或仓库中储存起来,以备随时取用。混凝土生产需要的各种材料(粗细骨料、水泥、掺合料、外加剂等)都应按不同规格、品种,根据实际供求情况、生产水平,分别储存一定数量。储存方式取决于材料特性、生产规模和设备条件。

(2)供料。由储料料堆和仓库向配料设备及时足量运送各种材料。

(3)配料。将混凝土的各种材料按配合比规定准确称量。按混凝土的设计配合比,用普通的台秤称准一次拌和的各种材料数量。配料准确是混凝土质量控制的关键。通常骨料、水泥、掺合料按重量称量,水和外加剂按体积配料。为了保证称量精度,在拌和楼中,都是用自动的杠杆和电子秤称料。前者应用较普遍;后者结构简单、安装方便、称量精度可达99.5%,用于较先进的设备系统,完全能达到规范对称量精度的要求。配料加水量根据水灰比计算确定,但同时要扣除骨料的含水量,为此要求称量前能迅速测定骨料的含水量,随时调节加水量。中小工程的拌和站可以用普通的台秤或专门的配料器配料。

(4)拌和。将按配合比称量好的一次拌和用的各种料送入拌和机,均匀搅拌,拌够时间,成为符合质量要求的混凝土。拌和的方式分为机械拌和及人工拌和两种。

混凝土拌和机按拌和作用原理的不同分为自落式和强制式两大类。自落式混凝土拌和机又分为鼓形拌和机、锥形拌和机及连续式拌和机。常用的自落式混凝土拌和机有鼓筒式和双锥式两种。强制式拌和机是利用多组搅拌叶片的涡轮浆,在封闭的固定搅拌筒内旋转,强制搅拌混合料。

人工拌和,是人工在拌和板上拌制混凝土。一般每次拌制 0.1 m³。先把称过的砂倒在板上,再把水泥倒在砂上,人工用铁锹反复干拌三遍,直到颜色均匀为止。然后将石子倒上,干拌一遍,然后逐渐加水至定量,并边加水边拌制往返拌 3～4 遍,拌至颜色一致,即所谓的"三干三湿"或"三干四湿"法。人工拌和混凝土,劳动强度大,质量不能保证,一般情况下不予采用。

现代化混凝土生产中常把配料、拌和、出料及其辅助设备组成定型的、自动化的、装配式的混凝土工厂,即所谓的拌和楼。拌和楼常由上而下垂直排列,依次进行进料、配料、拌和以及出料全部工艺过程,分为进料、储料、配料、拌和与出料共 5 层。

(三)混凝土的运输

混凝土的运输包括水平运输(即由拌和楼(站)运到浇筑部位)和垂直运输(即把混凝土起吊入仓)。

混凝土的运输应满足以下要求:

(1)运输过程中应保持混凝土的均匀性及和易性,不发生漏浆、分离和严重泌水现象,并使坍落度损失较少。不论采用何种起重运输设备吊运入仓,混凝土的自由下落高度均不宜大于 2 m;超过 2 m 时应采取缓降措施,以免混凝土分离。

(2)尽量缩短运输时间和减少倒运次数,以避免混凝土温度有过多的回升(夏季)或损失(冬季)。在不同的气温条件下,均应在允许的时间内将混凝土运到浇筑仓内,并保证已浇混凝土初凝以前被新入仓的混凝土所覆盖。

(3)混凝土运输、浇筑等配套设备的生产能力,应满足施工进度计划规定的不同施工时段和不同施工部位浇筑强度的要求。混凝土运输能力,应与混凝土拌和平仓振捣能力、仓面状况以及钢筋、模板、预制构件和金属结构等吊运的需要相适应,以保证混凝土运输的质量,充分发挥设备效率。混凝土运输工具及浇筑仓面,必要时应设有遮盖和保温设施,以避免暴晒、雨淋、受冻而影响混凝土质量。

(4)在同时运输两种以上强度等级的混凝土时,应在运输器具上设置明显标志,以免混淆,错入仓号,影响混凝土施工质量和工程质量。

混凝土水平运输共有五种方式:汽车、机车、皮带机、混凝土泵、混凝土搅拌运输车运输。

(四)混凝土的浇筑与养护

混凝土浇筑的工艺流程为:浇筑前的准备工作,入仓铺料,平仓,振捣,混凝土养护。

1. 浇筑前的准备工作

浇筑前的准备工作主要有:地基面的处理,施工缝和结构缝的处理,设置卸料入仓的辅助设备(如栈桥、溜槽、溜管等),立模、钢筋架设,预埋构件、冷却水管、观测仪器,人员配备、浇捣设备、风水电设施的布置,浇筑前的质量检查等。

2. 入仓铺料

入仓铺料常用的有三种方法:平浇法(又称平层浇筑法)、台阶法(阶梯形浇筑法)和斜层浇筑法。

3. 平仓

平仓是把卸入仓内成堆的混凝土料摊平到要求的均匀厚度。有机械平仓和人工平仓两种方法。

4. 振捣

振捣是混凝土浇筑过程中的关键工序。振捣目的是尽可能减少混凝土的空隙,以消除混凝土内部的孔洞和蜂窝,并使混凝土与模板、钢筋及埋件紧密结合,从而保证混凝土的最大密实度,提高混凝土质量。振捣有机械振捣和人工振捣两种。

机械振捣容易保证质量、节约水泥、生产效率高。振捣机械采用振捣器。混凝土振捣器的类型,按传振方式不同分为插入式、表面式、外部式三种。插入式振捣器在工程使用中较多。

5. 混凝土养护

混凝土浇捣后,之所以能逐渐凝结硬化,主要是因为水泥水化作用的结果,而水化作用则需要适当的温度和湿度条件,为了保证混凝土有适宜的硬化条件,使其强度不断增长,必须对混凝土进行养护。混凝土浇筑后,若气候炎热、空气干燥,不及时进行养护,混凝土中水分会蒸发过快,形成脱水现象,会使已形成凝胶体的水泥颗粒不能充分水化,不能转化为稳定的结晶,缺乏足够的黏结力,从而会在混凝土表面出现片状或粉状脱落。此外,在混凝土尚未具备足够的强度时,水分过早的蒸发还会产生较大的收缩变形,出现干缩裂纹,影响混凝土的耐久性和整体性。所以,混凝土浇筑后初期阶段的养护非常重要,混凝土终凝后应立即进行养护,干硬性混凝土应浇筑完毕后立即进行。混凝土的养护包括自然养护和蒸汽养护两种。

自然养护。混凝土带模养护期间,应采取带模包裹、浇水、喷淋洒水等措施进行保湿、潮湿养护,保证模板接缝处不致失水干燥。为了保证顺利拆模,可在混凝土浇筑 24~48 h 后略微松开模板,并继续浇水养护至拆模后再继续保湿至规定龄期。混凝土去除表面覆盖物或拆模后,应对混凝土采用蓄水、浇水或覆盖洒水等措施进行潮湿养护,也可在混凝土表面处于潮湿状态时,迅速采用麻布、草帘等材料将暴露的混凝土覆盖或包裹,再用塑料布或帆布等将麻布、草帘等保湿材料包覆。包覆期间,包覆物应完好无损,彼此搭接完整,内表面应有凝结水珠。有条件地段应尽量延长混凝土的包覆保湿养护时间。

混凝土的蒸汽养护可分静停、升温、恒温、降温四个阶段。

(五)混凝土冬季施工

混凝土冬季施工的措施如下:

(1)创造混凝土强度快速增长的条件。

冬季作业中采用高热或快凝水泥,减少水灰比,加速凝剂和塑化剂,加速凝固,增加发热量,以提高混凝土的早期强度。当气温为 $-5 \sim 5$ ℃时,根据具体情况分别采用以下方法:①采用活性高、水化热大的水泥;②加大水泥用量,每 1 m^3 混凝土不少于 300 kg;③加早强剂如氯化钙、硫酸钠等无机盐;④掺有机早强剂;⑤加复合早强剂,如 NC 早强减水剂、H 型早强减水剂等。依据结构要求和所用水泥品种选用。

(2)增加混凝土的拌和时间。

冬季作业时,混凝土的拌和时间一般应为常温的 1.5 倍。在拌和时要求对拌和机进行预热,且对拌和温度作如下限制:对大体积混凝土一般不大于 12 ℃,对薄壁结构不大于 17 ~ 25 ℃。同时,要求在各种情况下拌和温度保证入仓浇筑温度不低于 5 ℃。

(3)减少拌和、运输、浇筑中的热量损失。

应采取措施尽量缩短运输时间,减少转运次数。装料设备应加盖,侧壁应保温。配料、卸料、转运及皮带机廊道各处应增加保温措施。此外,应使老混凝土面及模板在浇筑混凝土前加温到 5 ~ 10 ℃,混凝土表面加热深度应大于 10 cm。

(4)预热拌和材料。

当气温在 3 ~ 5 ℃以下时可加热水拌和,但水温不宜高于 60 ℃,否则会使混凝土产生假凝。若加热水尚不能满足要求,再加热干砂和石子。加热后的温度,砂子不能超过 60 ℃,石子不能高于 40 ℃。水泥只是在使用前一两天置于暖房内预热,升温不宜过高。骨料通常采用蒸汽加热。

(5)增加保温、蓄热和加热养护措施。

混凝土冬季养护方法有蓄热法、暖棚法、电热法和蒸汽法。

(六)混凝土的夏季施工

为了降低夏季混凝土施工时的浇筑和养护温度,可以采取以下一些措施:

(1)采用发热量低的水泥,并加掺合料和减水剂,以减低水泥用量。

(2)采用地下冷水或人造冰水拌和混凝土,或直接在拌和水中加冰来代替一部分拌和水。加冰拌和时,要保证冰屑在拌和过程中完全融化,对供水管路和贮水设备采用隔热措施,防止热量倒灌。亦可将供水管和贮水设备涂成白色,以减少热量吸收。

(3)用冷水、冷风等冷却混凝土的粗骨料。对大体积混凝土的内部进行人工冷却。

(4)在拌和机、运输路线和浇筑仓面上搭凉棚,用以遮盖防晒。对运输工具要盖上湿麻袋,防止日晒。

(5)加强洒水养护,延长洒水养护时间。

第三节　渠道和管道工程施工

一、渠道施工

渠道施工包括渠道开挖、渠堤填筑和渠道衬砌。渠道施工的特点是工程量大,施工路线长,场地分散,工种单一,技术要求较低。

(一)渠道开挖与填筑

渠道开挖的施工方法有人工开挖、机械开挖和爆破开挖等。铲运机、推土机等机械在渠道施工中得到广泛应用。对于冻土及岩石渠道,宜采用爆破开挖。田间渠道断面尺寸很小,可采用开沟机开挖或人工开挖。

1. 人工开挖

(1)施工排水。受地下水影响,渠道开挖的关键是排水问题。排水应本着上游照顾下游,下游服从上游的原则,即向下游放水时间和流量应考虑下游排水条件,下游应服从上游的需要。

(2)开挖方法。在干地上开挖渠道应自中心向外,分层下挖,先深后宽,边坡处可按边坡比挖成台阶状,待挖至设计深度时,再进行削坡,注意挖填平衡。必须弃土时,做到远挖近倒,近挖远倒,先平后高。受地下水影响的渠道应设排水沟,开挖方式有一次到底法和分层下挖法。一次到底法适用于土质较好,挖深 2~3 m 的渠道。开挖时,先将排水沟挖到低于渠底设计高程 0.5 m 处,然后采用阶梯法逐层向下开挖,直至渠底。分层下挖法适用于土质不好,且挖深较大的渠道,开挖时,将排水沟布置在渠道中部,逐层先挖排水沟,再挖渠道,直至挖到渠底。如果渠道较宽,可采用翻滚排水沟。这种方法的优点是排水沟分层开挖、排水沟的断面较小,土方最少,施工较安全。

(3)边坡开挖与削坡。开挖渠道若一次开挖成坡,将影响开挖进度,因此一般先按设计坡度要求挖成台阶状,其高度比按设计坡度要求开挖,最后进行削坡。这样施工削坡方量较少,但施工时必须严格掌握,台阶平台应水平,高必须与平台垂直,否则会产生较大误差,增加削坡方量。

2. 机械开挖

(1)推土机开挖渠道。采用推土机开挖渠道,其开挖深度不宜超过 1.5~2.0 m,填筑堤顶高度不宜超过 2~3 m,其坡度不宜陡于 1:2。在渠道施工中,推土机还可平整渠底,清除植土层,修整边坡,压实渠堤等。

(2)铲运机开挖渠道。半挖半填渠道或全挖方渠道采用铲运机开挖最为有利。

3. 爆破开挖渠道

采用爆破法开挖渠道时,药包可根据开挖断面的大小沿渠线布置成一排或几排。

4. 人工填筑渠堤

筑堤用的土料以黏土略含砂质为宜。若用几种土料,应将透水性小的填筑在迎水坡,透水性大的填筑在背水坡。土料中不得掺有杂质,并保持一定的含水量,以利压实。

填方渠道的取土坑与堤脚应保持一定距离,挖土深度不宜超过 2 m,取土宜先远后近。半挖半填式渠道应尽量利用挖方筑堤,只有在土料不足或土质不适用时取用坑土。

铺土前应先行清基,并将基面略加平整,然后进行刨毛,铺土厚度一般为 20~30 cm,并应铺平铺匀,每层铺土宽度略大于设计宽度,填筑高度可预加 5% 的沉陷量。

(二)渠道衬砌

渠道衬砌的类型有灰土、砌石或砖、混凝土、沥青材料及塑料薄膜等。选择衬砌类型的原则是防渗效果好,因地制宜,就地取材,施工简单,能提高渠道输水能力和抗冲能力,减少渠道断面尺寸,造价低廉,有一定的耐久性,便于管理养护,维修费用低等。

二、管道施工

管道施工包括管沟开挖、管道安装与铺设、管沟回填及管道试压等。

（一）管沟开挖

管道沟槽开挖的断面形式有：直槽、梯形槽、混合形槽三种，深度和宽度应达到设计要求。

（二）管道安装与铺设

管道安装应在沟底高程和管道基础质量检查合格后进行。供水管道一般应铺设在未经扰动的原土上，表面平整。不得铺设在坚硬的砖石上或松软的木块及其他垫块上。管道下沟槽的方法，一般有机械和人工下管两种。

（三）管道回填

为了防止管道位移，沟槽塌方，避免引起管道应力集中产生不均匀沉降，致使管道损坏而产生漏水以及大口径管道产生浮管，应认真做好管沟的回填。

沟槽在管道安装与铺设完毕后应尽快回填，并按下面两个步骤进行：

（1）管道两侧及管顶以上不小于0.5 m的土方，安装完毕，即行回填，接口处留出，以便试压时查漏，管基底部必须填实铺平。

（2）管道的其余部分，在管道水压试验合格后回填。

（四）管道试压

为了检验管道工程的施工质量，为工程验收提供必要的技术指标，应对管道工程进行测试，测试内容有水压试验和渗水试验。

三、埋地塑料管道施工技术

（一）沟槽开挖

沟槽应按设计的平面位置和高程开挖，不得扰动基底原状土层。人工开挖且无地下水时，沟底预留值宜为0.05～0.10 m。机械开挖或有地下水时，沟底预留值不应小于0.15 m。管道敷设前应人工清底至设计标高。

人工开挖沟槽且沟槽深超过3 m时，应分层开挖，每层的深度不宜超过2 m；采用机械挖槽时，沟槽分层开挖的深度应按机械性能确定。

沟槽两侧的临时堆土，不应影响周围建筑物、各种管线和其他设施的安全。人工开挖沟槽时堆土高度不宜超过1 m，且距槽口边缘不宜小于0.8 m。

（二）地基处理

管沟基础应采用中粗砂或细碎石的弧形基础。地基承载能力特征值不应小于60 kPa。在地下水位较高、流动性较大的场地内，当遇管道周围土体可能发生细颗粒土流失的情况时，则需沿沟槽底部和两侧边坡上铺设土工布加以保护，土工布密度不宜小于250 g/m。在同一敷设区段内，当遇地基刚度相差较大时，应采用置换垫层或其他有效措施减少管道的差异沉降。垫层厚度应视场地条件确定，但最小厚度不应小于0.1 m。若遇超挖或发生扰动，可置换天然级配砂石料或最大粒径小于10 mm的碎石，并整平夯实，其压实度应达到基础层压实度要求，不得用杂土回填。若槽底遇有尖硬物体，则必须清除，并用砂石回填处理。管道系统中承插式接口、机械连接等部位的凹槽宜在管道铺设时随铺随挖，凹槽的长度、宽度和深度可按管道接头尺寸确定。在管道连接完成后，应立即用中粗砂回填密实。

对一般土质的管道基础处理，应在管底以下原状土地基上铺垫100 mm中粗砂基础层。对软土地基，当地基承载能力小于设计要求或由于施工降水、超挖等，地基原状土被扰动而影响地基承载能力时,应按设计要求对地基进行加固处理。在达到规定的地基承载能力后,再铺垫 100 mm 中粗砂基础层。当沟槽底为岩石或坚硬物体时,铺垫中粗砂基础层的厚度不应小于 150 mm。

(三)管道安装

塑料管道常用连接方式有:承插式弹性密封圈连接、双承口弹性密封圈连接、卡箍连接、胶黏剂黏接、热熔对接、承插式电熔连接、焊接等。

塑料管道安装时应将管道插口顺水流方向,承口逆水流方向,且宜由下游往上游依次进行。在雨期施工或地下水位高的地段施工时,应采取防止管道上浮的措施。当管道安装完毕尚未覆土,管沟积水时,应及时排水并进行管道高程的复测和外观检测,若发现位移、漂浮、拔口等现象,应及时返工处理。

对塑料管道与塑料检查井的连接,可参照塑料管道之间的连接方式。对塑料管道与混凝土检查井或砌体检查井的连接,可采用预制混凝土外套环,并用水泥砂浆将混凝土外套环砌筑在检查井井壁上,然后采用橡胶密封圈连接的柔性连接方式,亦可采用将管端用水泥砂浆砌入检查井井壁的刚性连接方式。

(四)沟槽回填

沟槽回填前应检查沟槽。沟槽内不得有积水,砖、石、木块等杂物应清除干净。沟槽回填应从管道两侧同时对称均衡进行,并确保管道不产生位移,必要时应对管道采取临时限位措施,防止管道上浮。回填土中不得含有石块、砖及其他杂硬物体,不得用淤泥、有机物和冻土回填。回填土不得直接回填在管道上,以免损伤管道及其接口。管道有效支撑角(腋角)范围内应采取中粗砂填充密实,不得用土或其他材料填充。

沟槽回填时应严格控制管道的竖向变形。当管道内径大于 800 mm 时,可在管内设置临时竖向支撑或采取预变形等措施。

(五)质量检验

埋地塑料排水管道工程质量检验包括密闭性检验、变形检验、回填土压实度检验。密闭性检验应按检查井井距分段进行,每段长度宜采用 3 ~ 5 个连续井为一组,并带井试验。

变形检验应在沟槽回填至设计高程后 12 ~ 24 h 内测量。当管道内径 $d < 800$ mm 时,管道的变形量可采用圆形心轴或闭路电视等方法进行检测。当管道内径 $d > 800$ mm 时,可人工进入管内检测。管道竖向直径变形率不应超过 3%;当超过 3% 时,应采取措施进行处理。

沟槽回填土的压实度可采用环刀法或灌砂法检验,检测结果应符合设计要求。

第十三章　烟水配套工程建后管护问题探讨

对烟水配套工程如何进行建后管护,管护制度建设如何适应当地的生产力发展状况,这一问题是摆在我们面前且必须要认真解决的重大问题。在研究借鉴我国农田水利工程管护运行机制改革成果的基础上,深入实际调查研究,利用水利工程项目管理知识,提出烟水配套工程管护运行办法以及制度建设过程中应当注意的问题,以期制定出科学合理的管护机制。

第一节　概　述

一、问题提出的背景

"三分建设,七分管护"是多年来农田水利基本建设总结出的经验。水利工程建后管护不仅对于水利部门来说是一个难题,对于烟草部门而言,更是一个陌生的、特殊的领域。如果对大量的烟水配套工程没有管护好,便背离了当初的建设初衷,失去了建设意义,对烟叶生产可持续发展也有重大影响。如果管护机制制定不当,则无法保证工程发挥其应有的效用,建设投资将付诸东流,可能让烟草行业背上沉重的经济负担和责任。本书主要从如何科学地、合理地制定烟水配套工程的管护机制进行探讨。

二、烟水配套工程建后管护现状及存在问题

(一)烟水配套工程建设管护工作现状

国内外有关水利工程建后管护机制的学术研究并不多见,管护机制则因各国的体制不同而有所区别。就国内而言,烟水配套工程建后管护机制的专题研究更是不多见。近几年来,由于大规模烟水配套工程的建设,各级烟草部门对如此规模的烟水配套工程的建后管护问题日益忧心,并越来越引起行业各级领导的高度重视。姜成康局长 2008 年 5 月 29 日在全国烟叶生产基础设施建设表彰会上对今后烟叶生产基础设施建设提出的四个方面要求,其中就有:各单位要高度重视工程项目管护工作,坚持建管结合、管用并举,突出烟农主体地位,努力提高管护水平,使这些工程项目发挥出应有的功能作用,为烟叶生产持续稳定发展和建设现代烟草农业提供基础保障。

出台相关政策的地区多为云南、贵州、四川、重庆、湖北的各产烟县,是以市、县政府发文的形式出现。例如:贵州毕节地区行政公署印发的《毕节地区烟水配套工程运行管护暂行规定》提出,烟水配套工程项目的运行管护应遵循"谁受益、谁管护,以水养水、节约用水,有偿使用、财政适当补助"的原则。湖北咸丰县人民政府《关于加强烟水配套工程后续管护工作的通知》:烟水配套工程产权移交地方后,各乡(镇)人民政府对本辖区烟水配套工程后续管护工作负领导责任,各受益村民委员会负直接责任。各乡(镇)要成立以分管领导为组长,以水利水产服务中心、派出所、烟草站等部门和受益村负责人为成员的后续管护工作领

导小组。这些地方政策的出台,在一定程度上解决了烟水配套工程的暂时管护问题。目前,其他地区也根据当地的实际制定了很多管护政策。

(二)管护工作面临的问题

经过对部分地区烟水配套工程建设建后管护情况的深入调查,我们发现,目前工程的建后管护工作存在许多问题:一是地方政府缺乏管护工作经验和专业管理水平;二是农民群众集体意识淡薄,缺乏对集体管理的认识;三是管护资金管理不到位;四是工程移交后的运行管理制度不完善。

第二节 几种管护模式的探索

目前,关于小型水利工程建后管护制度建设都处在探索和尝试的阶段,并不存在某一种管理方法或者制度是通用的,这就要求我们在总结其他地区管护模式的基础上,分析各地的实际情况,采用类比移植的思想,借鉴小型水利工程管护成果建立适合所在地区发展的管护模式。

一、农民用水户协会机制模式

(一)概述

参与式灌溉管理是 20 世纪 80 年代以来国际上灌溉管理体制和经营机制的一项重大变革,其强调将原属于政府的部分职能移交给非政府组织或以农民为主体的社团组织,建立以用水户自主管理的互助合作性质的用水户组织。

农民用水户协会是经过民主协商、经大多数用水户同意并组建的不以营利为目的的社会团体,是农民自己的组织,其主体是受益农户。在协会内成员地位平等,享有共同权利、责任和义务。农民用水户协会的宗旨是互助合作、自主管理、自我服务。

农民用水户协会的职责是以服务协会内农户为己任,谋求其管理的灌排设施发挥最大效益,组织用水户建设、改造和维护其管理的灌排工程,积极开展农田水利基本建设,与供水管理单位签订供用水合同,调解农户之间、协调农户与水管单位之间的用水矛盾,向用水户收取水费并按合同上缴供水管理单位。

农民用水户协会的任务是建设和管理好农村水利基础设施、合理高效利用水资源,不断提高用水效率和效益,为当地农户提供公平、优质、高效灌排服务,达到提高农业综合生产能力、增加农民收入、发展繁荣农村经济、保护和改善生态环境的目的。

据统计,截至 2012 年,我国已有 30 个省(区、市)不同程度地开展了用水户参与灌溉管理的改革,组建了以农民用水户协会为主要形式的各种农民用水户合作组织 2 万多个,管理灌溉面积 660 多万 hm^2,参与的农村人口有 6 000 多万户。水利部、国家发展和改革委员会、民政部《关于加强农民用水户协会建设的意见》(以下简称《意见》)认为:"试点并推广农民用水户参与灌溉管理,在增强农民民主管理意识、密切供用水双方的关系、改善田间工程管理和维护状况、改进田间灌排服务水平、促进节约用水、提高水费收取率、减轻农民不合理负担、降低农业生产成本、保证农民增收等方面取得了明显成效,也探索出了很多好的经验。实践证明,推进农民用水户协会的发展和改革,深受地方政府、灌区管理单位和农民的欢迎。田间灌排工程由农民用水户协会管理,是灌区管理体制改革的方向。"

（二）取得的成效

（1）解决了管理主体失缺的问题。

长期以来，大中型灌区支渠以下工程管理主体缺位，灌区、乡（镇）、村互相牵制，互相推诿，工程维修难落实，水费难收缴，农民意见较大。农民用水户协会建立后，明确了协会为管理主体，农民用水户的积极性得到了充分调动，灌溉管理、工程管理和维修养护都得到了落实，各项工作有了显著的改观。

（2）增强了农民用水户的节水意识。

农民用水户协会积极宣传节约用水、加强用水管理，推广节水技术，增强了用水户的节水意识。

（3）改进了水费计收方式，减轻了农民负担。

农民用水户协会管理的灌溉区，改过去单纯按亩计收为支渠口按方计收，斗渠口以下按亩计收，水费标准按本级渠系灌溉成本价确定，水费由农民用水户直接开票收费到户，推行水价公开，按实收费，减少了水费收缴的中间环节，杜绝了附加在水费上的各种不合理收费现象；同时，协会将收费情况向农民公布，接受监督。

（4）减少了用水纠纷。

建立用水户协会前，许多灌区每年一到灌溉季节，千把锄头上渠道，水事纠纷不断，为争水打架斗殴的事件屡见不鲜。建立农民用水户协会以后，实行"一把锄头"放水，水事纠纷得到了遏制。

二、个人承包机制

作为新时期的主要标志的改革开放在十一届三中全会后开始起步。经济体制改革的浪潮首先从农村掀起，其主要内容是实行家庭联产承包制。由安徽、四川农民于1978年底1979年初率先实行了这项改革，在邓小平等领导人的支持下，迅速扩展到全国农村，使农民告别了人民公社制度，也推动了中国农村各项事业的蓬勃发展。联产承包生产责任制扩大了农民的自主权，调动了农民的生产积极性，发挥了小规模经营的长处，促进了农业生产的发展。联产承包责任制实际是以个人承包集体生产资料为主的个人承包制，它不仅被证明是正确的农村经济管理体制，而且作为党在农村的基本政策，要长期稳定并不断完善。那么，作为烟水配套工程在农村的管护问题，以个人承包为主的形式进行管理的模式符合当前我国农村生产力的发展状况。

（一）个人承包机制的发包主体

烟水配套工程的发包主体即产权人。烟水配套工程建成后，要按国家烟草专卖局的有关政策进行产权移交，有的移交给了烟农，有的移交给了村组（集体），本次探讨的管护问题主要是移交给村组（集体）的工程。发包主体可以是村组，如果是跨村组的工程，应成立用水户协会，用水户协会作为发包主体。

（二）个人承包机制的承包主体

参与个人承包的主体可以是受益烟农，也可以是其他人。

（三）建立完善的个人承包管护机制

1. 个人承包机制发包的条件

烟水配套工程要具备以下发包条件：①能够正常运行；②能够定点供水；③能够定点计

量。

2.承包范围的划分

承包范围的划分原则是可以总包,也可以根据不同的供水区域划分合同段承包。

(四)个人承包机制的发包方式

烟水配套管护承包应以公开招标的方式进行发包。招标的程序一般为:发布招标公告,接受报名,对报名人进行资格审查,向合格投标人发出招标文件,投标人编制投标文件,开标、评标、定标,公示评标结果,与中标人签订合同。

(五)承包价格的计算方法

烟水配套工程管护承包价格应以计算的水价为基础,然后由投标人报价竞争。

水价一般包括动力费、检修费、大修费、折旧费、劳务费等。

下面以某提灌工程为例介绍水价计算。

某烟水配套工程于2007年12月动工兴建,2008年5月竣工。工程包括集水系统(集水井)、2台双吸离心泵、骨干管网、4座蓄水池、出水支管、田间管网、500多个出水口。

(1)采取以下发包管护办法:①四座水池分别独立招标承包,承包人定量定点供水,直接向用水户收费,负责蓄水池、出水支管和出水口的检修、维护。②提灌站单独招标承包,承包人定量定点向蓄水池承包人供水,向水池承包人收费,负责集水系统、提灌机电设备的日常维护、检修、大修。

(2)动力费的计算。

动力费是提灌所需的电费、燃油费。

1号泵:功率180 kW,效率81%,出水量695 m^3/h。

每小时电费:$180 \times 0.5 = 90$(元/h)

每小时出水量:$695 \times 0.81 = 562.95$(m^3/h)

每立方米电费:$90/562.95 = 0.16$(元/m^3)

2号泵:功率280 kW,效率87%,出水量1 170 m^3/h。

每小时电费:$280 \times 0.5 = 140$(元/h)

每小时出水量:$1\ 170 \times 0.87 = 1\ 017.9$($m^3$/h)

每立方米电费:$140/1\ 017.9 = 0.14$(元/m^3)

动力费取0.16元/m^3。

(3)检修费的计算。

检修费按动力费的5%计算:

$0.16 \times 0.05 = 0.008$(元/m^3)

(4)大修费的计算。

大修费按动力费的10%计算:

$0.16 \times 0.1 = 0.016$(元/m^3)

(5)折旧费的计算。

折旧费主要指机电设备,2台机组投资30万元,寿命按20年,灌溉面积2 000亩,灌溉定额40 m^3/亩,每年灌溉2次。

每年提水量:$2\ 000 \times 40 \times 2 = 160\ 000$($m^3$)

每年折旧$30/20 = 1.5$(万元/年)

折旧费:15 000/160 000 = 0.09(元/m³)

(6)承包人劳务费。

五人按1 000元/(人·年),共计5 000元/年。

劳务费:5 000/160 000 = 0.031(元/m³)

(7)水有效利用系数。

灌溉水有效利用系数取0.8。

(8)每立方米供水价格。

每立方米供水价格 = (动力费 + 检修费 + 大修费 + 折旧费 + 劳务费)/ 水有效利用系数

= (0.16 + 0.008 + 0.016 + 0.09 + 0.031)/0.8 = 0.38(元/m³)

再考虑其他未计因素,供水价格可取0.4元/m³。

(9)用水户对供水价格的承受能力。

灌溉定额40 m³/亩,水费0.4元/m³。

每年灌溉一亩费用为40×2×0.4 = 32(元/亩)

三、受益户共有制

这种改革形式实现了小型农田水利工程经营管理体制与土地承包责任制的有效统一,带动了农民的积极性,为小型农田水利工程的建设和管护建立了长效机制,提高了水利工程效益,促进了农村生产力的发展,农民支持拥护,在实践地区取得了明显效果。

(一)内涵

所谓受益户共有制,是指将所有权归属集体、农户自用的小型农田水利设施的一定期限的使用权划给受益农户;以每个成员的受益面积(或人数、受益程度)为基础确定其共有份额,受益农户按份额享受权利和承担义务;工程的运行管理由受益群体自主决定并用合同的形式明确权利义务的一种水利工程运行管理机制。简要的概括为十六个字"产权共有、管理民主、合同签订、堰随田走"。受益户共有制改革程序分为六步:一是确定农田水利工程的受益范围;二是确定与工程对应的受益对象、受益面积并全范围公示;三是受益农户与村集体签订《水利工程使用权变更合同》;四是选举受益户代表(产权代理人);五是签订《工程管理合同》;六是签发相关的权属证书。

(二)作用

(1)调动了农民积极性。

(2)增强了农民管理农田水利工程的责任感。改革使农民意识到平时管理不好工程最终损失的是自己的利益。

(3)提高了工程效益。包括灌溉效益和多种经营效益提高,改变了过去工程无人管现象。

(4)减少了用水矛盾。受益户如今是利益共同体,供水秩序少有人破坏,用水矛盾也就明显减少,大家为了共同的利益而和平共处。

(5)一定程度上消除了管理缺位的现状,完善了现行小型农田水利工程的管护模式。

(三)成功的原因

水不可以像土地能分割到户进行经营管理,水利工程必须保持其整体形态才能发挥效用。所以,水利工程只能以"共有制"的形式将份额划分到户,这是水利工程自身的整体性决定的。这一点正是共有制能够实行的先天依据。

受益户共有制之所以能够成功实行，最关键的一点是实现了权、责、利三者的有机统一。受益群体在享有使用权的同时也有收益，有权利才会有责任心。此外，由政府部门印发《农村小型水利设施权属证书》给实施受益户共有制改革的农村小型水利设施，把设施的使用权和所有权以法律的形式得以固定，因为农民手中有凭证，不会因为担心领导的变动而动摇建管积极性，这是解决长效机制问题的关键。这一举措也规范了改革的内容、形式和程序，使水利产权制度的改革走向良性发展的轨道。

（四）适用性

受益户共有制改革的实行也需要一定条件：

（1）必须有明确的水利工程的受益范围和对象，那些跨村跨乡规模大的水利工程，受益范围不明确或不具体就不容易实施。

（2）对那些有明显效益或短期内能发挥出效益让农民既得利益及时体现的工程比较实用，不直接或者是短期内不能发挥效益的水利工程并不适用这种改革形式。

四、民营水利

随着社会主义市场经济体制的建设，市场意识已经渗透到水利行业中，实则为民营水利的萌芽创造了有利条件。国家有关政策法规中作出相应的规定，"鼓励提倡社会法人、农村集体经济组织以及联户、个人，经水利部门的批准，投资兴办水利工程，并坚持谁投资，谁建设，谁受益，谁管理的原则"。鼓舞了民间资本对水利建设的投入热情，促进了民营水利的发展。

（一）内涵

民营水利是将水利工程的建设管护作为获取利润的一种经营性行为，是农田水利建设的有益补充，是市场经济发展的必然产物，是农民自愿参与水利工程建设管理的一种新型经济实体。民营水利不仅充分体现了市场经济的优势特征，更充分体现了以民为本的指导思想。此外，民营水利是对当前水利投入渠道单一、建设管理机制薄弱的补充，是小型农田水利建设的一股新动力，是我国水利改革的一个重要举措。

（二）主要形式及作用

民营水利工程有三种主要形式：

（1）承包，在保持工程所有权不变的基础上，对工程的部分或整体通过竞价、中标、承包的形式转让给私人；

（2）拍卖，在保持工程所有权不变的基础上，对工程的部分或整体通过竞价、中标、购买的形式转让给私人；

（3）租赁，在保持工程所有权不变的基础上，对工程的部分或整体通过竞价、中标、租赁的形式转让给私人。

民营水利主要的投资形式有独资、合资、招商引资。

民营水利的发展在农田水利管理体制改革中起到了很重要的作用：

（1）降低了农民用水成本，激发了农民建设维护农田水利工程的积极性；

（2）解决了非民营水利发展的死角，为小型农田水利改革注入了新活力；

（3）利于筹集社会资本，缓解国家投入农田水利建设资金不足的困难，加快水利建设的步伐。

（三）问题及对策

问题：①关于推进民营水利发展的相关政策法规还不够完善，民营水利业主的权益没能得到相应的保护；②一些地区在没有进行充分的调研与论证的基础上胡乱开发，造成工程标准低和重复建设，极大浪费了水利资源；③有些地区因为民营水利的业主技术不高，从而使水利工程的建设维护缺乏科学性，质量不高，并且存在着严重的安全隐患。

对策：①加强监督管理，制定科学合理的相关政策法规，保护业主权益；②积极进行人员培训，进行正确引导，建立与现阶段市场经济相适应的民营水利建设管护体制；③搞好科学规划，加大力度处理病险、解决遗留，保证民营水利健康有序发展。

（四）适用性

民营水利的实行要有以下三个条件：一是当地的水利工程特别是水源工程相对缺乏，农民用水矛盾非常突出的地方；二是当地要有有能力、有热情投资水利工程的带头人；三是当地农民有强烈的改变水利现状的期望。

第三节　管护制度建设应注意的问题

一、管护机制建设的理论依据

生产力决定生产关系，生产关系对生产力有反作用。是否能够推动生产力发展，是评判生产关系先进或落后的根本标准。管护机制实际上也是一种生产关系，对管护机制的探讨首先从研究当地的生产力出发。

生产力的三要素是劳动者（主导）、劳动工具（生产力水平的重要标志）和劳动对象。生产关系的三要素是生产资料的所有制、人们在生产过程中形成的地位及相互关系以及由以上两个关系形成的分配、交换、消费关系。

二、研究当地的生产力状况

（1）劳动者。当地人们的风俗习惯、生活水平、对烟水配套工程的认识、政策水平、执行力度等。

（2）劳动工具。自流灌溉还是提灌、机井、管网、人工提水，工程好用不好用等。

（3）劳动对象。是烟田还是非烟田，灌溉定额、年灌次数、旱涝情况等。

这些研究必须深入乡（镇）、村庄细致调查、召开座谈会、多方听取意见和建议，写出调查报告，同时根据工程的设计文件写出灌溉制度，对生产力的三要素进行归类总结，做出判断。

三、依据生产关系的三要素进行管护机制建设

根据对当地生产力状况的研究，抓住生产关系的三要素来制定管护机制。

（1）生产资料的所有制：工程的产权问题；

（2）人们的地位及相互关系：管护人的权利、义务问题；

（3）分配、交换、消费关系：管护人的报酬、利益问题。

从当地实际情况出发,研究好两个三要素,就能抓住管护机制中的实质,制定出的管护办法就能顺利实行下去,烟水配套工程的管护工作才能做好。

烟水配套工程建后管护问题是一个管理难题,管护制度的建设需要结合当地的具体情况,没有统一的样板,只有符合当地生产力发展状况的管护机制才是合理的、有效的。对于如何管护,我们仍然处于探索阶段,相信通过不断的研究实践定能找出一套合理的管护制度。

附　录

附录一

附表1　基本烟田水利设施单元及工序工程项目划分表

单元工程类别	单元工程	工序工程	说明
水池(窖)工程	水池、水窖	△1 地基开挖与处理 2 池体砌(浇)筑 3 防渗抹面 4 勾缝 5 土石方回填 6 附属设施	1 同种工序可视工程量划分数个 2 混凝土浇筑还有模板、钢筋工序 3 附属设施含集雨坪、汇流沟、输水渠、沉沙池、取水口盖板、围栏、水闸、梯步、溢流管、闸阀室、拦污栅、滤网等
塘坝工程	山塘、堰坝	△1 地基开挖与处理或清淤 △2 坝基防渗 3 坝体填筑 △4 坝体防渗 5 上下游护坡 6 放水设施 7 坝顶设施 8 坝脚排水设施	1 同种工序可视工程量划分数个 2 上下游护坡含马道、梯步、排水沟等 3 放水设施含涵闸及启闭设施 4 坝顶含防浪墙、栏杆、路面等 5 坝脚排水设施含贴坡排水、棱体排水等
沟渠工程	1 排洪渠(宽80 cm以上、高100 cm以上) 2 主干渠(宽60~80 cm、高50~80 cm) 3 支渠(宽40~60 cm、高30~50 cm)	△1 地基开挖与处理或清淤 2 渠底混凝土浇筑 3 渠堤衬砌 4 防渗抹面 5 勾缝 6 附属设施 7 土方回填	1 同种工序可视工程量划分数个 2 渠堤衬砌如为混凝土浇筑,应还有模板 3 附属设施含人行桥、机耕桥、水闸、涵洞等
	4 渡槽	1 地基开挖与处理 2 排架及支墩砌筑 3 模板支护 4 钢筋安装 5 槽身浇筑或预制块安装 6 防渗勾缝及伸缩缝处理 7 土方回填	同种工序可视工程量划分为数个

单元工程类别	单元工程	工序工程	说明
沟渠工程	5 倒虹管	△1 地基开挖与处理 2 模板安装 3 钢筋安装 4 镇墩、支墩砌筑或浇筑 5 管身浇筑或预制倒虹管安装 6 防渗勾缝及伸缩缝处理 7 土方回填	同种工序可视工程量划分为数个
	6 隧洞	△1 洞身开挖及处理 2 模板安装 3 钢筋 4 洞身浇(砌)筑 5 防渗抹面 6 勾缝	
管网工程	1 主引水管	△1 地基开挖与处理 2 镇墩、支墩砌(浇)筑 3 管道安装 4 管槽土方回填	1 相同工序可视工程量划分为数个 2 主引水管含镇墩、支墩 3 混凝土浇筑还应有模板工序
	2 田间配水管	1 地基开挖与处理 2 放水桩头(闸阀井)浇筑及安装 3 管道安装 4 管槽土方回填	相同工序视工程量划分为数个
提灌站工程	1 泵房	△1 基础工程 2 土石方回填 3 主体工程 4 地面与屋面工程 5 门窗工程 6 装饰工程 7 电器安装工程	按 GB 50300 划分及检查验收
	2 水泵及机电设备安装	△1 基座地基开挖与处理 2 基座浇筑 3 水泵及机电设备安装 4 进出水管安装	含风力提灌设备
	3 调节池	参照水池(窖)工程	含集水系统
	4 上(出)水管	参照管网工程主引水管工序	含进出水闸阀等

单元工程类别	单元工程	工序工程	说明
机(水)井工程	1 大口井	△1 开挖及井壁砌(浇)筑 2 机电设备安装 3 配套设施安装	1 相同工序视工程量划分为数个 2 如有钢筋混凝土浇筑还应有模板工序、钢筋工序
	2 集水井	△1 开挖及井壁砌(浇)筑 2 机电设备安装 3 配套设施安装	
	3 管井	△1 钻井与井管安装 2 机电设备安装 3 配套设施安装	
	4 辐射井	△1 开挖及井壁砌(浇)筑 2 辐射管安装 3 机电设备安装	
	5 机房	△1 基础工程 2 土石方回填 3 主体工程 4 地面与屋面工程 5 门窗工程 6 装饰工程 7 电器安装工程	按 GB 50300 划分及检查验收

注:工序工程前加"△"者为"重要隐蔽与关键部位工程",也可为一般隐蔽工程,视工程部位的重要性而定。

附录二

《河南省烟水配套工程可行性研究报告》编写提纲（试行稿）

扉页　　　　　加盖设计单位设计资质章
前插页1　　　设计单位设计资质影印件
前插页2　　　设计人员分工说明

1　综合说明

1.1　项目背景（简要说明项目概况，提出项目立项背景、原因及有关的政策依据，并从水资源、效益、当地烟叶种植情况等方面论证烟水配套项目建设的目的和意义）。

1.2　项目建设任务与规模（简要叙述工程建设的具体任务，说明建设项目的各个单项工程的名称、数量和主要技术参数或工程设计的特征指标，或工程项目一览表）。

1.3　项目投资概算及资金筹措（按工程大类说明分类投资的数量以及占总投资的比例，工程总投资以及筹资方案，独立费部分不得超过国家局或省局的有关规定）。

1.4　项目总体评价（重点是在项目区水资源论证的基础上，从技术水平、经济效益、社会效益及当地领导和群众对烟水配套项目的认识等方面进行项目总体评价，提出总体评价结论，并分析项目建设的可行性）。

1.5　项目的必要性和可行性论证（必要性主要从政策、资源效益、农民增收和产业发展等方面论证；可行性主要从技术、经济条件和水土资源等方面进行分析）。

1.6　项目组织管理（简要说明项目建设的组织机构和法人组建方案，项目建设实施计划）。

2　项目区概况

2.1　自然地理条件（说明项目区的位置和规划范围，项目区的气候、地形地貌、工程地质、水文地质、土壤、植被等情况）。

2.2　社会经济状况（说明项目区行政隶属、人口、耕地、土地利用现状、烟田种植面积、农民收入以及交通、电力和建筑材料等方面的情况）。

2.3　水文气象（介绍项目区主要气象资料（气温、降雨、日照、蒸发量、风速、无霜期）和气候特征、河流水系以及水位、流量、泥沙）。

2.4　水资源条件论证结论（论证项目区水资源（包括地表水、地下水、过境水）的来水总量、构成、时空分布特点及可利用水资源量，亦包括现有水利工程供水能力分析及新开发水源的可行性分析论证）。

3　水资源评价及供需平衡分析

3.1　烟田发展规划（编制烟田五年发展规划）。

3.2　烟田灌溉制度确定（灌溉制度是指作物播前灌及全生育期内的灌水次数、每次的灌水日期和灌水定额以及灌溉定额，各次灌水定额之和称灌溉定额。它是灌溉工程规划设计的重要依据。一般采用水量平衡法进行计算，亦可根据灌溉试验资料或借鉴有关标准或手册进行确定）。

3.3　项目区需水量分析（包括灌溉、生活、其他用水）。

3.4 项目区可供水量分析(包括地表水、地下水、过境水,设计水平年 $P = 75\%$)。

3.5 项目区水资源供需平衡分析(分析计算项目建成后或设计水平年烟水配套工程的可供水量、需水量,并说明余缺结果,由此得出水资源评价结论)。

4 工程设计

4.1 设计依据和标准(与本项工程建设有关的工程技术标准、规范、规程、指标以及政策法规等方面的依据)。

4.2 工程总体布置方案优选(在实地勘察的基础上,选择 2~3 个工程总体布置方案,论证各方案的优缺点,通过技术、经济以及施工难易程度的比选,最后确定最优工程总体布置方案。按最优方案进行工程总体布置的详细设计,重点是工程总体布置平面图,然后进行各单元工程设计)。

4.3 工程设计等级及设计标准(参照《水利水电工程等级划分及洪水标准》(SL 252—2000)分别确定出烟水配套工程中水工建筑物、引水建筑物、蓄水建筑物、泵站、排洪渠和灌溉渠道及渠系建筑物的工程等级、建设规模、使用年限以及有防洪任务建筑物的防洪标准)。

4.4 拦河坝设计(烟水配套工程中多采用土石坝、砌石坝、混凝土坝,以土石坝设计为例):

4.4.1 土石坝坝型和布置(土石坝选址,以当地筑坝材料选择合适的坝型,在河流地形地质有利的位置分别布置拦河坝、溢洪道、泄水管等建筑物,并计算和说明土石坝的拦蓄水量)。

4.4.2 土石坝断面尺寸确定(坝顶宽度、坝顶高程、坝坡坡度、土石坝高度)。

4.4.3 土石坝结构设计(排水体、护坡,渗流计算、稳定计算)。

4.4.4 溢洪道设计(引水渠、溢流堰、泄水槽、消能设施)。

4.4.5 土石坝地基处理(坝体和坝基防渗、土坝与岸坡的连接)。

4.5 塘坝设计(塘坝指蓄水容积在 10 万 m^3 以下的蓄水工程):

4.5.1 塘坝选址。

4.5.2 塘坝供水量计算。

4.5.3 塘坝坝体设计。

4.5.4 进水、放水、泄水建筑物设计。

4.5.5 其他设计(包括护栏、爬梯及警示语等设计)。

4.6 水窖(或集雨工程)设计:

4.6.1 集雨场规划(集雨场选址、集雨场面积的确定、集雨面材料的选择、最大集雨量计算)。

4.6.2 汇流输水系统规划(汇流沟、输水沟)。

4.6.3 净化工程(沉沙池、过滤池、拦污栅,以上 3 部分应有包括集雨场、汇流输水系统、净化工程的平面规划图)。

4.6.4 水窖设计(窖址选择、容积确定、窖体结构形式、窖体材料)。

4.7 蓄水池设计:

4.7.1 蓄水池规划(蓄水池选址,蓄水池容积大小、数量、布局)。

4.7.2 蓄水池结构设计(按蓄水池结构形式分类进行相应的结构设计)。

4.7.3 蓄水池基础处理(存在蓄水池基础安全隐患的地方应做好蓄水池基础处理,对于混凝土蓄水池应做好分缝和止水处理)。

4.7.4　其他设计(包括护栏、爬梯及警示语等设计)。

4.8　机井设计(按《机井技术规范》(SL 256—2000)进行设计):

4.8.1　机井规划(井位、井径、井深、单井出水量、单井控制面积、井距以及群井数量与布局)。

4.8.2　机井设计(管井、大口井,提供机井井位处地层柱状图和机井设计图)。

4.8.3　井房设计(结构形式、尺寸大小)。

4.8.4　机井配套设计(水泵选型(确定设计流量、确定设计扬程、水泵选型,设计扬程应以机井动水位的埋深和总水头进行计算);动力机选型可按水泵样本选取;输变电设备选型(输电线路、变压器的型号、规格、参数、数量))。

4.9　提灌站设计

4.9.1　提灌站规划(提灌站选址、提灌站组成及其布置、设计参数(Q、H))。

4.9.2　水泵与电机选型设计(设计流量确定、设计扬程确定、台数确定、水泵选型,动力机选配)。

4.9.3　泵房设计(结构形式、泵房设备布置及尺寸确定、泵房结构设计)。

4.9.4　提灌站进出水建筑物设计(进水口、引渠、前池和进水池、出水池、出水管道)。

4.9.5　输配电系统选型设计(输电线路(高压、低压)、电气主接线、变压器、配电装置(配电屏、配电箱、开关等的型号、规格、参数、数量))。

4.10　管网设计(按《农田低压管道输水灌溉工程技术规范》(GB/T 20203—2006)进行设计):

4.10.1　管网布置与定线(按管道分级进行管道的编号以及按出水桩顺序进行编号,并在管网平面布置图上标注出水桩到出水桩的距离、第一个出水桩到干管的距离、干管各段之间的距离)。

4.10.2　管网设计(干、支管的管材选择,管径确定,管道水力和工作压力计算,管道埋深)。

4.10.3　管网辅助设计(管件、辅助件、管沟、镇墩、支墩)。

4.11　灌溉渠道设计:

4.11.1　渠道布置与定线(按渠道分级进行渠道的编号)。

4.11.2　渠道设计(设计流量推求、横断面设计、纵断面设计)。

4.11.3　渠系建筑物设计(引水建筑物、配水建筑物、交叉建筑物、衔接建筑物、泄水建筑物)。

4.11.4　渠道衬砌(混凝土或浆砌石)。

4.12　排洪渠设计:

4.12.1　排洪渠布置与定线(按排洪渠分级进行排洪渠的编号)。

4.12.2　排洪渠设计(排水标准选择、设计排水流量推求、横断面设计、纵断面设计)。

4.12.3　排洪渠渠系建筑物设计(排水闸、交叉及衔接建筑物、承泄区)。

4.13　机耕路设计:

4.13.1　机耕路布置与定线(按机耕路分级进行机耕路的编号,从起始点以路桩形式标注各条机耕路的距离)。

4.13.2　路面设计(路面结构、材料)。

4.13.3 路基设计(路基填筑材料的粒径和压实度、路基高度和厚度、路肩、路缘、路旁排水沟、路旁植树)。

4.13.4 纵断面设计(纵坡、缓坡段)。

4.14 工程量计算(说明建设项目的具体内容以及各个单项工程的名称、数量和主要技术参数或工程设计的特征指标,或工程规划设计项目明细表;土建工程量、材料和设备的数量及性能)。

5 投资概算及资金筹措

5.1 编制原则与依据(编制依据:工程投资概算按《河南省 2006 年水利水电工程建设概(预)算定额》和当年市场行情及地方有关文件,同时应考虑当地实际生产力的发展水平)。

5.2 投资估算(建筑工程费、机电设备及安装工程费、金属结构设备及安装工程费、独立费,工程总投资概算表和分项投资概算表,单价分析表)。

5.3 资金筹措(资金筹措方案:根据国家烟草局、省市烟草公司相关文件按比例配套)。

6 效益分析和环境影响评价

6.1 效益估算(从经济、社会、生态方面进行效益分析)。

6.2 经济评价(主要经济评价指标有:单方水成本和收益、经济内部收益率、经济净现值、效益费用比)。

6.3 环境影响评价(有利影响、不利影响、水土保持措施)。

7 项目建设管理

提出项目建设管理设想,明确项目建设的组织机构和法人组建方案;制定项目区组织管理、技术管理及资金管理的措施和办法;制订项目建设实施计划,实行项目建设监理制和项目公示制。

8 项目建后运行管理

提出项目建成后的管理设想,明确项目建成后的产权归属、管理体制和运行机制。提出运行管理机构或组织(用水协会)和管理人员组成,制定项目运行管理制度,提出工程设施管护办法以及水费收取办法。按照《水利工程管理体制改革实施意见》的有关精神,提出改革设想。

参 考 文 献

[1] 国土资源部土地整理中心. 土地整理工程设计[M]. 北京:中国人事出版社,2005.

[2] 林继镛. 水工建筑物[M]. 北京:中国水利水电出版社,2008.

[3] 郭元裕. 农田水利学[M]. 北京:中国水利水电出版社,2002.

[4] 周世峰. 喷灌工程学[M]. 北京:北京工业大学出版社,2004.

[5] 万亮婷,袁俊森. 水泵与水泵站[M]. 2 版. 郑州:黄河水利出版社, 2008.

[6] 胡晓君. 水泵与水泵站(农业水利技术专业)[M]. 北京:中国水利水电出版社,2003.

[7] 沙鲁生. 水泵与水泵站[M]. 北京:中国水利水电出版社,2001.

[8] 吴德广. 水泵站设计示例与习题[M]. 北京:中国水利水电出版社,1998.

[9] 樊惠芳. 灌溉排水工程技术[M]. 郑州:黄河水利出版社, 2010.

[10] 高传昌,吴平. 灌溉工程节水理论与技术[M]. 郑州:黄河水利出版社, 2005.

[11] 王留运,杨路华. 低压管道输水灌溉工程技术[M]. 郑州:黄河水利出版社, 2011.

[12] 白丹,魏小抗,王凤翔,等. 节水灌溉工程技术[M]. 西安:陕西科学技术出版社, 2001.

[13] 郑万勇,杨振华. 水工建筑物[M]. 郑州:黄河水利出版社,2003.

[14] 刘国顺. 烟草栽培学[M]. 北京:中国农业出版社,2003.

[15] 汪志农. 灌溉排水工程学[M]. 北京:中国农业出版社,2010.

[16] 全国招标师职业水平辅导教材指导委员会. 招标管理与招标采购[M]. 北京:中国计划出版社, 2012.

[17] 全国招标师职业水平辅导教材指导委员会. 招标采购法律法规与政策[M]. 北京:中国计划出版社, 2012.

[18] 全国招标师职业水平辅导教材指导委员会. 招标采购案例分析[M]. 北京:中国计划出版社,2012.

[19] 陶小京,张兵. 加强水利工程建后管理 提高水利工程长期效益[J]. 河南水利与南水北调,2007 (10):34.

[20] 邢伟济,张瑞锋. 浙江省文成县小型农田水利工程建后管护的问题与思考[J]. 水利发展研究,2009 (7):62-64.

[21] 水利部农村水利司. 用水户协会工作经验交流会总结材料汇编[C]. 2006.

[22] 张庆华,李天科. 农村水利与节水灌溉[M]. 北京:中国建筑工业出版社,2010.

[23] 全达人. 地下水利用[M]. 北京:中国水利水电出版社,2001.

[24] 叶齐茂. 村内道路[M]. 北京:中国建筑工业出版社,2010.